天津市哲学社会科学规划项目TJJX13-005

中文阅读的眼跳目标选择机制

孟红霞◇著

中国出版集团
世界图书出版公司
广州·上海·西安·北京

图书在版编目(CIP)数据

中文阅读的眼跳目标选择机制 / 孟红霞著. -- 广州: 世界图书出版广东有限公司, 2025.1重印
ISBN 978-7-5192-1293-3

Ⅰ. ①中… Ⅱ. ①孟… Ⅲ. ①眼动－研究 Ⅳ. ①B842.2

中国版本图书馆 CIP 数据核字（2016）第 097635 号

中文阅读的眼跳目标选择机制

责任编辑 张梦婕
封面设计 楚芊沅
出版发行 世界图书出版广东有限公司
地　　址 广州市新港西路大江冲 25 号
印　　刷 悦读天下（山东）印务有限公司
规　　格 787mm × 1092mm　1/16
印　　张 16.75
字　　数 260 千字
版　　次 2016 年 5 月第 1 版　2025 年 1 月第 4 次印刷
ISBN 978-7-5192-1293-3/B · 0139
定　　价 78.00 元

《中国当代心理科学文库》
编委会

（按姓氏笔画排序）

序

自1879年Javal首次对阅读中眼动的作用开始进行研究以来，眼动记录法逐渐成为研究阅读的一种极为重要的方法。因为相较于传统的反应时实验，眼动记录法有如下优点：(1) 生态效度非常高，可以实时记录读者的眼动轨迹；(2) 精度比较高；(3) 可以提供非常丰富的数据。目前，采用眼动记录法研究阅读的一个关键问题是眼动控制（Eye Movement Control）。

眼动控制包含两个基本问题：一是阅读材料的什么因素决定读者何时(when)移动眼睛；二是阅读材料的哪些因素决定读者的眼睛移向何处(where)。研究者运用计算机模拟，对大量实验数据（主要来自拼音文字的研究）进行整合，提出了各种不同的眼动控制模型，其中代表模型是E-Z读者模型和SWIFT模型，试图回答上述两个子问题。本书主要研究的是第二个基本问题，即读者在阅读过程中的眼跳模式及影响因素。

以拼音文字为实验材料的眼动研究发现，读者在阅读过程中，对一个单词的首次注视经常落在该词的开头和中心部分的中间位置，此位置被称为偏向注视位置，该位置也是读者的眼睛通常首次落在一个单词上的位置。除了偏向注视位置，拼音文字阅读过程中还存在一个最佳注视位置，该位置位于一个单词的中心部分。当读者对单词的首次注视落在最佳注视位置上时，识别该单词所需要的时间最短，再注视该单词的概率最小，对该单词的识别效率最高。Rayner和Liversedge 2011年提出，拼音文字（尤其是英文）阅读过程中读者的眼睛移向何处主要决定于低水平视觉因素（例如词长和词间空格等），但是也不能完全排除高水平语言因素（例如词频和可预测性等）的影响。

中文作为一种表意文字，与拼音文字在书写特征方面存在很大差异。中文书写系统的基本单元是汉字。汉字是一种方块文字，每个汉字所占的空间相等。相较于拼音文字，相等空间范围内汉字所携带的信息量非常丰富。中文书写系统没有明显的词边界信息，因此中文读者需要完成另一项任务——词切分。基于中文和拼音文字在书写特征方面的差异，以拼音文字为实验材料得出的研究结果就不能简单直接推论到中文系统，有必要研究中文读者的眼跳模式及其影响因素，以便为构建中文的眼动控制模型提供实证数据和为中文教学提供一定理论指导。

相较于拼音文字，关于中文读者的眼跳模式的研究起步较晚，研究成果较少，而且研究结果之间存在很大争论和冲突。首先，关于中文阅读过程中是否存在偏向注视位置和最佳注视位置，不同的研究得出不同的结论，但是最近的一些研究都发现中文阅读过程中，在单次注视情况下，存在偏向注视位置。其次，中文阅读过程中存在偏向注视位置和最佳注视位置，是否就表明中文读者眼跳选择的目标是词呢？不同的研究者持有不同的观点。大多数研究支持中文读者眼跳选择的目标是词。最后，关于中文读者眼跳模式的影响因素，哪些因素影响中文读者的眼跳模式，目前还缺少比较系统的研究。孟红霞博士在前人研究的基础上，首次比较系统全面地对中文读者的眼跳模式及其影响因素进行了研究，并在研究结果的基础上，尝试提出了词汇识别和眼跳选择模型，扩展了中文阅读的眼动研究成果。

孟红霞博士是由我指导的博士研究生。她治学严谨，勤奋好学，2012年攻读博士研究生时将中文阅读的眼动研究作为主攻科研方向，并坚持不懈地研究中文读者的眼跳模式及其认知机制。这部《中文读者的眼跳认知机制》专著是在其博士论文的基础上修改和扩充的，是对自己多年研究成果的系统总结，她的博士论文于2014年被评为天津市优秀博士论文。

该书具有以下几个特点：（1）系统性强。对阅读的基本眼动特征、眼动控制模型和拼音文字以及中文有关读者眼睛移向何处的研究成果进行了系统总结。（2）结构合理。不仅介绍了阅读过程中读者的基本的眼动行为、代表性的眼动控制模型、拼音文字和中文阅读过程中的注视位置效应，而且还介绍了中文注视位置效应的影响因素。（3）注重理论联系实际。本书的研究成果对中文阅读教学和学习提供理论指导。

当然，本书可能也有一些不足之处，敬请读者批评指正。

是为序。

白学军
天津师范大学心理与行为研究院
2016年1月18日

前言

阅读能力和知识的获得，通常在人类生活中被赋予很高的地位。通过阅读，我们可以在短时间内摆脱愚昧和迷信，赋予自己丰富的知识色彩；通过阅读，我们可以与先贤博古烁今，形成具有正面导向性的三观；通过阅读，我们可以无拘无束地畅游古今中外，练就出广博的心胸与远大的理想和信念。也许阅读不能解决所有问题，但是阅读可以改变很多，可以让每个人变得更好。当我们每个人变得更好的时候，大家什么样，中国就什么样。

对于绝大多数读者来说，主要通过眼睛这一感觉器官完成阅读活动。阅读过程中，读者通常觉得眼睛是平滑地从左向右移动的。但是实际上，读者的眼睛运动轨迹是由一系列的注视和眼跳组成的。阅读过程中，读者需要通过连续的眼跳来获得文本中的必要信息，进而理解阅读内容。那么，读者在阅读过程中的眼跳模式和眼跳策略是怎样的？阅读材料的哪些信息在吸引读者的眼睛？本书主要是研究中文阅读过程中读者的眼跳目标选择及其影响因素。

人类从很早就开始采用一定的方法（例如快速命名、词汇判断等反应时方法）来研究阅读，至今这种传统的反应时研究方法仍然有一定的适用性。然而，自 1879 年 Javal 首次对阅读中眼动的作用进行研究以来，眼动记录法逐渐成为研究阅读的一种极为重要的方法。采用眼动记录法：（1）可以实时记录读者阅读时的眼动轨迹，不会对读者的阅读产生干扰，生态效度高；（2）使用的仪器——眼动仪的准确性很高，其采样率可以达到 2000 Hz，空间精度小于 0.01°，凝视位置误差小于 0.2°；（3）可以提供时间（如首次注视时间、单一注视时间和凝视时间等）、空间（如眼跳的方向和距离等）和生理维度（如瞳孔直径和眨眼等）等方面的丰富数据。本书就是采用眼动记录法探讨阅读过程中读者的眼跳模式和眼跳策略。

本书是在本人博士论文的基础上进行的进一步修改和完善，增加了一些新的研究成果和理论模型的介绍。本书共分九章，第一章简要介绍了采用眼动追踪技术研究阅读时，一些基本的眼动特征；第二章向读者阐述了目前有关阅读的一些眼动控制模型；第三章和第四章分别描述了拼音文字阅读和中文阅读过程中的注视位置效应及其影响因素；第五章介绍了作者的研究思路和实验设计；第六章和第七章是实证研究部分，通过严格的实验设计，科学的实验仪器，探索中文读者的眼跳模式和影响因素；第八章结合前人的研究结果，对第六章和第七章的研究结果进行了详细论述，并尝试提出了一个中文词汇识别和眼跳选择模型；第九章是一个简单的总结。

首先，本书适合于从事阅读心理学研究的人。通过阅读本书，可以对读者在阅读过程中的眼跳模式和眼跳策略有一个完整的了解，更重要的是可以对中文阅读背后的认知机制，尤其是眼跳目标选择机制有一个比较整体的把握，并在此基础上逐步揭开中文阅读认知机制的神秘面纱。

其次，本书适合于从事心理语言学研究的人。致力于心理语言学专业工作的人，仔细阅读本书，不仅可以了解眼跳目标选择研究的新进展，而且可能还能催生一些新的研究领域，扩展中文阅读研究的成果。

最后，本书适合于那些从事汉语教学的人。通过阅读本书，能够为自己从事汉语教学工作找到一定的理论依据，并能激发本书的研究结果在汉语教学实际工作中的应用，进一步提高汉语教师的教学效率和学生的学习效率。

在此书的撰写过程中，一直得到恩师白学军教授的关注和指导，非常感谢他对本人工作给予的支持和帮助。

本书撰写期间，得到了世界图书出版公司和天津市哲学社会科学规划项目的资助。

在本书的撰写过程中，虽然竭尽全力，但是毕竟本人的学术功底尚浅，还需要不断提高。因此本书肯定存在一些不完善的地方，敬请专家、同行和广大读者批评指正！

目 录

第一章　阅读中眼动的基本特征

阅读伴随文字的出现而产生，它就像人类的呼吸一样平常。阅读是人类获得知识的一种重要途径，而且已经成为人类重要的生存方式之一。在人们的日常生活、学习和工作中，阅读是一项非常重要的认知活动。阅读过程中，读者通过连续的眼跳实时地获取有关文本的新信息，进而理解文本内容。自1879年 Javal 首次对阅读中眼动的作用进行研究以来，眼动记录法逐渐成为研究阅读的一种极为重要的方法。

自1879年至今，采用眼动记录法研究阅读大致经历了三个阶段（Rayner，1998）：

第一阶段，从1879年到1920年，研究者主要关注的是眼睛运动的基本问题。例如眼跳抑制（saccadic suppression，即在眼睛运动过程中读者不能觉察到任何信息）、眼跳潜伏期（saccade latency，即启动一个眼睛运动所需要的时间）和知觉广度（perceptual span，即有效视觉区域）等。

第二阶段，从1920年到二十世纪七十年代中期。此阶段行为主义心理学在全世界心理学界中占主导地位，因此在这个阶段与眼睛运动有关的研究比较少。虽然，在此阶段有一些经典研究，例如 Tinker（1946）关于阅读的研究和 Buswell 关于场景知觉的研究，但是，回顾这一阶段的研究，大多数研究好像更多地将注意力集中到眼睛运动本身。Tinker（1958）认为有关采用眼动记录法研究阅读的几乎所有问题都得到了解决。可能是由于 Tinker 的观点在当时比较有权威性，因此导致在二十世纪五十年代到七十年代中期这段时间中，采用眼动记录法研究阅读的成果非常少。

第三阶段，开始于二十世纪七十年代中期，利用眼动记录法研究阅读进入了一个新纪元。不仅表现在研究方法的改进，研究设备的更新，而且体现在研究数量的增多，研究成果的丰富。许多研究致力于改进眼动数据的分析方法，还有一些研究探讨了眼睛追踪系统的多种特征。更重要的是，在这个阶段出现了一些技术上的提高，使得实验室的计算机可以连接眼睛追踪系统，最终可以使研究者获得和分析大量的眼动数据。上述技术的改进也使得视觉呈现技术有了创新式的发展。最后，语言加工理论的发展也为研究者探讨阅读行为背后的认知加工过程提供了理论基础（Rayner，1998）。

目前，采用眼动记录法研究阅读的一个热点问题是眼动控制（eye movement control）。它包含两个子问题：一是阅读材料的什么因素决定读者何时（when）移动眼睛；二是什么因素决定读者的眼睛移向何处（where）（Rayner，2009）。研究者运用计算机模拟，对大量实验数据（主要来自拼音文字的研究）进行整合，提出了各种不同的眼动控制模型，试图回答上述两个子问题。但是，不同的眼动控制模型在回答“when”和“where”两个问题上一直存在争论和分歧，从而使得眼动控制成为阅读领域中最具吸引力的一个研究课题。本书主要研究第二个子问题，即中文阅读过程中的“where”决定。

第一节　眼跳和注视

阅读过程中，读者通常会觉得眼睛是平滑地从左向右移动的。然而事实上，读者的眼睛运动轨迹是由一系列的注视（fixation）和眼跳（saccade）组成的，不是平滑的运动轨迹（Huey，1908）。图 1–1 表示正常成人读者在阅读一个句子时的眼动轨迹。圆圈代表注视点，数字代表每个注视点的持续时间（单位：毫秒），箭头指向表示眼跳方向。下面将分别介绍眼跳和注视这两个基本的眼睛运动行为。

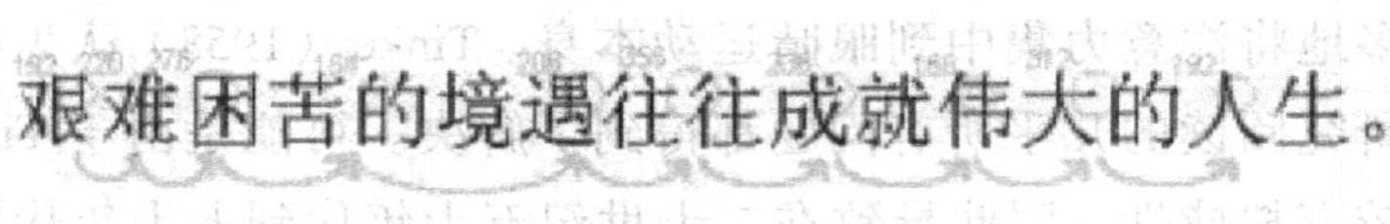

艰难困苦的境遇往往成就伟大的人生。

图 1–1　正常成人读者阅读时的眼睛运动轨迹图

一、眼跳

眼跳是一种快速的眼睛运动，平均速度约为每秒 500 度。阅读过程中，读者完成一次眼跳大约需要多长时间？眼跳时间，即眼睛运动所需要的总时间。一般来说，完成一次眼跳所需要的时间由眼跳距离决定，即眼跳距离越长，眼跳时间也越长。Rayner（1998）通过研究发现，英文阅读过程中，两度视角的眼跳距离大约需要 30 毫秒。但是读者的眼跳距离有很大的变异性，受阅读方式的影响。具体表现为，读者默读英文时的平均眼跳距离为 2 度视角（大约为 7~9 个字母空间），而朗读时的平均眼跳距离约为 1.5 度视角（大约为 6 ~ 7 个字母空间）。眼跳距离还会受到文本书写特征的影响，英文读者平均向前的眼跳距离大约为 6~9 个字母空间（Rayner，2009），中文读者平均向前的眼跳距离大约为 2 ~ 3 个汉字（Inhoff，Liu，& Tang，1999；Tsang & Chen，2008）。

由于眼跳过程中眼睛的运动速度过快，导致眼睛的视敏度降低，因此出现眼跳抑制现象，即读者无法感知到呈现在眼前的信息，因此研究者认为读者在眼跳过程中不能获得有效的新信息（Rayner，1998，2009）。虽然在某些特殊情况下，个体可以从眼跳过程中获得一些新信息（Campbell & Wurtz，1979；Uttal & Smith，1968），但是在大多数情况下读者不能从眼跳过程中获得任何新信息，这是因为读者的眼睛在快速掠过视觉刺激时只能看到一些模糊的东西。而且，眼跳前和眼跳后获得的信息造成的掩蔽可以消除任何感知到的模糊信息。虽然在眼跳过程中不能加工新信息，但是在眼跳过程中认知加工过程仍然在继续（Irwin，1998；Irwin & Carlson-Radvansky，1996）。

由于眼睛运动是一种运动神经反应，因此需要一定的时间进行计划和执行。眼跳潜伏期，即个体在视觉区域中选择一个眼跳目标位置和触发一次眼睛运动所需要的时间。一般情况下，一次眼跳潜伏期的时间大约在 175 ~ 200 毫秒之间（Becker & Jürgens，1979；Rayner，Slowiaczek，Clifton，& Bertera，1983），表明阅读过程中眼跳计划和阅读理解加工过程同时进行。但是，眼跳潜伏期的时间并不是固定的，它会随着具体情况的变化而有所变化。

研究者对眼跳潜伏期开展了大量研究，获得了一些重要的研究成果。

第一，阅读过程中读者何时（when）移动眼睛和眼睛移向何处（where）由两个相对独立的认知系统决定（Rayner & Pollatsek，1981）。Rayner 和 Pollatsek（1981）在实验过程中操纵了文本的物理属性，结果发现读者的眼动行为随文本物理属性的变化而变化。第一个实验中，他们采用移动窗口技术，操纵注视窗口的大小。结果发现，读者的眼跳距离受注视窗口大小的影响，注视窗口大时，读者的眼跳距离较长，但注视窗口的大小不影响注视时间的长短。第二个实验，他们采用掩蔽技术来操纵当前注视词的呈现时间。结果发现，呈现时间的长短影响读者的注视时间，但不影响眼跳距离。

第二，虽然眼跳在简单反应时实验中被看作是一种反射性行为，但是仍然有证据表明认知加工影响眼跳潜伏期（Deubel，1995）。例如，在反向眼跳研究范式中，要求被试朝与目标物相反的方向进行眼跳。有研究发现，相较于朝向眼跳，被试在反向眼跳任务中的眼跳潜伏期较长，并且随着目标偏心距的增加，被试的眼跳潜伏期逐渐缩短，眼跳落点视角增大，眼跳速率峰值也随之增大（田静，2009）。

第三，随着眼跳潜伏期的增加，目标定位的准确性也随之提高。Nazir 和 Jacobs（1991）通过两个实验考察了目标物的辨别力和视网膜的偏心率对眼跳潜伏期的影响。结果发现，当目标物的辨别力较低以及视网膜的偏心率较大时，眼跳潜伏期较长，对目标物定位的准确率更高。

第四，指导语影响眼跳的落点位置和眼跳潜伏期。Kowler 和 Blaser（1995）要求被试只能通过一次眼跳使得自己能够准确注视目标物，同时在眼跳的过程中要尽可能地延长潜伏期的时间，以便眼跳能够最准确地落在目标物上。结果发现，被试能够非常准确地注视目标物。

二、注视

每两次眼跳之间，读者的眼睛在一段短暂的时间内（大约在 200～400 毫秒之间）停留在文本的某个位置上，并保持相对静止，称为注视（fixation）。完成一次注视需要多长时间？大量研究发现，注视时间的长短与阅读过程中文本的加工难度有关，文本的加工难度越大，读者的注视时间就越长（Liversedge & Findlay，2000；Rayner，1998；Starr & Rayner，2001）。

大量以拼音文字为实验材料的眼动研究发现，注视时间受一系列与语义加工有关的变量的影响，如词频（Inhoff & Rayner，1986；Kliegl，Grabner，Rolfs，& Engbert，2004；Rayner & Duffy，1986；Rayner，Sereno，& Raney，1996；Schilling，Rayner，& Chumbley，1998；Slattery，Pollatsek，& Rayner，2007；Vitu，1991；White，2008）、可预测性（Balota，Pollatsek，& Rayner，1985；Drieghe，Brysbaert，& Desmet，2005；Ehrlich & Rayner，1981；Kliegl，Grabner，Rolfs，& Engbert，2004；Rayner & Well，1996；Zola，1984）、词汇获得年龄（Juhasz & Rayner，2003，2006）、单词的语音特性（Ashby，2006；Ashby & Clifton，2005；Folk，1999；Jared，Levy，& Rayner，1999；Rayner，Pollatsek，& Binder，1998b；Sereno & Rayner，2000；Slattery，Pollatsek，& Rayner，2006）、当前注视词与前一个词的语义关系（Carroll & Slowiaczek，1986；Morris，1994）和词的熟悉度（Chaffin，Morris，& Seely，2001；Williams & Morris，2004）等。以中文为实验材料的眼动研究，同样发现了词频效应（Yan，Tian，Bai，& Rayner，2006）、预测性效应（Rayner，Li，Juhasz，& Yan，2005）、词汇获得年龄效应（王丽红，王永妍，闫国利，2010；张仙峰，闫国利，2005）等。

注视时间的长短还受阅读方式的影响。Rayner（2009）认为，阅读英文材料时，默读条件下读者的平均注视时间大约为225～250毫秒；朗读条件下大约为275～325毫秒。注视时间的长短同样受到文本书写特征的影响。Sun和Feng（1999）比较了中国学生阅读中文和英文材料时的眼动特征。结果发现，中国学生阅读中文的平均注视时间（257 ± 63毫秒）长于英语材料的平均注视时间。但也有研究发现，中国读者阅读中文时的平均注视时间为180～230毫秒（Chen，Song，Lau，Wong，& Tang，2003；Inhoff & Liu，1998）。上述研究结果的差异可能来自于被试和阅读材料的差异。

对于英文和其他拼音文字而言，读者在阅读过程中的注视时间大约在225～250毫秒之间，眼跳距离为7～9个字母空间。这些结果是平均结果。拼音文字读者的平均注视时间和平均眼跳距离在不同的具体任务中可能会有所变化。因此，在某一次阅读过程中，读者的注视时间可以在50～75毫秒之间，也可以在500～600毫秒之间，甚至更长；读者的眼跳距离可以短到1个字母空间，也可以长到为15～20个字母空间，甚至更多。

回视（即在文本阅读过程中眼跳往回跳）是阅读过程中眼睛运动的另外

一个重要组成部分。对于熟练读者而言，阅读过程中大约有10%～15%的时间在回视。一般情况下，在一次长眼跳（如眼跳距离为15～20个字母空间）之后倾向于出现一次回视。因为在长眼跳的情况下，读者可能越过了某一位置，而此位置正是回视的落点位置。大部分回视主要发生在以下情况，例如读者不能很好地理解文本内容或者阅读内容难度很大时。阅读过程中，读者更可能对文本中先前出现的单词产生更长距离的回视。目前，研究者对回视的了解还很少，因为在实验室条件下很难控制回视现象（Inhoff & Weger, 2005; Mitchell, Shen, Green, & Hodgson, 2008; Murray & Kennedy, 1988; Rayner, Juhasz, Ashby, & Clifton, 2003a; Weger & Inhoff, 2006, 2007）。最后，有必要区分一下回视和返回扫描（return sweep）。返回扫描是指读者在阅读一行文本时，从句尾通过连续的从右向左的眼跳重新回到句首。同时要指出的是，一行文本上的第一个和最后一个注视点距离这行文本结尾大约5～7个字母空间。因此，大约80%的文本的注视时间处在极端注视时间之间。

表1–1　读者在阅读过程中的平均注视时间和平均眼跳距离

任务	注视时间(毫秒)	眼跳距离	
		度	字母/汉字
英文朗读	225–250	2	7–9
英文默读	275–325	1.5	6–7
中文	180–230		2–3

表1–1中的数值是熟练英文读者的注视时间和眼跳距离的平均数。但是，这些数值受到很多因素的影响，例如文本难度、读者的阅读水平和文本自身的特点等。具体表现为，文本的难度越大，平均注视时间就越长，平均眼跳距离就越短，回视次数也越多（Rayner, 1998）。而且印刷变量，例如字体的难度也会影响读者的眼睛运动，具体表现为越难被编码的字体，读者的平均注视时间就越长，平均眼跳距离越短，回视次数也越多（Rayner, Reichle, Stroud, Williams, & Pollatsek, 2006d; Slattery & Rayner, 2010）。读者的个体差异也会影响眼睛运动，相较于熟练读者，初学者和阅读障碍读者就会有更长的注视时间，更短的眼跳距离和更多的回视次数（Rayner, 1998）。正如上文提到的书写系统自身的特点也会影响眼睛运动。和英语在书写方面存在很

大差异的一种文字如汉语。中文读者在阅读过程中的平均注视时间和英文读者相近，但是中文读者的回视和英文读者的回视存在很大差异。相较于英文读者，中文读者的平均眼跳距离更短，中文读者的平均眼跳距离仅为2~3个汉字（汉字本身有意义，而且不同于英文，一个汉字的信息密集度更高）。此外，另一种语言如希伯来语，希伯来语读者的平均眼跳距离（大约5.5个字母空间）也短于英文读者（Pollatsek，Bolozky，Well，& Rayner，1981），但是希伯来语读者的注视时间和英文读者的相似。

眼动数据的一个最大好处是，它可以提供一种良好的、实时的关于阅读过程中认知加工过程的一系列指标。因此，大量研究发现单词的一些因素，例如词频和可预测性对读者的注视时间的影响很大（Rayner，1998）。但是，平均注视时间指标并不是一种良好的推断实时加工过程的指标，因为平均注视时间是一个整体指标。除此之外，眼动记录法还能提供一系列的局部指标，这些局部指标可以提供关于实时加工时间的更多信息的测量。

平均注视时间的问题和阅读过程中的两种现象有关系。第一，阅读过程中读者会对一些单词产生跳读（skip）现象，即文本中的有些单词未得到注视就被读者跳过。对于一些具体词，读者的跳读率大约为15%，但是对于一些功能词，读者只有35%的情况下会注视。功能词有更高的跳读率，这是因为大多数功能词的词长很短，而且有研究发现单词的词长影响读者对该词的注视概率。随着单词的词长不断增加，读者注视该单词的概率也在不断增加（Rayner & McConkie，1976；Rayner et al.，1996），相反随着单词的词长不断变短，读者注视该单词的概率也在不断下降，跳读该单词的概率不断增加。对于词长只有2~3个字母的单词来说，注视概率只有25%，而对于词长为8个字母或者更长的单词，这些单词一般情况下不会被跳读。第二，对于一些词长更长的单词来说，在离开这些单词之前，读者经常不止一次地注视该单词，即读者对这些单词产生了再注视（refixation）（McConkie，Kerr，Reddix，Zola，& Jacobs，1989；McDonald & Shillcock，2004；Vergilino & Beauvillain，2000，2001；Vergilino-Perez，Collins，& Dore-Mazars，2004）。跳读和再注视现象共同促进了平均注视时间替代指标的发展。这些指标包括首次注视时间（一个单词上的首次注视的持续时间），单一注视时间（离开一个单词之前该单词上只有一个注视点，该注视点的持续时间）和凝视时间（在读者的眼睛运动到另外一个单词之前，当前单词上的所有注视点的持续时间的总和）。这三个指标统计的注视点都是首次通过该单词并且是向前的注视点。

读者在阅读过程中，并不是对所有单词进行逐词加工。如前所述，读者会跳读文本中的一些单词。那么跳读是如何产生的呢？关于跳读产生的原因，目前主要有三种解释：①眼动因素，即眼睛没有落在预期的位置上；②材料本身的因素，即被跳读的单词词长较短或是太靠近前一个注视位置；③语言因素，即高预测性的单词更容易被跳读（王雨函，隋雪，刘西瑞，2008）。

哪些因素影响跳读？大量以拼音文字为材料的眼动研究发现，主要有两个因素，分别是词长和可预测性。

首先，影响跳读的最重要因素是词长（Brysbaert，Drieghe，& Vitu，2005；Drieghe，Brysbaert，Desmet，& De Baecke，2004；Drieghe，Desmet，& Brysbaert，2007；Rayner，1998）。相较于词长较长的单词，较短单词被跳读的概率更高。当两个或三个词长较短的单词系列呈现时，其中的两个单词都有可能被跳读。一个长词前面的短词也经常被跳读。

第二，高预测性单词被跳读的概率非常高（Ehrlich & Rayner，1981；Kliegl et al.，2004；Rayner，Binder，Ashby，& Pollatsek，2001；Rayner & Well，1996；Zola，1984）。有研究发现，中文阅读过程中高预测性词被跳读的概率远远高于低预测性词（Rayner，et al.，2005）。还有研究发现词频影响跳读，但是词频对跳读率的影响远远小于预测性的影响（Rayner et al.，1996）。

被跳读的单词是不是意味着该单词没有得到认知加工？事实上，被跳读的单词在副中央凹区域得到了部分加工，这种加工可以提高读者对该单词的识别速度。Fisher 和 Shebilske（1985）要求被试阅读一段文本，然后删除被试跳读的所有单词，请另外一组被试阅读删除后的文本。结果发现，第二组被试很难理解文本内容，表明被跳读的单词的确得到了认知加工。这就引出另外一个问题，读者什么时候对被跳读的单词进行了认知加工？有证据表明，当一个单词被跳读，该单词可能在眼跳之前或之后的注视点完成了认知加工过程。因此，跳读前的注视时间长于目标词未被跳读的注视时间，跳读之后的注视时间也较长。

再注视，即读者的眼睛离开一个单词之前对该单词的额外注视，也就是对该单词有一个以上的注视点。有研究发现文本中大约有15%的单词需要再注视。为什么会产生再注视现象？ O' Regan 和 Lévy-Schoen（1987）认为发生再注视的原因是，读者对单词的首次注视落在了该单词的一个“不合适”位置。当首次注视落在一个单词的不合适位置时，读者获取的有关该单词的信息较少，不能完全识别该单词。因此，为了识别该单词，读者需要获取足够多的信息，需要对该单词进行一次再注视。以拼音文字为实验材料的眼动研究发现，当首次注视落在词首位置时，再注视往往落在词尾附近的位置（Rayner & Pollatsek，1996）。

虽然再注视发生的原因通常是首次注视落在了一个“不合适”的位置，但是有研究发现词频和词长也会引起再注视。高频短词的再注视率明显低于低频长词（Rayner et al.，1996；Slattery et al.，2007；White，2008）。有证据表明，可预测性影响读者是否对单词做出再注视（Balota et al.，1985）。Balota 等人（1985）发现，读者很少对高预测性单词产生再注视。呈现方式也是影响再注视的一个重要因素，当文本以消失文本形式呈现时，相较于正常呈现条件，读者会产生更多的再注视（刘志方，张智君，赵亚军，2011；Liversedge，Rayner，White，Vergilino，Findlay，& Kentridge，2004）。

如果读者在阅读过程中注视每一个单词，而且每个单词上只有一个注视点，那么平均注视时间将是一个非常有效的测量指标。但是，如上所述，实际阅读过程中很多单词会被跳读，一些单词会产生再注视现象。而且有足够的证据让我们相信，被跳读的单词在被跳读之前的那个注视点中得到了加工，再注视是为了更好地理解这些再注视单词的意义。因此，解决这些问题的方法是利用前文提到的三个指标。虽然这些指标并不很完美，但是这些指标可以为研究者提供一种合理的预测，即读者加工每个单词需要花费多长时间。这些指标不完美的原因是：阅读过程中，读者在直接注视一个词语之前，可以在前一个注视点获得该词语的一些预视信息（preview informations）；阅读过程中存在溢出效应（spillover effect），即当前单词的加工会溢出到下一个注视点。当兴趣区大于一个词时，可以统计其他一些指标，例如首次通过阅读时间（first-pass reading time）、二次通过阅读时间（second-pass reading time）和总注视时间（total reading time）。

当读者阅读文本中的段落时，阅读过程中读者的注视模式倾向于保持一定的相似性。阅读段落时，读者的注视时间会短一些，眼跳距离会稍微长一些，主要的差异是段落阅读过程中注视点更少，回视的概率也较低。段落阅读过程中，虽然只有平均注视时间和平均眼跳距离的影响最小，但是当某一个特定的目标单词的注视时间通过局部指标（如首次注视时间和凝视时间）测量时，首次注视时间和凝视时间也会显著减少。这也进一步说明为什么平均注视时间不是一个很好的反映实时加工过程的指标。

阅读过程中读者的两只眼睛是不是同步的呢？研究者曾经假设阅读过程中读者有一个接近完美的双眼协调过程，即阅读过程中读者的两只眼睛同时开始运动，并且落到同一个字母上。但是，最近的研究发现，在40%～50%的情况下，两只眼睛落到了不同的字母上，甚至有些情况下两只眼睛的落点是交叉的（Heller & Radach，1999；Liversedge，Rayner，White，Findlay，& McSorley，2006a；Liversedge，White，Findlay，& Rayner，2006b）。有意思的是，相较于熟练阅读者，初学者的两只眼睛不一致的情况更多。更重要的是，可能词频和情况交替（case alternation）影响阅读过程中的注视时间，但是不影响两只眼睛注视的不一致（Juhasz，Liversedge，White，& Rayner，2006）。因此，研究者可能需要去考虑那些两只眼睛没有落在同一个单词上的情况，因为当两只眼睛未注视同一个单词时，强烈的词频效应仍然出现。

综上所述，眼跳和注视是阅读过程中两个基本的眼睛运动行为。读者在阅读过程中的眼跳和注视受很多因素的影响，例如语言文字的书写特点、个体阅读水平的高低、阅读材料的难易程度以及当前的任务要求等。采用眼动追踪技术，可以根据研究者的目的为研究者提供合适的眼动指标，以便于探讨阅读行为背后的认知加工机制，更好地了解阅读过程。

第二节　知觉广度

拼音文字阅读（尤其是英文阅读）过程中，读者的眼睛每次停留的持续时间大概在225～250毫秒之间，那么在每次眼睛注视的过程中，读者能够加工和使用的信息是多少呢？作为读者，我们通常可能有这样的感觉，即阅读过程中我们能够比较清晰地看到文本中的一整行内容，甚至是文本的一整段内容。但是，这仅仅只是一种错觉，因为采用移动窗口范式的眼动实验已经比较清晰地表明，读者在阅读过程中一次注视时只能获得一部分信息，这部分信息即读者的知觉广度。

一、知觉广度概述

（一）知觉广度定义

知觉广度（perceptual span）是指读者在阅读过程中一次注视的时间内能够获得的有用信息的多少（Rayner，1998）。阅读过程中读者的知觉广度呈现出注视点左右两侧不对称的特点，即读者从注视点的左侧和右侧获得的信息量不相等，通常情况下是右侧的信息量多于左侧。阅读过程中，读者的知觉广度本身并不是一个固定的数值，它受到很多因素的影响，例如阅读材料的难易程度、阅读内容的文本类型、读者的阅读能力等（Rayner，1998）。

阅读过程中读者之所以不断地进行眼跳，是由于人类眼睛视敏度的限制。阅读过程中读者需要不断地向前阅读文本内容，其视觉区域大致可以划分为三个区域，分别是中央凹（foveal）、副中央凹（parafoveal）和边缘视觉区域（peripheral area）。中央凹（与注视点中心大约成两度视角）的视敏度是非常良好的，读者在该区域可以非常清晰地获得有关文本的信息。在副中央凹区域（与注视点中心大约成5度视角），读者的视敏度逐渐下降，所获得的信息也越来越不清晰。边缘视觉区域（即副中央凹以外的区域），读者的视敏度是最差的，读者在该区域不能获得任何有用信息。因此，阅读过程中读者需要不断移动眼睛，以便将想看清楚的文本内容置于中央凹区域。

当然，处于副中央凹区域或边缘视觉区域的刺激的特征也会影响读者是否有必要通过一次眼跳来识别该刺激。例如，如果一个正常字号大小的印刷体的单词出现在副中央凹区域，当读者计划和执行一个眼跳时，识别该单词的速度更快，准确率也更高。但是，如果在边缘视觉区域呈现一个字号更大的字母时，那么读者不需要通过计划和执行一个眼跳就能识别该字母。读者在一次注视时不仅可以从中央凹区域获取有用信息，而且可以从副中央凹区域获得文本的部分信息（Liu，Inhoff，Ye，& Wu，2002；Tsai，Lee，Tzeng，Hung，& Yen，2004；Angele，Slattery，Yang，Kliegl，& Rayner，2008；

Yan, Richter, Shu, & Kliegl, 2009；王穗苹，佟秀红，杨锦绵，冷英，2009；Yang, Wang, Xu, & Rayer, 2009）。Sanders（1993）认为个体的视觉区域还可以划分为以下几个部分：①不需要眼睛运动就可以识别刺激的区域；②需要眼睛运动才可以识别刺激的区域；③需要一次头部运动才可以识别刺激的区域。

（二）知觉广度的类型

研究者对拼音文字读者的知觉广度开展了大量研究，将拼音文字的知觉广度主要分为以下三种类型：总的知觉广度（total perception span）、字母识别广度（letter identification span）和词汇识别广度（word identification span）。总的知觉广度是指读者在一次注视时能够获得有用信息的有效区域。字母识别广度是指读者在一次注视时在一定区域内可以获得的有效字母信息。词汇识别广度是指读者在一次注视时可以获得的有效的单词信息（Rayner，1998）。一般情况下，总的知觉广度要比字母识别广度大，字母识别广度大于词汇识别广度。那么，读者的知觉广度到底是用字母定义还是用单词定义呢？关于这个问题，在下文中进行详细阐述。而且，由于研究者对知觉广度大小的估计是一个大致的数值，因此知觉广度并不是绝对不变的，而是随着实验材料和被试的不同而有所变化（闫国利，2004）。

关于中文阅读的知觉广度的类型，研究者还没有提出相关的观点。但是，分析前人的研究发现，研究者在提及中文阅读的知觉广度时大多数情况是以汉字为单位，即注视点左侧几个汉字，注视点右侧几个汉字。不过也有一小部分研究在测量中文读者的知觉广度时，以词汇为单位（王丽红，2011）。研究者在实验过程中编写了一种特殊的实验句，即整个句子都是由双字词构成的，来考察被试在阅读实验句时其知觉广度是多大（王丽红，2011）。但是，这种实验句和正常的文本阅读存在很大差异。虽然中文文本中大多数词是双字词，但是实际的中文文本中并不存在这样的句子，即整个句子都是双字词，没有单字词和其他词。因此，其实验结果能不能推论到正常的中文阅读还有待进一步商讨。

（三）知觉广度的特性

阅读过程中，读者的知觉广度呈现出不对称的特点。例如，对于拼音文字（尤其是英文）而言，读者的知觉广度一般为注视点左侧 3~4 个字母空间到注视点右侧 14~15 个字母空间。中文读者的知觉广度也呈现出左右两侧不对称的特点，甚至是从右向左阅读的希伯来文读者的知觉广度也具有不对称的特点。之所以读者的知觉广度出现不对称的特点，主要存在以下几个方面的原因。

（1）有研究者认为知觉广度的不对称性和读者的阅读习惯有关。例如，对于那些是按照从左向右书写和阅读的文本来说，例如英文，读者的知觉广度右侧广度就大于左侧广度；而对于那些是按照从右向左书写和阅读的文本来说，例如希伯来文，读者的知觉广度就是左侧广度大于右侧广度（Rayner & Sereno，1994）。

（2）可能由读者从中央凹左右两侧获取信息的不对称性所决定。Inhoff 等人（1998）与 Henderson 和 Ferreira（1990）的研究都为知觉广度的不对称性提供了证据。他们认为，这种不对称性不是由于特定方向的阅读的练习所引起的，而是由于在注视时内信息获得的不对称性引起的，即个体主要从被注视点右侧提取大多数信息。

（3）可能是由于注意的不对称性导致了知觉广度的不对称。例如 Rayner，McConkie 和 Ehrlich（1978）在研究中给被试呈现两个词，一个在注视点另一侧，被试的任务是移动眼睛到一个词上然后尽可能地对该词进行命名。在眼睛运动期间，两个中央凹外围的词被目标词替换，但词的位置不变。Rayner 等人发现对与眼睛移动方向相反的中央凹外围的位置词的预视并不能加速命名，而对与眼睛移动方向相同方位词的中央凹外围的预视缩短了命名潜伏期。Rayner 等人的研究结果表明，对与眼睛移动方向相同的词的预视只能获取少量信息，结果也表明在眼睛移动之前有用信息被获取。

（4）可能是左右两半球的言语功能不对称导致的。相较于右半球，人的大脑的左半球有特殊的言语功能，因此导致与之对应的注视点右侧知觉广度更大。Hécaen 和 Albert（1978）通过研究发现半球专门化是加工不对称的主要因素。

综上所述，几乎在所有的文字中，读者的知觉广度都表现出了不对称的特点。造成这种不对称的原因可能不只是上述原因中的某一种，很可能是上述几个原因共同作用的结果。因此，关于读者的知觉广度不对称的原因，还需要进一步的实证研究。

二、知觉广度的研究范式

到底一次注视过程中，读者能够获得多少有用信息呢？研究者采用了不同方法去探索阅读过程中读者知觉广度的大小。但是，大多数研究方法都或多或少地存在一些局限。相反，一些研究利用呈现随眼睛运动变化技术（eye-contingent display techniques）来研究知觉广度。基于该技术，研究者开发出了三种用于测量读者知觉广度的范式：移动窗口范式（moving window paradigm）、移动掩蔽范式（moving mask paradigm）和边界范式（boundary paradigm）。

（一）移动窗口范式

在移动窗口范式下，除了研究者设定的注视点周围的窗口区域，文本的其他区域的内容被一些无意义的符号（如“X”）所代替，如图 1–2 所示。读者的眼睛注视文本的哪个区域，哪个区域的文本信息是可见的，而窗口区域以外的内容被无意义符号所代替，即读者很难获取窗口区域以外的信息。读者在阅读过程中可以自由决定什么时候移动眼睛或者移动到何处，但是一次注视时读者能够获得的有用信息的总量由实验者控制。读者的眼睛每运动一次，就形成一个新的区域，前一个区域的信息读者就不能再获取。在一些研究中，研究者将窗口以字母为单位进行定义，在另外一些研究中，研究者以单词为单位定义窗口大小。一些研究中，窗口之外的单词之间的空格是可见的，另外一些研究中，读者不能获取窗口之外的单词之间的空格信息。这种实验范式的实验假设是：当窗口足够大到读者可以获取所需要的信息时，这种情况下读者的眼动模式和正常阅读情况下的眼动模式没什么差异。相反，则会存在显著差异。

a)语文老师正在讲解容易读错的字词。 [原句]

b)语文老师××××××××××××。 [第一次注视]

*

c)××××正在讲解××××××××。 [第二次注视]

*

d) ××××××××容易读错×××。 [第三次注视]

*

图 1-2 移动窗口范式

注："*"表示读者在阅读过程中的注视点，下同。研究者设定的窗口大小为注视点左侧一个汉字和右侧两个汉字，加上注视的汉字，一共四个汉字。

（二）移动掩蔽范式

移动掩蔽范式和移动窗口范式比较相似，但是与移动窗口范式不同的是，读者注视哪个位置时，注视点周围的文本是不可视的，即注视点周围的文本被一些无意义符号（例如"X"）所代替，出现了一个掩蔽刺激，读者不能获得注视点周围的文本信息，如图 1-3 所示。但是，掩蔽区域以外的文本都是正常呈现的。Rayner 和 Bertera（1979）采用移动掩蔽范式发现，当掩蔽中央凹和部分副中央凹信息时，阅读几乎无法正常进行，读者只知道有一些单词存在或知道有一些字母串，但无法说出它们是什么，也无法理解阅读内容。掩蔽范围和阅读知觉广度大小相当，因此该范式从相反的角度验证了阅读知觉广度和在阅读知觉广度范围内信息的重要性。

a)语文老师正在讲解容易读错的单词。 [原句]

b)××××正在讲解容易读错的字词。 [第一次注视]

*

c)语文老师××××容易读错的字词。 [第二次注视]

*

d)语文老师正在讲解××××的字词。 [第三次注视]

*

图 1-3 移动掩蔽范式

注：掩蔽范围为注视点左侧一个汉字和右侧两个汉字，加上注视汉字，共四个汉字。

（三）边界范式

在边界范式中，目标词（如"读"）一开始时被另外一个词（即预视词，如“续”）或者一个非词所代替。当读者的眼跳越过文本中一个看不见的边界位置（此边界位置由实验者控制）时，预视词或非词被目标词所代替，如图 1–4 所示。边界范式的实验假设是，如果读者能够从预视词上获取一定信息，那么读者看到的目标词信息与先前的预视信息不一致时，在目标词上的注视时间就会出现显著差异。通过变化与目标词不同关联的预视词，如形似预视“续”、同音预视“毒”、近义预视“看”等，记录被试在不同条件下的眼睛运动轨迹，研究者可以考察在阅读知觉广度的范围内，读者可以从副中央凹处提取的信息类型（例如字音、字形、字义等信息）。

a)语文老师正在讲解容易读错的字词。　　[正常句子]

b)语文老师正在讲解容| 易续错的字词。　[当前注视点]

　　　　　　　　　　　*

c) 语文老师正在讲解容| 易读错的字词。　[越过边界之后]

　　　　　　　　　　　　　　*

图 1–4　边界范式

注：“|”表示边界位置，读者在实验过程中看不到。“续”为预视词，与目标词“读”形似。

三、知觉广度的研究

在利用移动窗口范式研究读者的知觉广度时，移动窗口的窗口小到多大时不会对读者的阅读产生干扰，那么读者的知觉广度就是多大。研究者采用移动窗口范式发现，英语和其他拼音文字的熟练阅读者在阅读过程中的知觉广度是不对称的，读者可以获得注视点左侧 3~4 个字母的信息（McConkie & Rayner，1976；Rayner，Well，& Pollatsek，1980；Underwood & McConkie，1985），同时可以获得注视点右侧 14 ~ 15 个字母的信息（DenBuurman，Boersma，& Gerrissen，1981；McConkie & Rayner，1975；Rayner & Bertera，1979；Rayner，Well，Pollatsek，& Bertera，1982；Underwood & McConkie，1985；Underwood & Zola，1986）。事实上，如果读者一次注视时可以获得当前注视词汇和注视点右侧一个词的信息，那么读者通常情况下意识不到窗口以外的文本是不正常的，而且读者的阅读速度相较于正常阅读只下降了大约 10%。如果读者能够获得窗口内的注视点右侧的两个词汇的信息，那么对读者阅读的影响几乎可以忽略不计。

语言特点不仅影响知觉广度的不对称性，而且影响整个知觉广度的大小。Ikeda 和 Saida（1978）通过研究发现，日语读者的知觉广度为 13 个字符空间大小（注视点右侧为 6 个字符空间），日语读者的知觉广度要小于英语读者的。Osaka（1992）通过研究发现，相较于由平假名和片假名构成的文本，读者在阅读由日本汉字和假名构成的文本时的知觉广度要大。对于由日本汉字和假名构成的日语文本，读者的知觉广度扩展到注视点右侧的 7 个字符；而对于由假名构成的日语文本，读者的知觉广度只有注视点右侧的 5 个字符。这些研究结果都是在横向阅读（即从左向右阅读）的情况下获得的，但是日语也可以竖向（即从上向下）印刷和阅读。研究者发现，在竖向阅读时，日语读者的知觉广度为 5~6 个字符空间。后续的研究发现，无论是横向阅读还是竖向阅读，日语读者的知觉广度都是不对称的。研究者利用移动掩蔽范式发现，当中央凹区域的 4 ~ 6 个字符被掩蔽后，读者的阅读受到了很大干扰，正常阅读很难进行，这与英语的实验结果一致。

中文作为一种表意文字，和拼音文字存在很大差异。那么中文读者的知觉广度大小是多少呢？有研究发现，对于中文读者来说，知觉广度为注视点左侧 1 个汉字，注视点右侧 2 ~ 3 个汉字（Chen & Tang，1998；Inhoff & Liu，1998）。但是，也有研究发现，中文读者的知觉广度为注视点左侧 1 个汉字，注视点右侧可以达到 4 个汉字（Tsai，Tzeng，& Hung，2000）。熊建萍、闫国利和白学军（2007）通过研究发现，高中二年级学生的知觉广度大约为注视点左侧 1 ~ 2 个汉字，注视点右侧 3 ~ 4 个汉字。有研究还发现小学五年级的知觉广度为注视点左侧 1 个汉字，注视点右侧 2 ~ 3 个汉字（闫国利，熊建萍，白学军，2008）。王丽红（2011）通过研究发现，大学生的知觉广度为注视点左侧 1 个汉字，注视点右侧 2 ~ 3 个汉字，当以双字词作为呈现单元时，大学生的知觉广度为注视点左侧 1 个双字词，注视点右侧 1~2 个双字词。希伯来语读者的知觉广度也是不对称的，而且与大多数文字不同，希伯来语读者的知觉广度是注视点左侧比较大，注视点右侧比较小，因为希伯来语的阅读方式是从右向左。

表 1–2 不同研究者发现的中文知觉广度

研究者	实验被试	知觉广度大小	
		注视点左侧（汉字）	注视点右侧（汉字）
Tsai 和 McConkie（1995）	台湾地区学生	1	2
Inhoff 和 Liu（1998）	留美中国学生	1	3
陈煊之等（1998）	香港地区学生	0	2
Tsai 等人（2000）	台湾地区学生	1	4
熊建萍等人（2007）	高二年级学生	1–2	3–4
闫国利等人（2008）	小学五年级学生	1	2–3
王丽红（2011）	内地大学生	1	2–3

除了语言自身的特性影响知觉广度大小外，读者的阅读能力也影响知觉广度的大小。相较于熟练阅读者，初学者（Häikiö，Bertram，Hyönä，& Niemi，2009；Rayner，1986）和阅读障碍儿童（Rayner，Murphy，Henderson，& Pollatsek，1989）的知觉广度都比较小。对于初学者和阅读障碍儿童来说，编码当前注视单词时难度较大，这就导致了他们有比较小的知觉广度。相较于青年读者，老年读者的阅读速度较慢，而且老年人的知觉广度好像稍微小一些，更对称一些（Rayner，Castelhano，& Yang，2009）。

阅读材料的难易程度也会影响读者的知觉广度。研究者邀请小学四年级学生和大学生阅读两种句子，一种句子的难度符合小学四年级阅读水平，另外一种难度符合大学生阅读水平。结果发现，句子的难度影响读者的知觉广度，当句子难度较大时，读者需要更多的注意资源落在中央凹区域，使其知觉广度变小（Rayner，1986）。闫国利、伏干和白学军（2008）同样考察了中国大学生阅读不同难度句子时的知觉广度。结果发现，当大学生阅读难度较小的句子时其知觉广度为 5 个汉字，当阅读难度较大的句子时其知觉广度为 3 ~ 5 个汉字。

随后的大量研究都比较一致地发现，对于拼音文字来说，熟练读者的知觉广度大约为注视点右侧 14 ~ 15 个字母空间。但是，这并不意味着远离注视点的单词能被读者所识别。事实上，读者在阅读过程中获得的关于字母的信息要远远小于关于词长的信息。词的识别广度（word identification span）要远远小于总的知觉广度。

知觉广度的大小到底是用字母还是单词来定义呢？关于这个问题的答案，研究者更倾向于用注视点左侧和右侧。研究者认为知觉广度的左侧边界为注视单词的开始部分，知觉广度的右侧边界可以以字母定义。当实验过程中移动窗口以字母定义和以单词定义时，当两种情况下的窗口大小相同时，被试在两种条件下的表现没有显著差异。更重要的是，进一步的数据分析发现单词窗口条件下的成绩可以比较准确地预测字母个数，但是字母窗口条件下的成绩不能准确预测单词个数。因此，知觉广度应该以字母定义。

另一个和知觉广度相关的有意思的事情是，读者在阅读过程中能否从下一行获得一些有用信息。研究者在实验过程中要求被试阅读一行文本内容，同时忽视一行干扰内容，记录下被试阅读时的眼动轨迹。当读者阅读完一行后，他们按下一个按钮，下一行就会出现。阅读完之后，要求被试回答一些多选题。从被试的答案可以看出，他们可以同时获得当前注视行和干扰行的内容。但是，更进一步的眼动数据发现，被试只是偶尔注视干扰行的内容。当剔除这样的一些偶然的注视点之后，读者很难从干扰行获得任何有用的语义信息。还有研究者利用移动窗口范式对上述问题进行了研究。实验过程中，当前注视行和该行以上的所有内容都是正常呈现，但是当前注视行以下的内容不是正常呈现。当前注视行以下的内容的呈现方式有以下几种：①正常呈现；②另外一篇文章的内容，而且与该文章的内容在主题上存在很大差异；③一系列无意义的字符串“X”；④视觉上相似的字母；⑤视觉上不相似的字母。研究者发现，在第一和第三这两种条件下，被试在阅读时受到的干扰最小，阅读效率最高。另外三种条件下，两两之间的差异都不显著，表明读者不能从下一行获得语义信息。但是，当要求被试在文章中寻找一个特定的目标词时，读者有时能够获得下一行的信息。

最近，Miellet，O’Donnell 和 Sereno9（2009）对移动窗口范式进行了相应的改进，他们称之为副中央凹放大技术（parafoveal magnification）。在副中央凹放大技术中，注视点周围字母的字号大小是正常的，但是随着字母离注视点越远，其字号就越大。他们将注视点右侧的知觉广度的大小保留 14 个字母空间，并将这 14 个字母采用副中央凹放大技术，结果发现了比较一致的结果，即读者眼睛运动的距离由字母驱动。这些结果与注意资源和即时加工过程受限的观点不一致。阅读过程中一次注视时获得信息的多少由注意资源和即时加工过程决定。

读者在阅读过程中不能获得当前注视行的下一行文本的信息。但是，如果实验任务不是阅读而是视觉搜索，那么读者就可以获得下一行的信息。最后，采用移动掩蔽范式的研究发现，如果中央凹视觉区域内的信息被掩蔽，只有副中央凹的信息是可见的，那么阅读是非常困难的。实际上，移动掩蔽范式创造了一种人为的中央凹盲点，这种中央凹盲点一般发生在脑损伤病人身上，脑损伤使得病人不能有效利用他们的中央凹视觉区域。

总之，对于英语读者来说，其知觉广度大约为注视点左侧 3~4 个字母空间，注视点右侧 14~15 个字母空间。对于那些从右向左书写的语言的读者来说，其知觉广度也是不对称的，只不过是左侧的知觉广度更大。知觉广度的大小随文本特点的变化而有所变化，对于那些信息更密集的语言书写系统（例如中文）来说，其知觉广度就越小。读者的知觉广度的大小还受其阅读水平的影响，相较于熟练读者，初学者和阅读困难者的知觉广度以及老年人的知觉广度都较小。当阅读的内容越来越困难时，读者的知觉广度也会越来越小。一般情况下，读者将注意力集中于当前注视行，当前注视行的下一行的内容读者很难获得，但是在某些特殊的任务中（例如视觉搜索），读者能够在一定程度上获得下一行的文本信息。因此，关于拼音文字读者知觉广度的研究，研究者已经获得了相对丰富的研究结果，而且研究结果之间相对比较一致。但是，关于中文读者的知觉广度的研究还处于起步阶段，还需要进一步的研究和探索。

第三节　副中央凹预视效应

如前所述，拼音文字读者的知觉广度大约为注视点左侧 3 ~ 4 个字母空间，注视点右侧 14~15 个字母空间。那么，读者在一次注视时，在知觉广度范围内能从注视点右侧单词获得哪些预视信息呢？

一、副中央凹预视效应概述

（一）副中央凹预视效应定义

阅读过程中，当读者注视某个词（即位于中央凹区域的词n）时，不但可以加工和识别词n，而且可以获得该词右侧词（即位于副中央凹区域的词n＋1和词n＋2）的部分信息，这一现象就被称为副中央凹预视效应（parafoveal preview effects）。

（二）副中央凹预视效应研究范式

研究者通常利用一种呈现随眼睛运动变化技术——边界范式来研究副中央凹预视效应。该范式可以精确地测量读者从副中央凹区域获得了什么类型的信息和能从多大空间范围上获得预视信息。Rayner（1975）首次在研究中使用了边界范式。在边界范式中，在目标词左侧有一个看不见的边界，读者在阅读过程中未越过边界之前，目标词由一个不同的预视词代替。当眼睛越过边界后，预视词被目标词代替。包含目标词的实验句是通顺合理的，阅读过程中读者不能察觉到预视词，也不能察觉到目标词取代预视词的变化。研究者利用边界范式发现，相较于无效预视（例如非词或字母的随机组合串），当注视点右侧是有效预视（例如预视词和目标词音似和形似）时，读者在注视该单词时需要的时间更少。一般情况下，预视效应的大小为30～50毫秒。

二、副中央凹预视效应研究

（一）拼音文字副中央凹预视效应研究

在边界范式中，研究者通过操纵预视词和目标词之间的关系，探讨读者可以从副中央凹区域获得有关目标词的具体信息。Rayner（1975）在实验中设置了三种条件：①预视词（tested）和目标词（tasted）形似；②预视词是一个形似非词（tcrted）；③预视词是一个随机字符串（tflmed）。结果发现，在第一种条件下，读者对目标词的注视时间显著短于另外两种条件，表明读者可以从副中央凹区域获得目标词的词形信息。随后，大多数研究普遍采用边界范式来研究读者在阅读过程中可以从副中央凹处获得何种信息。

以拼音文字为实验材料的眼动研究，采用边界范式探讨了副中央凹预视效应。结果发现，读者可以从副中央凹区域获得比较稳定的预视效应。相较于无预视条件（如预视词为假词或随机字符串），读者在同音、形似和同义等条件下，对目标词的注视时间都显著缩短（Rayner，1998）。还有研究发现，在眼跳过程中，读者能获得低水平的视觉信息，如单词的首字母信息（Johnson & Rayner，2007；Rayner et al.，1982）、正字法信息（Drieghe，Rayner，& Pollatsek，2005b；White，Rayner，& Liversedge，2005b）和抽象的字母代码及语音信息（Ashby，Treiman，Kessler，& Rayner，2006；Chace，Rayner，& Well，2005；Miellet & Sparrow，2004；Pollatsek，Lesch，Morris，& Rayner，1992）。还有研究表明，读者能从副中央凹区域获得词长信息（Inhoff，Starr，Liu，& Wang，1998；Inhoff，Radach，Eiter，& Juhasz，2003；White et al.，2005b）和可预测性信息（Drieghe et al.，2005；White，Rayner，& Liversedge，2005a）。虽然眼跳过程中读者可以整合字母位置信息、抽象的字母编码信息、正字法编码信息和语音编码信息，但是更让研究者感兴趣的是阅读过程中读者能不能获得语义的预视信息。

一些研究结果发现读者不能从副中央凹区域获得语义信息（Altarriba，Kambe，Pollatsek，& Rayner，2001；Rayner，White，Kambe，Miller，& Liversedge，2003），另一些研究发现读者能从副中央凹区域获得语义信息（Inhoff，Starr，& Shindler，2000；Kennedy & Pynte，2005；Hohenstein，Laubrock，& Kliegl，2010）。读者能否从副中央凹区域获得语义信息，可以看作是读者对单词的加工方式到底是串行加工还是平行加工的证据。如果读者能够从副中央凹处获得语义信息，表明读者在阅读过程中对知觉广度范围内的单词的加工方式是平行加工；如果不能获得语义信息，则支持串行加工。

Altarriba 等人（2001）在研究中选择了西班牙语-英语双语者为研究对象。实验 1 中，研究者采用了三因素实验设计。第一个自变量是目标词的类型，包括西班牙语和英语两种。第二个自变量，即目标词的三种预视条件：

①与目标词完全相同；②目标词的翻译词；③控制条件，和目标词无关的一个词。第三个自变量是，翻译词的类型：同根词（例如和目标词正字法相似）和不同根词（和目标词在正字法上不相似）。实验过程中，目标词和预视词先后呈现，预视词先呈现，当被试的眼睛越过一个边界时，目标词呈现，此时要求被试对目标词进行命名。当被试命名目标词时，目标词消失。实验2中，研究者同样采用了三因素实验设计。第一个自变量，同实验1中的第一个自变量。第二个自变量是目标词的预视类型：①与目标词完全相同；②与目标词语义或正字法相似；③与目标词无关的一个词。第三个自变量是与目标词相似的预视词的类型：①不同根词；②同根词；③伪同源词，即形似但不同义。要求被试阅读144个实验句。结果发现，在两个实验中，读者都不能从副中央凹区域获得有关目标词的语义信息。

Hohenstein等人（2010）采用了一种全新的实验范式，即将边界范式和快速启动范式结合的一种新范式。实验过程中要求被试阅读实验句。结果发现，当读者注视目标词前的一个单词时，在该注视点的前125毫秒时，读者能够获得副中央凹词的语义信息。当目标词的位置比较显著时，显著的语义预视效应发生在80毫秒左右。当启动时间大约在20毫秒、40毫秒或60毫秒时，并未发现显著的语义预视效应。研究者还发现，对目标词的注视时间随着启动时间的增加而增加。研究者发现的语义预视效应，表明读者在阅读过程中对知觉广度范围内的单词是一种平行加工的方式。

在经典的词汇命名和词汇判断任务中，那些可以产生启动效应的单词，当启动词位于副中央凹区域时，却不能再产生启动效应。实验结果让人很困惑，造成这种结果的原因可能是，处于副中央凹区域的单词被充分降解，导致读者不能加工副中央凹单词的语义。这不是说处于副中央凹区域的单词不能被识别，因为实际阅读过程中读者能识别副中央凹单词。当单词的词长足够短或者可预测性足够高时，读者可以对这些单词产生跳读，而且研究者普遍认为这些单词在跳读之前的一个注视点时已经被读者识别。

总之，拼音文字阅读过程中，读者能否获得副中央凹单词的语义信息，目前还没有一致的结论，还存在争论和冲突。但是，分析Hohenstein等人（2010）的研究发现，研究者在实验材料的选择方面进行了严格的操控。例如，研究者严格操纵了目标词和预视词的词长，不管是目标词还是预视词，这些单词的词长都在 4 ~ 8 个字母之间。在一定词长范围内得到的实验结果，能否推论到正常的拼音文字阅读，还有待商讨。因此，关于拼音文字阅读过程中读者能否获得语义预视信息，仍然需要更多的实验证据来支持和验证。

正如没有足够的证据证明眼跳过程中读者可以整合语义信息一样，目前也没有足够的证据证明英文读者眼跳过程中可以整合形态学信息(morphological information)(Juhasz，White，Liversedge，& Rayner，2008；Kambe，2004)。另外一方面，希伯来语读者眼跳过程中也不能整合形态学信息（Deutsch，Frost，Peleg，Pollatsek，& Rayner，2003；Deutsch，Frost，Pollatsek，& Rayner，2000，2005)。相较于英语，形态学信息对于希伯来语阅读加工过程更重要，而且实验结果的差异也证明了这一点。

读者在阅读过程中获得的预视效应的大小随当前注视单词的难易程度而变化。如果当前注视单词的加工难度较大，那么读者会获得较少甚至不能获得注视点右侧单词的预视信息（Henderson & Ferreira，1990；Kennison & Clifton，1995；White et al.，2005a)；如果当前读者注视的词汇很简单，那么读者能够获得注视点右侧单词的更大的预视效应。有趣的是，有研究已经发现，相对于词间预视来说，词内预视效应更大（Juhasz，Pollatsek，Hyönä，Drieghe，& Rayner，2009)。最后，尽管眼睛的注视点落在拼写错误单词的词首位置附近，预视效应仍然存在，不管前一个单词的难度有多大。有研究还发现，阅读水平的高低也会影响副中央凹预视效应的大小。具体表现为，阅读水平较低的读者，其获得的副中央凹语音的预视效应就很小，而阅读水平较高的读者能获得较大的副中央凹语音预视效应（Chace et al.，2005；Jared et al.，1999；Unsworth & Pexman，2003)。另外，视觉对比和条件变化也会影响预视效应的大小。Wang 和 Inhoff（2010）探讨了词 n 的可辨别性（清晰和模糊）和呈现方式(大小写字母交替和全部小写)对副中央凹预视效应的影响。结果发现，当词 n 比较模糊时，读者从副中央凹区域获得的预视效应较小，相较于全部小写，在大小写字母交替呈现条件下，读者从副中央凹区域获得的预视效应也比较小。

另外一个有争论的话题是，读者的预视效应的空间范围有多大。尤其是，当读者注视当前词 n 时，能不能获得注视点右侧第二个词，即词 n+2 的预视效应。尽管研究者一致认为读者在阅读过程中能够获得词 n + 1 的预视效应，但是有研究发现读者不能从词 n + 2 上获得有效的预视效应（Angele et al., 2008； Kliegl, Risse, & Laubrock, 2007；McDonald, 2005, 2006b；Rayner, Juhasz, & Brown, 2007a）。但是，在某些特殊情况下，例如当词 n+1 的词长非常短（如 2 ~ 3 个字母）、词频比较高时，读者可以获得词 n + 2 的预视效应，或者是当读者的下一次眼跳选择目标是词 n + 2 时，能获得词 n + 2 的预视效应，尤其是在中文阅读过程中，读者有时能获得词 n+2 的预视效应（Yang et al., 2009；Yen, Tsai, Tzeng, & Hung, 2008）。但是当读者是按顺序先后注视词 n+1 和词 n+2 时，只能获得词 n+1 的预视信息，不能获得词 n+2 的预视信息。

综上所述，关于拼音文字的副中央凹预视效应，研究者普遍认为读者可以从副中央凹区域获得目标词的一些低水平视觉信息和语音信息等，但是关于读者能否从副中央凹区域获得目标词的语义预视信息，目前还存在很大的争议和冲突，没有一致的结论。另外，关于读者可以获得多大范围的预视信息，读者能不能获得词 n+2 的预视信息，目前也没有一致的结论，但是大多数研究都发现拼音文字读者在阅读过程中很难获得词 n+2 的预视信息，支持串行加工理论。

（二）中文副中央凹预视效应研究

相较于拼音文字，关于中文的副中央凹预视效应研究起步较晚，研究结果也不如拼音文字丰富。如上所述，中文阅读过程中读者的知觉广度是注视点右侧 2 ~ 3 个汉字，中文读者的平均眼跳距离为 2 ~ 3 个汉字，中文的知觉广度和眼跳距离之间只有少许的重叠（Inhoff & Liu, 1998）。英文阅读的知觉广度是注视点右侧 14 ~ 15 个字母，平均眼跳距离为 7 ~ 8 个字母，英文的知觉广度和眼跳距离之间有近 50%的重叠（即右侧的知觉广度大约是平均眼跳距离的两倍）。因此，相较于英文这种拼音文字，中文读者在阅读过程中可以从知觉广度范围内获得更多预视信息（Yang et al., 2009）。

研究者普遍认为，中文读者在阅读过程中同样能够获得词 n+1 的预视效应。对于中文书写系统来说，汉字是中文书写系统的基本单元，每个汉字都有三个维度信息，即字形、字音和字义。那么，中文读者在阅读过程中获得的有关词 n + 1 的预视信息，这种预视信息到底是字形信息，还是字音信息，抑或是字义信息？为了回答此问题，研究者在实验过程中同样采用边界范式，发现中文读者能够获得有关词 n + 1 的语音和字形信息（Bai，Zang，Yan，& Shen，2006；Pollatsek，Tan，& Rayner，2000；Liu et al.，2002），结果表明语音和字形激活都是阅读过程中一个早期发生的过程。

Pollatsek 等人（2000）在研究中采用边界范式和词汇命名任务，考察了中文阅读过程中读者能够从副中央凹区域获得何种信息。实验 1 中，研究者操纵了 5 种预视条件：相同预视（目标字是“诚”，预视字是“诚”）、同音形似预视（预视字是“城”）、同音形异预视（预视字是“程”）、同义预视（预视字是“恳”）和控制条件（预视字是“刚”）。结果发现，在同音预视条件下被试对目标词命名的潜伏期（反应时）更短，表明副中央凹区域词汇的语音信息（而不是语义信息）能够促进汉语词汇的识别过程。那么，亚词汇水平（即共享声旁和表音部首）的信息能否促进预视效应呢？研究者在后续实验中对此进行了探讨。

实验 2 中，根据汉字部首与整字的语义相关性，研究者同样操纵了 5 种预视条件：相同预视（目标字是“拒”，预视字也是“拒”）；同音共享声旁（预视字是“距”）；异音共享声旁（预视字是“柜”）；同音异形（预视字是“句”）；控制条件（预视字是“议”）。结果发现，在同音共享声旁条件和同音异形条件下，相较于控制条件，读者识别目标词的时间更短，表明读者能够从副中央凹区域获得有关目标词的语音信息；在异音共享声旁条件下，相较于控制条件，读者加工目标词的时间也显著变短，表明读者可以从副中央凹区域获得目标词的字形信息。

为了探讨亚词汇信息（声母和韵母）对预视效益的影响，在实验 3 中，研究者设置了 5 种预视条件：同音共享表音部首（目标字是“铜”，预视字是“桐”）；异音共享表音部首（预视字是“洞”）；同音异形（预视字是“童”）；异音异形共享声母（预视字是“褪”）；控制条件（预视字是“漂”）。结果发现，在异音异形共享声母和控制条件下，读者对目标词的加工时间不存在显著差异，表明读者不能从副中央凹区域获得亚词汇的声母信息。

然而，在 Pollatsek 等人（2000）的研究中采用的是词汇命名任务，这可能会让被试更多地关注语音信息。为了解决这一问题，随后的研究者采用呈现随眼动变化技术，进一步探讨读者从副中央凹区域获得语音和字形的时间进程（Liu et al.，2002；Tsai et al.，2004）。Liu 等人（2002）在研究中操纵了四种预视条件：与目标词相同、形似、同音或不相似。结果发现，在形似预视条件下，相较于不相似条件下，读者对目标词的注视时间更短，表明读者在副中央凹区域获得了有关目标词的字形信息。为了更详细地考察字形预视效应的来源，Liu 等人进一步操纵了三种预视条件：与目标词共享表义部首、共享声旁、有笔画重叠但不共享表义部首和声旁。结果发现，当预视词与目标词共享声旁时，相较于有笔画重叠但不共享表义部首和声旁条件，读者对目标词的注视时间更短，表明在汉字识别的早期阶段，声旁部首起着很重要的作用。

Tsai 等人（2004）在研究中设计了两个实验。实验 1 中，研究者操纵了 5 种预视条件：与目标词完全相同（目标字和预视字都是“罐”）、同音形似条件（预视字是“灌”）、同音形异条件（预视字是“贯”）、异音形似条件（预视字是“權”）和异音形异条件（预视字是“翁”）。结果发现，在同音形似和同音形异条件下，读者对目标词的识别时间更短，表明读者能够从副中央凹区域获得语音信息，语音激活是一个早期发生的过程。实验 2 中，研究者进一步操纵了预视词与目标词共享语音高和低的比率，探讨共享语音比率是否影响副中央凹预视效应的大小。结果发现，只有在预视词与目标词共享语音比率高的条件下存在副中央凹预视效应。

Bai 等人（2006）以高、低频率的单字词为目标词，操纵了整词水平（例如同音形似、异音形似）和亚词汇水平（例如同音共享声旁、异音共享声旁）的预视条件。结果发现，无论是在整词还是在亚词汇水平上，被试都能从副中央凹区域获得语音和字形信息。闫国利、王丽红、巫金根和白学军（2011）同样通过研究发现，无论是大学生还是小学生，都能从副中央凹区域获得目标词的字形信息。

关于拼音文字（尤其是英文）读者能否获得词 n+1 的语义预视信息，目前还没有一致的结论。但是，很多研究发现，中文阅读过程中读者可以获得词 n + 1 的语义预视信息（黄时华，2005）。王穗苹等人（2009）在实验过程中设置了语义连贯和语义违背两种条件，结果发现，在语义违背条件下，读者对目标词的加工时间要显著长于语义连贯条件，表明读者在阅读过程中可以获得词 n + 1 的语义预视信息。Yan，Richter，Shu 和 Kliegl（2009）为了避免亚词汇信息激活对副中央凹预视效应产生的影响，选择了外部结构简单、能直观表现语义的常见象形字（如“户”）作为目标词，通过操纵相同（户）、字形相似（广）、语音相同（互）、语义相同（门）和控制条件（丹）五种预视条件来探讨中文阅读过程中读者能否从副中央凹处获得语义信息。结果发现，在首次注视时间和凝视时间上，读者能从副中央凹处获得显著的字形和语义预视效应。

上述研究为中文读者在字水平上的副中央凹预视效应提供了大量证据，那么中文读者能从副中央凹区域获得整词的预视信息吗？Yen 等人（2008）在实验 1 中设置了两种预视词，即真词和两个字组成的假词。结果发现，与假词预视条件相比，在真词预视条件下读者出现了更多的词跳读现象，表明读者从副中央凹区域获得了整词的预视效应。实验 2 中，预视词与目标词（如“戒烟”）的首字相同，预视条件分为三种：首字意义相同（如“戒除”）、首字意义不同（如“戒备”）和假词（如“戒料”）。结果发现，在首字意义相同的预视条件下对目标词的注视时间要短于假词预视条件下的，表明读者能从副中央凹区域获得整个预视词的信息，且不仅是预视词中首字字形信息。崔磊（2011）在研究中以单纯词、复合词（名—名、形—名）和短语为实验材料，考察三类材料对副中央凹预视效应大小的影响。结果发现，单纯词副中央凹预视效应略高于复合词和短语；复合词和短语间的副中央凹预视效应没有差异；形—名结构复合词的副中央凹预视效应显著大于名—名结构复合词，这表明复合词的结构影响副中央凹预视效应。

中文阅读过程中读者能否获得位于副中央凹区域词n+2的预视信息呢？Yang 等人（2009）设置了两个实验来研究此问题。实验1 中，目标词 n+1 和 n+2 都是单字词，而且这两个单字不能组成一个双字词。结果发现，读者可以获得位于副中央凹区域词 n + 2 的预视信息。那么中文读者能否获得处于副中央凹区域的双字词 n + 2 的预视信息呢？研究者又设计了实验 2，实验 2 中，目标词 n + 1 是一个单字词，目标词 n + 2 是一个双字词。结果发现，读者能够获得单字词 n+1 的预视效应，而且预视效应较大；在凝视时间这一个指标上，读者能够获得微弱的位于副中央凹区域双字词 n+2 的预视效应。研究者通过分析实验数据后认为，读者能从词 n+2 上获得微弱的预视效益，可能是因为在实验中词 n+1 均为高频词所导致。在随后的研究中，研究者将词

n + 1 更改为低频词时，读者就没有获得任何位于副中央凹区域的词 n + 2 的预视效应（Yang，Wang，Tong，& Rayner，2012）。此外，Yan，Kliegl，Shu，Pan 和 Zhou（2010）通过控制词 n+1 的词频来实现对词 n+1 认知负荷（加工低频词会引起高认知负荷，加工高频词会引起低认知负荷）的操纵，进一步探讨了词 n+1 的加工负荷对词 n+2 预视效益的影响。目标词 n+2 为双字词，且设有相同、同义、形近和非词四种预视条件。结果发现，当词 n+1 为高频词（低加工负荷）时，读者的副中央凹可从词 n+2 上获得预视信息。

综上所述，由于中文与拼音文字在书写特征方面存在很大差异，因此中文的副中央凹预视效应和拼音文字的预视效应的结果方面也存在一定的差异。这种差异主要表现在，中文读者一定程度上可以从副中央凹区域获得词 n+1 的语义预视信息，而且有研究发现，当词 n+1 为高频、单字词时，读者可以获得词 n+2 的预视信息。但是，拼音文字读者能否获得词 n+1 的语义信息，目前仍没有一致的结论，而且大多数研究发现，拼音文字读者不能获得词 n+2 的任何预视信息。当然，中文和拼音文字在副中央凹预视方面也存在一些相似的结果，例如中文和拼音文字读者都可以从副中央凹处获得词 n + 1 的语音和字形信息等。但是，无论是拼音文字还是中文阅读，关于副中央凹预视效应仍然需要进一步的研究。

第二章　阅读中的眼动控制模型

目前，研究者运用计算机模拟，通过对大量实验数据进行拟合，提出了各种不同的眼动控制模型，目的是为了回答“when”和“where”两个问题，揭示阅读过程眼动控制的本质。但是，关于眼动控制的本质一直没有一个普遍认可的观点。研究者一直在探索，读者的眼睛运动行为究竟是由低水平的眼球运动策略控制，还是由认知加工过程控制。在此基础上就出现了目前两种主要的眼动控制模型：初级眼球控制模型（primary oculomotor control models）和认知控制模型（cognitive control models）。

初级眼球控制模型强调初级的视觉因素（如词长和词间空格等）或者读者眼跳系统本身的特点（如眼跳距离和眼跳起始时间等）在读者的阅读过程（“when”和“where”）中起决定作用（Bouma & de Voogd，1974；Suppes，1990；O'Regan & Jacobs，1992；Findlay & Walker，1999；Yang & McConkie，1999）。认知控制模型则认为，词既是眼跳选择的目标，也是读者注意和认知加工的基本单元，并且强调词汇与词汇加工过程对“when”和“where”的影响作用（Reichle，Rayner，& Pollatsek，2003）。

虽然认知控制模型（如E-Z读者模型、SWIFT模型和Glenmore模型）都强调词汇和词汇加工在读者的阅读过程中所起的作用，但是具体到每个模型，模型和模型之间的观点又存在很大差异。根据注意资源在词汇上的分布模式，认知控制模型又可以分为两大类：序列加工模型（sequential processing models）和并列加工模型（parallel processing models）。序列加工（又被称为串行加工）模型强调读者在阅读过程中，其注意资源的分配转移和词汇加工遵循系列加工的模式，即处于知觉广度范围内的单词是系列加工的，读者识别完单词 n，然后才有可能去识别单词 n + 1。并列加工（又被称为并行加工）模型则认为，读者在阅读过程中的注意资源是平均分配到处于知觉广度范围内的所有单词上的，处于知觉广度范围内的单词可以同时加工。序列加工模型的代表模型是E–Z读者模型，并列加工模型的代表模型是SWIFT模型。

其中，E–Z读者模型已经发展为比较经典的认知模型，尤其在解释拼音文字的眼动研究结果方面有较大的优势。但是，随着研究的不断深入，越来越多的研究发现，虽然词汇在阅读的眼动控制中起着非常重要的作用，但是眼动系统自身的特性和初级的视觉因素在眼动控制中的作用同样不容忽视（Yang & McConkie，1999；Reilly & Radach，2006）。新近出现的Glenmore模型不仅考虑到了词汇加工在读者的阅读过程中的作用，而且也吸收了初级眼球控制模型关于眼动系统自身特性和初级视觉因素在眼动控制中起重要作用的观点（Reilly & Radach，2006；Engbert，Longtin，& Kliegl，2002；Engbert，Nuthmann，Richter，& Kliegl，2005；Kliegl，Nuthmann，& Engbert，2006；Kliegl et al.，2007；Kliegl，2006，2007）。

第一节 初级眼球控制模型

初级眼球控制模型是阅读眼动的研究者早期提出的关于眼动控制的模型。初级眼球控制模型普遍认为，眼跳的“起始时间”和“落点位置”都取决于文本的视觉特征（如单词的长度）、前一个眼动事件的具体参数（如前一个眼跳的眼跳距离和注视位置等）或眼跳系统自身的属性，与高水平的认知加工（如词汇、语境等）之间只是一种间接关系（Vitu，2011）。初级眼球控制模型承认高水平的认知加工在眼动控制中的作用，但是高水平的认知加工并不能实时控制和影响读者的注视时间和眼跳的注视位置（Yang & McConkie，1999）。在初级眼球控制模型中，子模型的数量很多，而且不同的子模型之间存在很大差异，其中比较有代表性的初级眼球控制模型有视觉缓冲器加工模型、最小化控制模型、战略—战术模型和竞争/交互控制模型。下面将逐一介绍上述模型。

一、视觉缓冲器加工模型

1974年，Bouma和de Voogd提出了视觉缓冲器加工模型。他们认为，阅读过程中，读者的眼睛是按照固定步幅向前移动的，读者注视一个单词的时间长短并不能反映该单词的难度，即并不是注视时间越长表明读者加工的单词的难度越大。Bouma和de Voogd对此的解释是，读者在阅读过程中每次注视时，从文本提取视觉信息，并将提取的视觉信息储存在工作记忆的缓冲器中。实时的阅读过程中，虽然读者的眼睛已经转移到文本的另外一个地方，但是储存在工作记忆的缓冲器中的关于此前注视点的视觉信息的加工可能还没有完全完成，仍然在进行加工。随着读者在阅读过程中眼睛的不断转移，阅读的继续，关于文本的新信息会不断地被输送到工作记忆的缓冲器中。但是，个体的工作记忆加工处理信息的能力是有限的，当输入缓冲器中的信息量过多，难度过大时，存储在缓冲器中的信息将得不到及时加工而出现衰退现象。此时，为使得缓冲器继续工作，继续加工信息，读者必须降低眼睛移动的速度，或者增加对先前文本内容的回视次数。因此，词汇的高水平信息（如词频和可预测性等）只影响读者对该单词的总注视时间，但是对一些实时的眼动指标（如第一遍阅读中的首次注视时间、凝视时间、再注视概率和跳读概率等）并不产生影响（Bouma & de Voogd，1974）。

综上所述，视觉缓冲器加工模型认为，阅读过程中读者的眼睛何时移动与词汇的高水平信息之间没有关系，词汇的难易程度只影响读者对单词的总注视时间。但是，越来越多的眼动研究发现，上述观点并不正确，因为词汇的高水平信息是读者在阅读过程中何时移动眼睛的决定因素（Rayner & Liversedge，2011）。

二、最小化控制模型

1990年，Suppes根据数学算式任务中的眼动现象提出了关于阅读过程的最小化控制（minimal control）模型。Suppes认为，阅读过程中读者的大部分眼动事件是初级的、自动完成的，单词的高水平信息并不影响读者对单词的注视时间和眼跳距离。阅读过程中，读者的眼睛何时进行眼跳和眼跳跳向何处主要取决于阅读材料的版面设计性质。最小化控制模型采用几组随机概率函数分别描述了读者在阅读过程中的注视持续时间和眼睛注视位置的分布。根据最小化控制模型，读者对单词的注视持续时间的长短决定于本次注视期间需要完成的非文字性操作的数量和性质，每次非文字性操作所需要的时间由一个特定的随机概率性质的函数决定。因此，每次注视的持续时间的长短既与前一注视点内的操作无关，也与当前注视点注视的文本信息的内容无关。读者在阅读过程中的注视位置分布也取决于另一套类似的规则。因此，最小化控制模型完全排除了注视时间和注视位置分布受词汇的认知加工因素等潜在的可变性因素干扰的可能性，通过上述规则该模型也最大限度地排除了词汇识别过程实时影响眼动指标数据的可能性，但是也正因为这样，最小化控制模型不能很好地有效地说明实际阅读过程中读者的眼动模式（O'Regan & Jacobs，1992；Rayner，1979；McConkie et al.，1989）。

三、战略—战术模型

O'Regan 和 Jacobs（1992）提出了战略—战术模型（strategy-tactics theory）。该模型认为，阅读过程中读者采用了两种策略：整体性策略（粗略阅读）和谨慎策略（细心阅读）。整体性策略引导读者注视每个单词的最佳注视位置（靠近词的中心位置）。如果对单词的首次注视落在了最佳注视位置，那么对该单词就只有一次注视。然而由于误差的存在，有时候眼跳会错过本来打算注视的目标，越过（overshoot）或未达到（undershoot）计划的眼跳目标，使得首次注视没有落在最佳注视位置，这时读者就会采取谨慎策略。根据谨慎策略，如果对单词的首次注视没有落在最佳注视位置附近，通常就会有一次对该词的再注视，以便读者完成对该词的识别过程。根据战略—战术模型，阅读过程中对单词的注视会出现两种情况：首次注视落在最佳注视位置，对该单词就只有一次注视；首次注视未落在最佳注视位置附近，对该单词就会产生再注视。

该模型还认为，眼睛落在单词上的首次注视位置很大程度上决定着该次注视的持续时间和下一次的注视位置，即如果首次注视落在了最佳注视位置，那么该注视点的持续时间较长，下一次的注视位置会移动到下一个单词上；如果首次注视未落在最佳注视位置，那么该注视点的持续时间较短，下一次的注视位置仍然落在该词上。当一个单词只有一次较长的注视，高水平的言语因素（如词频）才会影响该注视点的持续时间，或者高水平的言语因素只影响两次注视中第二次注视的持续时间。该模型还认为，对单词产生再注视的概率不取决于高水平的言语因素（王蓉，闫国利，2003；王穗苹，黄时华，杨锦绵，2006；闫国利，白学军，陈向阳，2003）。

但是，一些以拼音文字为实验材料的眼动研究发现，拼音文字读者在阅读过程中并未采用此种眼跳策略。根据战略—战术模型，只有词长等词汇的低级视觉信息才影响读者对该单词的再注视概率，单词的高水平信息（如词频等）只能影响读者对该单词的单次注视的持续时间。在两次注视条件（即第一遍阅读该单词时，需要两次注视才能识别该单词）下，读者对单词的首次注视时间应该偏短，单词的高水平信息只能影响读者对该词的第二个注视点的持续时间。如果研究者对单词的长度进行控制，那么单词的高水平语言信息（如词频）也不影响读者对该词的再注视概率。但是，实际的一些拼音文字的眼动研究发现，词汇的高水平语言信息（如词频、可预测性和词汇在上下文中的合理性等）不仅影响单次注视条件中读者对该词的注视持续时间和再注视概率，而且也影响两次注视条件下，两个注视点的持续时间（Rayner & Raney，1996；Rayner，Warren，Juhasz，& Liversedge，2004）。

四、竞争/交互控制模型

根据竞争交互作用理论（competition/interaction theory），Yang 和 McConkie 等人提出了竞争/交互控制模型。根据该模型，阅读过程中读者的眼跳是按照固定的时间间隔发生的，单词的低水平视觉因素（如单词的长度）和读者眼跳系统的时间/空间特性是决定眼跳何时发生和眼跳跳向何处的根本因素。阅读过程中读者的眼跳“何时起跳”和“落点位置”主要取决于知觉广度范围内视觉因素和眼跳系统中各成分间相互竞争的结果。眼跳系统的激活水平受到各个成分激活水平和抑制水平的共同影响，且随注视持续时间的变化而变化。Yang 和 McConkie 还认为，虽然眼睛运动的实时控制过程独立于词汇识别过程，但是词汇加工的认知过程（包括词汇识别、文本整合和意义构建）仍然可以通过几种间接途径影响读者的实时眼睛运动过程。而且只有当注视持续时间超过一定值时（一般为325毫秒），与词汇识别相关的认知加工过程才直接参与实时的眼动控制过程。因此，阅读过程中读者的注视点是多种因素混合影响的结果（Findlay & Walker，1999；Yang & McConkie，1999；Feng，2001）。

虽然新近出现的SWIFT模型和Glenmore模型等认知控制模型也整合了"词汇识别过程间接参与眼动控制过程"的观点，但是目前仍无一致的证据显示词汇加工过程是以直接还是间接的方式影响眼动控制过程的。但是，按照竞争/交互控制模型，只有当注视时间超过325毫秒时，词汇识别过程才影响读者的眼睛运动过程，那么在自然阅读过程中发现的词频效应应该归结于在低频目标词上产生的少数持续时间较长的注视点。但是，Rayner，Liversedge，White和Vergilino-Perez（2003）在消失文本的实验研究中发现，注视词消失并没有导致读者的注视点快速离开。研究者在分析读者的眼动数据后指出，词汇的高水平信息在注视持续时间中起重要作用，甚至在消失文本条件下依然可见显著的词频效应，且消失文本条件下的词频效应并不能归因于在低频词汇上少数的持续时间较长的注视点。因此，Rayner等人（2003）的研究并没有发现词汇的低水平视觉线索在眼动控制中起绝对作用的证据，也没有发现词汇识别在较长注视点中才能直接影响注视时间的证据。

综上所述，不管是视觉缓冲器加工模型、最小化控制模型、战略—战术模型，还是竞争/交互控制模型，这些模型都强调词汇的低水平视觉因素（例如词长和词间空格）以及眼动系统自身的属性在眼动控制中的作用，关于词汇的高水平信息（如词频、可预测性和词汇在上下文中的合理性等），上述模型存在不同的观点，但是这些模型都认为词汇的高水平信息所起的作用要远远小于词汇的低水平视觉因素的作用。但是，有越来越多的研究发现，词汇的高水平语言信息在影响读者何时进行眼跳过程中起决定作用。因此，目前眼动控制领域中，初级眼球运动模型的地位越来越弱，越来越多的研究支持新近出现的认知加工模型。

第二节 认知加工模型

与初级眼球运动模型不同，认知加工模型虽然不排除低水平视觉因素对眼动控制行为的影响，但认为低水平视觉因素的影响要远远小于认知加工因素。认知加工模型认为，眼睛何时（when）移动和移向何处（where）主要受认知因素的影响。代表理论是序列注意转换（sequential attention shift，SAS）理论和梯度注意指引（guidance by attentional gradient，GAG）理论。序列注意转换理论认为存在一个内部注意转换机制，注意一次只能完全分配给一个单词，而且注意是从一个词到下一个词严格按照序列方式转移的，代表模型是莫瑞森的眼动控制模型（Morrison，1984）和E-Z读者模型（Reichle，2011；Reichle，Pollatsek，Fisher，& Rayner，1998；Reichle，Pollatsek，& Rayner，2006；Reichle et al.，2003；Reichle，Warren，& McConnell，2009）。梯度注意指引理论认为，注意分布是围绕注视点梯度递减的，代表模型是SWIFT模型（Engbert & Kliegl，2011；Engbert et al.，2002；Engbert et al.，2005；Richter，Engbert，& Kliegl，2006）和Glenmore模型（Reilly & Radach，2006）。

一、序列注意转换理论

（一）莫瑞森的眼动控制模型

1984年莫瑞森提出了一个关于阅读的眼动控制模型（model of eye movement control）。该模型包含五个基本假设：第一，阅读过程中，注视单词之前读者的内部注意机制已经完成；第二，如果读者将注意力转移到下一个单词，标志着读者已经完成对当前单词的识别过程；第三，当读者的注意力转移到下一个单词时，将导致眼睛的注视点移动到该单词上，注意转移和执行眼跳之间存在一个潜伏期，该潜伏期的时间可以从总注视时间中区分出来。有证据表明，这个隐含的视觉注意机制是存在的，而且同眼睛运动有关，并且隐含的视觉注意机制是逐字进行的。

依据上述三个假设，眼睛运动过程与大脑词汇识别过程的关系非常简单。阅读过程中，当读者注视一个单词时（在直接注视之前该单词没被看过），大脑将开始对该单词的识别过程并完成词汇识别过程。接着读者的注视点在平均延迟X毫秒后移动（X代表注视点移动所需要的平均时间，即读者的眼跳潜伏期）。因此，读者对单词的平均注视时间等于词汇识别时间加上X毫秒。当读者的注视点移动到下一个单词时，大脑对先前单词的词汇识别过程结束，开始识别当前单词。因此，读者的词汇识别时间与平均注视时间相等。具体如图2–1和图2–2所示。

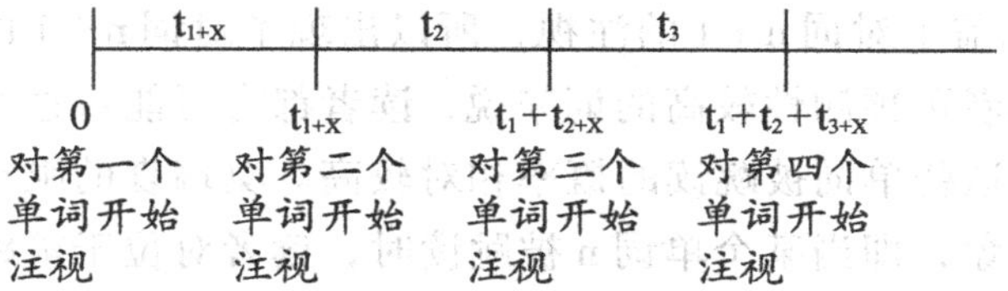

图2–1　阅读过程中读者的眼睛注视过程（引自白学军，阴国恩，1996）

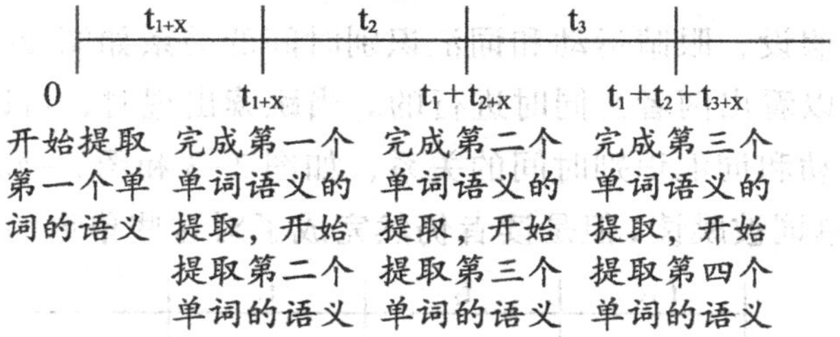

图2–2　眼睛注视时大脑所进行的认知加工过程（引自白学军，阴国恩，1996）

注：图2–1表示可观察到的眼睛注视过程，其中注视点持续时间没表示出来。实际上，X是一个随机变量。注视第二和第三个单词的时间等于这些单词的词汇识别时间，但是对第一个单词而言，注视时间等于词汇识别时间加上X。

莫瑞森的眼动控制模型还认为，副中央凹也参与了加工过程。注视时间和词汇识别时间存在非常简单的关系，即相等。莫瑞森的眼动控制模型成立的条件是，阅读过程中对单词的加工是系列进行的。然而在阅读过程中，总有一些单词不被注视，即有被跳读的现象。跳读现象可以用莫瑞森眼动控制模型的第四和第五个假设来解释。

莫瑞森眼动控制模型的第四个假设是眼睛的运动方式是平行的。阅读过程中，当读者注视完单词n时，读者的眼睛实际运动到单词n+1时，读者可能进行了两次注视的转移，即先注视单词n+1，接着注视单词n+2。第五个假设是，如果两次注意转移发生在限定的时间窗口（如眼动仪记录一个注视点是以被试注视某一点的时间在20毫秒以上来计算的），那么第一次眼睛运动将被第二次眼睛运动所掩盖，且不留任何痕迹。换句话说，我们只会看到第二次眼睛运动，且注视点落在两次眼动的中间。

例如，当读者的注视点落在单词n上时，读者对词n + 1可以快速编码，读者的注意转移到词n + 1之后将很快转移到词n + 2上。相应的眼睛运动也是如此，当眼睛快速移动到词n + 1时，接着很快转移到词n + 2上，即对词n+2的注视掩盖了对词n+1的注视，所以出现了对词n+1的跳读现象。对于词频较高或者可预测性较高的词来说，读者都有可能对这些单词进行快速编码，因此，这些单词被跳读的概率相对较高。莫瑞森的眼动控制模型还可以解释如下现象，即当某个单词n被跳读时，读者对位于被跳读单词前面的单词（即词n–1）的注视时间相对就比较长。

根据莫瑞森的眼动控制模型，如何从眼动记录来推断词汇识别时间呢？首先，第四个假设，眼睛运动和词汇识别时间的关系如图 2–1 和图 2–2 所示。从图中可以看出两者是同时进行的。当跳读出现时，可以用第五个假设来解释眼睛运动和词汇识别时间的关系，如图2–3和图2–4。从图中可以看出，虽然某些单词被跳读，但是读者仍然完成了对这些单词的词汇识别过程。

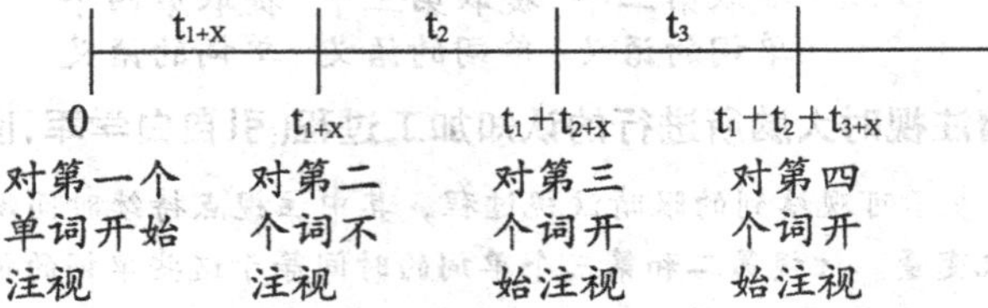

图 2–3　眼睛注视过程

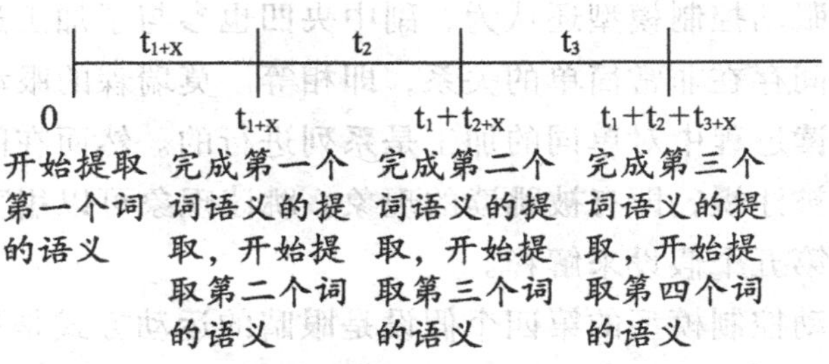

图 2–4　眼睛注视时大脑所进行的认知加工过程

虽然莫瑞森的眼动控制模型可以解释阅读过程中的一些眼动现象，例如莫瑞森的眼动控制模型可以解释预视效应（即当读者的注视点落在词 n 时，同样也能够对词 n+1 和词 n+2 进行一定程度的加工或识别）、跳读现象、词频效应和可预测性效应，但是该模型不能回答以下问题：①阅读过程中副中央凹预视时间和处在中央凹的单词的识别时间存在怎样的关系？②如何将眼跳执行前的时间划分为词汇识别时间和执行眼跳所用的时间？③当单词的高水平信息加工不能顺利进行时，正常的阅读过程将会中断，例如阅读过程中读者可能会对某些单词产生回视现象，这时读者对单词的加工时间如何计算？另外，莫瑞森的眼动控制模型对解释再注视现象也存在很大困难。因为如果注意按照序列加工方式转移，那么就意味着阅读过程中的每个单词要么被注视一次要么被跳读，不可能出现再注视现象。

对于莫瑞森的眼动控制模型不能回答的上述问题，存在三种可能的解决方案。第一，在原有模型的基础上再增加一个假设，即在限定时间范围内，如果没有完成词 n 的词汇识别过程，那么注意不会转移到下一个单词（词 n + 1）上，注意仍停留在词 n 上，此时将会出现再注视现象（Henderson & Ferreira，1990；Sereno，1992）。如果读者实际阅读过程中如假设中所预测的，那么在两次注视条件下，首次注视时间将比单次注视条件下的注视时间要长。但是，现有的研究并不支持上述预测（Rayner et al.，1996；Schilling et al.，1998）。第二种可能的解决方案是，增加一个比较高级的认知加工模块。该模块可以在必要时将注视抑制在一个特定区域内，这样也可以出现再注视现象。但是，该模块很难被具体化和量化（Pollatsek & Rayner，1999；Rayner & Pollatsek，1989）。第三种可能的解决方案是，直接将词汇识别过程划分为两个阶段，并强调前期的词汇加工过程在眼跳计划和执行过程中的重要作用。随后出现的 E–Z 读者模型正是借鉴了第三种解决方案，并逐步发展成为一个比较经典的眼动控制模型。

（二）E–Z 读者模型

E–Z 读者模型是在 Morrison 模型和眼跳计划两阶段理论的基础上由 Reichle，Pollatsek 和 Rayner 提出（模型 1–10）的。该模型的基本假设是，阅读中读者的基本加工单元是单词，对单词的加工是系列加工，即“注意”总是集中于某个特定的单词，只有当前被注视的单词加工结束后，注意才会转移到下一个单词，开始下一个单词的加工过程。

E-Z 读者模型包含四个模块：视觉加工模块、注意模块、词汇识别模块和眼动控制模块，如图 2-5 所示。该模型认为阅读过程包含两个独立的系统：语言认知加工系统和眼跳运动控制系统。语言认知加工系统包含三个阶段：注意开始前的早期视觉加工阶段（V）、熟悉度检验阶段（L_1）和词汇通达阶段（L_2）。

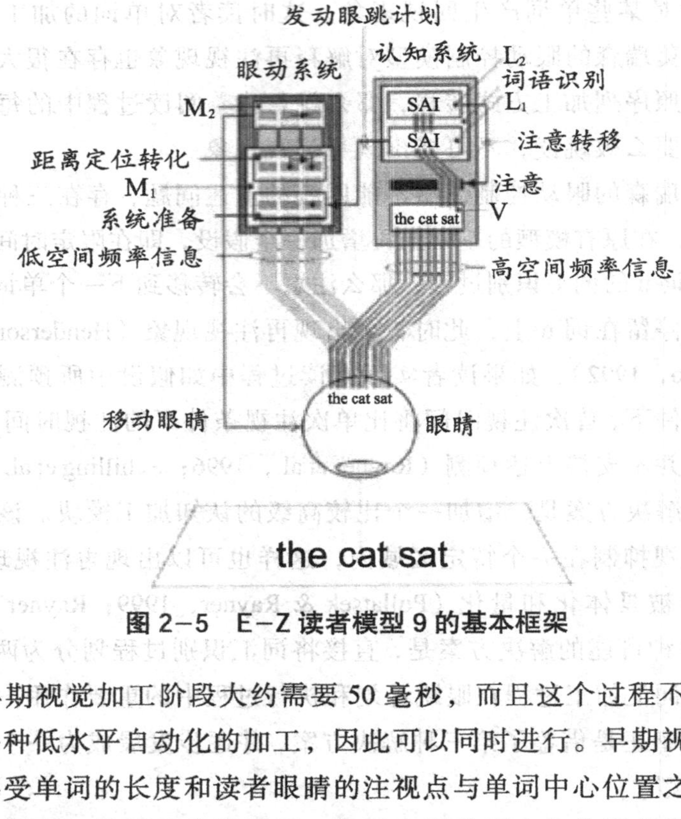

图 2-5　E-Z 读者模型 9 的基本框架

完成早期视觉加工阶段大约需要 50 毫秒，而且这个过程不需要注意的参与，是一种低水平自动化的加工，因此可以同时进行。早期视觉加工的完成效率主要受单词的长度和读者眼睛的注视点与单词中心位置之间的距离等视觉因素的影响。单词的长度越短，注视点到单词中心位置的距离越短，早期视觉加工的完成效率就越高。阅读过程中，读者可以依据早期的视觉加工的效率分配和转移注意，并在此基础上逐步完成相应词汇的识别过程；读者还可以依据早期的视觉加工的效率为其提供视觉词的单元信息，进而为读者的眼跳目标选择提供相应的线索。

熟悉度检验和词汇通达两个阶段都需要注意资源的参与。但是，熟悉度检验可能只涉及词汇正字法水平上的识别，加工水平比较低。熟悉度检验的完成时间和视敏度有关，即离注视点越远，词长越长的单词，完成熟悉度检验所需要的时间越长。在词汇通达阶段，读者需要完成对目标词的语音和语义加工过程，加工水平比较高，也更抽象。词汇通达阶段的完成时间不受视敏度的影响。词频和可预测性影响熟悉度检验阶段和词汇通达阶段的完成，词频和可预测性越高，完成熟悉度检验和词汇通达阶段的时间越短。完成词汇通达阶段的时间大约是熟悉度检验阶段的一半，见表 2–1。熟悉度检验和词汇通达阶段的完成分别是眼跳计划和注意转换的开始信号，这两个信号都是即时传入大脑的。E–Z 读者模型可以解释最佳注视位置效应，也可以解释溢出效应和副中央凹的预视效应随中央凹词汇难度增加而减少的现象。

眼跳运动控制系统包含三个阶段：眼跳计划的不稳定阶段（M_1）、眼跳计划的稳定阶段（M_2）和眼跳的执行过程（s）。完成 M_1、M_2 和 s 的平均时间分别为 187 毫秒、57 毫秒和 25 毫秒。如果前一个眼跳计划的 M_1 阶段还未完成，就开始了一个新的眼跳计划，那么前一个眼跳计划就会被取消，开始新的眼跳计划；而如果新的眼跳计划开始于前一个眼跳计划的 M_1 阶段完成后，M_2 阶段正在进行，那么就会执行两个眼跳计划。E–Z 读者模型认为，实际眼跳长度包括三部分：计划长度、系统误差和随机误差。其中，计划长度是指当前注视点到下一个眼跳目标单词中间位置的距离。英文阅读过程中，读者的计划眼跳长度大约为 7 个字母，也是英文读者比较偏好的眼跳距离（McConkie, Kerr, Reddix, & Zola, 1988；McConkie, Zola, Grimes, Kerr, Bryant, & Wolff, 1991）。如果当前注视点到下一个眼跳目标的距离长于 7 个字母，那么实际眼跳长度将短于计划眼跳长度；如果当前注视点到下一个眼跳目标的距离短于 7 个字母，那么实际眼跳长度将长于计划眼跳长度，这就是眼跳的系统误差。E–Z 读者模型还认为，再注视率受眼跳起跳位置到最佳注视位置的距离的影响，距离越长，发生再注视的概率越大，即长词更易产生再注视现象（胡笑羽，刘海健，刘丽萍，臧传丽，白学军，2007；沈模卫，张光强，符德江，陶嵘，2002；王蓉，闫国利，2003；吴俊，莫雷，2008）。

表 2–1 E–Z 读者模型 9 的参数值及解释

模型成分	参数	参数值	解释
视觉加工	V	50	眼—脑延迟（ms）
	ε	1.15	影响 L_1 的视敏度参数
词汇加工	α_1	122	截距：L_1 加工时间的最大值的平均数（ms）
	α_2	4	斜率：影响 L_1 加工时间的词频效应（ms）
	α_3	10	斜率：影响 L_1 加工时间的预测性效应（ms）
	Δ	0.5	L_1 和 L_2 的比例
	σ_γ	0.22	γ 分布的标准差（$\sigma = 0.22\mu$）
眼跳计划	M_1	100	眼跳计划不稳定阶段的平均时间（ms）
	ξ	0.5	M_1 的两个子阶段时间的比例
	M_2	25	眼跳计划的稳定阶段的平均时间（ms）
	R	117	决定再注视的平均时间（ms）
	S	25	眼跳时间（ms）
	ψ	7	眼跳最佳长度（字符空间）
	Ω_1	7.3	截距：眼跳发射点的注视时间对系统误差的影响
	Ω_2	3	斜率：眼跳发射点的注视时间对系统误差的影响
	η_1	0.5	截距：眼跳随机误差成分（字符空间）
	η_2	0.15	斜率：眼跳随机误差成分（字符空间）
	λ	0.09	调整词长对再注视率的影响

E–Z 读者模型 9 假设眼跳的执行时间为 25 毫秒。眼跳计划的不稳定阶段 M_1 和眼跳计划的稳定阶段 M_2 分别符合平均数为 100 毫秒和 25 毫秒的 γ 函数。M_1 包含两个子系统，ξ 为两个子系统的时间分配比例。E–Z 读者模型 9 认为，阅读过程中读者利用副中央凹处获得的低水平视觉信息决定眼睛跳向何处。实际眼跳长度为眼跳计划长度、系统误差和随机误差之和。E–Z 读者模型 9 假设读者在注视一个单词时，会自动计划一个矫正型再注视的眼跳。再注视概率是眼跳起跳位置到最佳注视位置之间的距离的函数，受 λ 调节，这也进一步说明了词长越长的单词更容易产生再注视现象。做出是否要执行

一个矫正型再注视眼跳决定的时间，长于获得足够信息以选择首次注视位置的时间，所以，注视一个单词时，如果要实现再注视眼跳必须满足以下两个条件：①另一个不稳定的眼跳计划还未产生；②计划跳到下一单词的眼跳还没准备完毕。

近期，Reichle，Warren 和 McConnell（2009）将 E–Z 读者模型扩展到新的版本，即模型 10（见图 2–6）。在模型 10 中，Reichle 等人对 L_1 和 L_2 之间的关系进行了重新界定。模型 9 中，Reichle 等人认为 $t(L_2)=\Delta(L_1)$ 中的Δ为 0.50，模型 10 中，研究者将 Δ 降低为 0.25。此外，Reichle 等人还考虑到一些高水平的变量（如合理性和句法加工的难度）对阅读时间和回视眼跳速度的影响。为了解释这种影响，Reichle 等人在模型 10 中增加了一个新阶段，即整合（Integration，I）阶段。在整合阶段中，目标词被整合到句法和语义背景中。Reichle 等人认为整合阶段反映了所有必需的后语义（postlexical）加工，目的是将目标词 n 整合到读者即时建构的更高水平的表征中。例如，将词 n 整合到一个句法结构中，形成一个适合语境的语义表征。当词 n 的 L_2 阶段完成时，随即开始词 n 的 I 阶段，与此同时，注意开始转移向下一个单词 n + 1，然后开始词 n+1 的语义加工阶段。当整合阶段出现问题时，即读者在阅读过程中不能将当前注视的目标词整合到更高水平的句法和语义背景时，此时读者就会产生回视现象，重新建构句法和语义背景（Reichle，2011；Staub，2011）。模型 10 第一次将词汇识别水平之上的加工阶段——语义整合阶段考虑进去，体现了该模型的不断修正和改进。

E–Z 读者模型自提出之日起就在不断地进行完善，并取得了相当大的成功。E–Z 读者模型可以很好地解释一些基本的眼动现象。E–Z 读者模型认为，阅读过程中影响读者对某一词汇的注视持续时间的长短的主要因素有词频、可预测性和词长等，而且大量眼动研究证实了这一点。E–Z 读者模型认为，当读者当前注视词 n 的词汇通达阶段已经完成，而眼跳的不可变阶段还未完成时，注意资源已经转移到下一个词，即词 n+1，并开始了词 n+1 的熟悉度检验阶段的加工，因此该模型也可以很好地解释副中央凹预视效应和跳读现象。关于读者能否获得词 n+2 的预视效应，E–Z 读者模型认为，只有在特殊情况下才能获得。即读者取消对词 n+1 的眼跳计划，直接跳读到词 n

+2，并且得到了相关实证数据的支持（Angele & Rayner，2013）。关于副中央凹—中央凹效应，E–Z 读者模型用眼跳落点误差来解释该现象，并且也同样得到了一定数据的支持（Drieghe，Rayner，& Pollatsek，2008）。

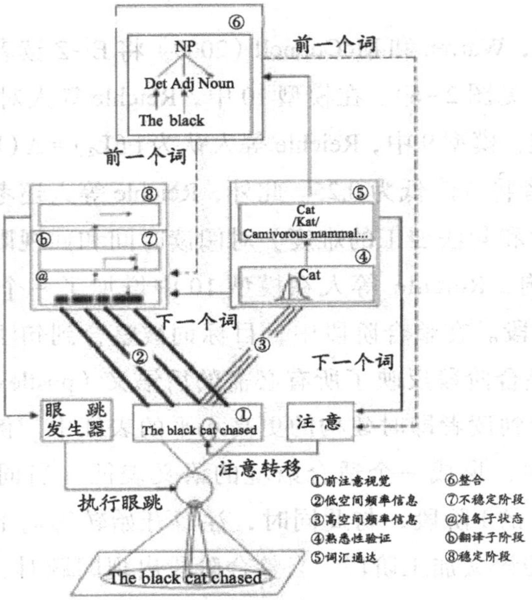

图 2–6　E–Z 读者模型 10 的基本框架（引自 Reichle，2011）

但是，E–Z 读者模型也存在一些缺憾。例如，由于中文书写系统的独特特点，E–Z 读者模型并不能完全解释中文阅读过程中的眼动研究结果。具体为，E–Z 读者模型很难解释中文阅读过程中出现的副中央凹语义预视效应和对词 n + 2 的预视效应。此外，个体的阅读技能和年龄之间也存在一定的关系，即个体刚出生并不具备熟练的阅读技能，而且随着年龄的增加，逐步进入老年期，随着其各种认知、感觉、运动功能的老化，其眼动模式可能也随之变化。E–Z 读者模型很难解释这种由认知发展和老化带来的眼动模式的变化。最后，E–Z 读者模型是在拼音文字（尤其是英文）的研究结果的基础上提出的模型，对其他文字是否有同样的解释力，即 E–Z 读者模型的跨文化适用性，仍需要进一步的实验研究。

二、梯度注意指引理论

梯度注意指引理论主要包含以下观点：①读者能够注意到知觉广度范围内的所有单词，并且能够同时加工知觉广度范围内的所有单词，并不是一次只加工一个单词；②对知觉广度范围内所有单词的注意分配由梯度值决定；③梯度值是注视位置和语言分析成功（success of linguistic analyses）的函数；④当读者成功识别单词后，读者的知觉广度范围内的梯度值会进行一次重新调整，即注意分配的重新调整；⑤读者的计划眼跳会向新的注意中心转移。相较于序列注意转换理论，梯度注意指引理论可以解释中央凹词汇的难度对副中央凹词汇识别过程的影响，也能解释副中央凹—中央凹效应。梯度注意指引理论的代表模型主要是SWIFT模型和Glenmore模型。

（一）SWIFT 模型

随着研究的深入，研究者先后对战略—战术模型和E–Z读者模型提出了质疑。Engbert和Kliegl（2011）认为，阅读过程中50%的眼跳使得眼睛从当前的注视单词n移动到下一个单词n+1上，剩下的50%的眼跳由三种眼跳构成：第一种跳读，Engbert和Kliegl认为跳读占20%，跳读使得读者的眼睛从当前的单词n直接移动到单词n+2上；第二种再注视，占20%，再注视使得读者的第二次注视和首次注视都落在同一个单词上；第三种回视，占10%，指的是眼睛从词n移动到词n–k（k > 0）上的眼跳。Engbert和Kliegl认为，E–Z读者模型能够解释跳读和再注视，但是却不能很好地解释回视现象。

Engbert等人（2002，2005）在眼动研究的基础上提出了一个空间分布式的眼动模型，即自发眼跳—中央凹抑制模型（saccade-generation with inhibition by foveal targets，SWIFT），该模型的基本框架如图 2–7 所示。该模型同样将单词作为基本的加工单元，采用平行的词汇加工方式，整合视觉、词汇和眼动信息，从时间和空间两个维度来考察阅读中的眼动行为。该模型的基本假设是，阅读过程中单词的识别应该是空间分布式的加工，即在读者当前的知觉广度内，一次可以加工多个单词（陈庆荣，邓铸，2006；刘丽萍，刘海健，胡笑羽，2006；吴俊，莫雷，2008）。

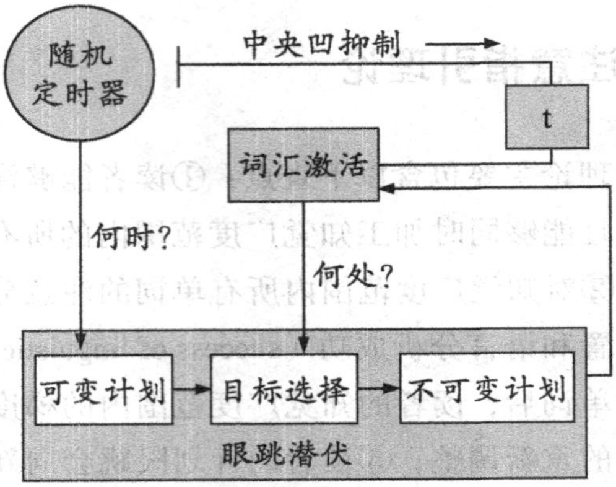

图 2-7 SWIFT-Ⅱ模型的基本框架(引自 Engbert et al.,2005)

除上述基本假设外，SWIFT 模型还包含以下几个假设：

（1）眼跳计划和眼跳目标的选择是两个相对独立的过程：Carpenter（2000）通过一项神经生理学研究发现，眼球运动过程中，有特定的神经通路分别负责“何时（when）眼跳”和“跳向何处（where）”。在时间（when）通路上，开始一个新的眼跳计划由一个随机时间器（random timer）决定；在空间（where）通路上，激活区域（activation field）决定选择一个单词作为下一个眼跳目标的可能性的大小。

（2）眼跳的产生是中央凹目标抑制下的自动（随机）过程。眼跳计划的自发产生使得注视时间基本上呈随机变化，而这个随机加工过程又通过中央凹抑制加工来调节。如果在中央凹区域加工的单词较难，那么就会推迟启动下一个眼跳。

（3）眼跳计划包含两个阶段：可变阶段（labile level）和不可变阶段（non-labile level）。可变阶段，眼动系统为下一次眼跳计划做准备。可变阶段结束时，眼跳目标也确定下来，随后进入不可变阶段。经历不可变阶段后，执行眼跳计划，注视点落在一个新的位置。

（4）计划眼跳距离（intended saccade amplitude）对眼跳潜伏期的调整。计划眼跳距离可能影响不可变阶段的眼动行为，因此计划眼跳距离就有可能影响眼跳的潜伏期（陈庆荣，邓铸，2006；刘丽萍等，2006；吴俊，莫雷，2008；Engbert & Kliegl，2011）。

如图 2-7 所示，SWIFT 模型区分了眼跳产生的空间通路和时间通路。本书主要研究的是眼跳跳向何处，因此主要介绍 SWIFT 模型的空间通路。阅读过程中读者的眼跳目标选择取决于一个动态区域的激活程度，动态区域的激活程度通过一个动态显著性地图（saliency map）来确定。正如上述第一个假设，每个单词的激活值代表着词汇识别过程的当前加工阶段。

更严格来说，一个动态区域的激活程度主要受以下三个认知因素的影响，即预加工因素（preprocessing factor）、词汇加工概率（lexical processing rate）和一个额外的整体延迟加工（additional global decay process）。首先，词汇通达包含两个阶段。第一个阶段是预加工阶段，在该阶段，确保词汇激活程度很快达到最大值，这取决于每个单词的难易程度。词汇激活程度的增加导致其被选择作为眼跳目标的概率也随之增加。Engbert 等人认为某个词被选择作为眼跳目标之前，需要对这个单词的一些低水平的因素进行预加工。在词汇激活程度达到最大值的时候，词汇加工过程进入第二个阶段。第二个阶段是词汇竞争阶段，也被称为词汇完成阶段，在词汇完成阶段，一些单词的词汇激活程度逐渐下降。因此，对词汇识别来说，一个单词的词汇激活程度从 0 到最大值然后又降到 0。另外，预加工阶段还受单词的可预测性的影响。

第二，词汇加工概率反映了读者对知觉广度范围内所有单词的加工梯度的变化，相较于处在副中央凹区域的单词，中央凹区域的单词的加工速度更快，这是因为离当前注视点的距离越远的单词（即副中央凹处的单词），读者获得有关该单词的视觉信息在不断下降。因此，根据 SWIFT 模型，每个单词的词汇加工概率由构成该单词的每个字母的离心率来共同决定。相较于当前注视点位置上的单词，注视点左侧单词的加工概率很快下降，注视点右侧单词的加工概率下降速度稍微缓慢，而知觉广度范围以外单词的加工概率则为 0。但是，需要特别指出的是，词汇水平的加工概率和字母水平的加工概率之间是一种非线性关系。

第三，在激活的动态区域内，一个额外的加工模拟了一个有关每个单词的持续记忆延迟。这将导致单词的词汇激活程度下降，尽管这些单词已不在知觉广度范围内，也就是说，尽管这些单词的加工概率为 0。

如上所述，SWIFT 模型认为眼跳激活包含两个阶段：可变阶段和不可变阶段，如图 2-8 所示。在开始一个眼跳计划后，就进入一个可变阶段。如果在可变阶段有另外的眼跳指令，可变阶段就会被取消。可变阶段完成后，眼跳目标最终被确定，随后就进入不可变阶段。从可变阶段到不可变阶段的转变激发了读者眼跳目标的选择。最后，眼跳被执行，注视位置也转移到一个新地方。

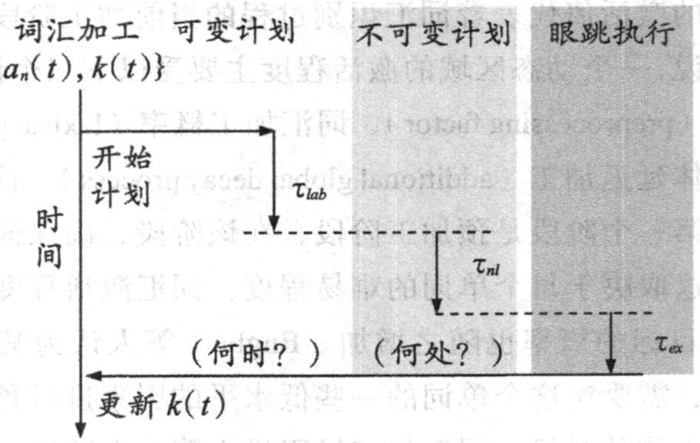

图 2-8　眼跳计划的时间方案

E-Z 读者模型认为，眼跳一旦启动，眼跳的目标就不能改变。而 Engbert 等人认为，眼跳目标即使在眼跳计划启动之后仍可以改变。眼跳目标的选择是所有被激活的单词之间的竞争过程。SWIFT 模型假设眼跳目标选择是一个随机的加工过程。读者选择某个单词作为眼跳目标的概率由该词的激活程度决定，激活程度最高的单词就是下一次眼跳的目标。

由于加工梯度受视敏度的限制，因此甚至一些小误差也会影响加工效率。眼跳过程中，实际的眼跳距离超过（overshoot）了计划的眼跳目标，或者实际的眼跳距离未达到（undershoot）计划的眼跳目标，都可能导致读者去注视那些并未计划去注视的单词。这些错误登陆大部分可能发生在靠近词边界的地方。眼跳错误是眼动系统本身固有的。SWIFT 模型认为，这些被错误引导的眼跳会立即通过开始一次新的眼跳计划来修正。

虽然 E-Z 读者模型假设词汇识别是系列进行的，SWIFT 模型假设词汇识别是一个并行加工过程，两者存在很大差异，但是，两个模型都能很好地解释预视效应。SWIFT 模型认为，落在知觉广度内的所有单词可以同时识别。但是，距离当前注视点越远的单词，其识别效率就越低，即相较于注视点右侧的第一个单词（即词 n+1）来说，读者加工注视点右侧的第二个单词（即词 n+2）的效率要低很多。因此，虽然 SWIFT 模型假设词汇识别过程是并行加工，但是读者一次也只能加工有限的几个单词。

综上所述，SWIFT 模型强调读者在一次注视过程中，可以同时加工知觉广度范围内的几个单词，而不是序列地对知觉广度内的单词进行加工。在一次注视过程中，读者根据知觉广度范围内单词的激活程度来选择下一次眼跳的目标。这为读者向左或向右的眼睛运动提供了一种一般性的解释机制，并且可以解释读者对当前注视点左侧单词的加工和信息提取过程。SWIFT 模型还认为，对当前词汇的加工可抑制读者的眼跳活动，因此该模型也能在单词水平上解释诸如首次注视时间、回视、再注视和跳读概率等眼动现象，且能克服 E–Z 读者模型将眼跳完全依赖于词汇加工的局限性（Engbert et al.，2002；Engbert et al.，2005；Kliegl et al.，2006；Kliegl，2006；Kliegl，2007；Kliegl et al.，2007）。但是，SWIFT 模型也还存在一定的不足，例如该模型无法解释字母特征对读者眼动行为的影响，因此该模型仍然需要进一步的修正和完善。

（二）Glenmore 模型

Findlay 和 Walker 于 1999 年提出了“眼跳产生”理论。该理论认为，阅读过程中读者下一次眼跳目标的选择可以通过显著性地图内客体间的相互竞争和抑制来完成。读者的每一次眼跳都从当前注视点的注视中心（fixation centre）起跳，而注视中心受当前单词的认知信息影响并由此调节眼跳的起跳时间。Lévy-Scheoen 认为，读者在阅读过程中有一个偏好的眼跳距离，读者根据这个偏好的眼跳距离执行眼跳，以便引导读者的眼睛在阅读过程中实现连续的跳动，这个偏好的眼跳距离在平均水平上提供从文本获取信息的最佳方式（Lévy-Scheoen，1981）。基于上述两个理论框架，Reilly 和 Radach 提出了 Glenmore 模型（Reilly & Radach，2006）。该模型的基本假设是，单词的低水平视觉信息、眼动回路和单词的认知过程协调共同决定读者的实际眼动过程。其中，单词的低水平视觉信息负责向眼动控制器输送眼跳信号，而字母、词汇和文本内容信息则在眼动过程中起强烈的、及时的调节作用。

该模型包含 5 个基本的模块，分别是视觉输入模块（visual input module），字、词加工模块（letters and words processing module，“字母”和“单词”标注的两个圆圈同属于“字、词加工模块”），显著性地图模块（saliency map），注视中心模块（fixation centre）和眼跳发生器（saccade generator），如图 2-9 所示。视觉输入模块负责获取注视点附近的视觉信息，获得的视觉信息通过视觉输入模块进入显著性地图和字、词加工模块。字、词加工模块是一个单词和字母交互激活的联结主义模块。读者对字母的加工效率随着离心率的增加逐渐递减。单词的激活程度在开始时随着时间的增加逐步增大，当激活程度达到一定水平时就开始逐步下降。单词的激活程度在何时达到最大值，受当前单词的词频影响，即单词的词频越高，达到最大激活程度的时间就越短，反之则越长。字、词加工模块输出的信息将输入两个不同的方向：一部分表征字母矢量的信息输入到显著性地图模块，进而改变潜在眼跳目标的显著值（saliency values）；另一部分表征词汇文本水平的信息则进入注视中心模块，随着注视持续的时间进程，注视中心的激活水平也逐渐降低。显著性地图中每个单词的显著值由自上而下的词汇、语言加工激活程度和自下而上的视觉激活程度相加得到。注视中心模块的激活程度是眼跳起跳时间的基本依据，而显著性地图则为读者提供了下一次眼跳的目标区域，两者分别独立地影响眼跳发生器的活动，注视中心的改变则直接决定和影响空间显著性地图的动态过程。

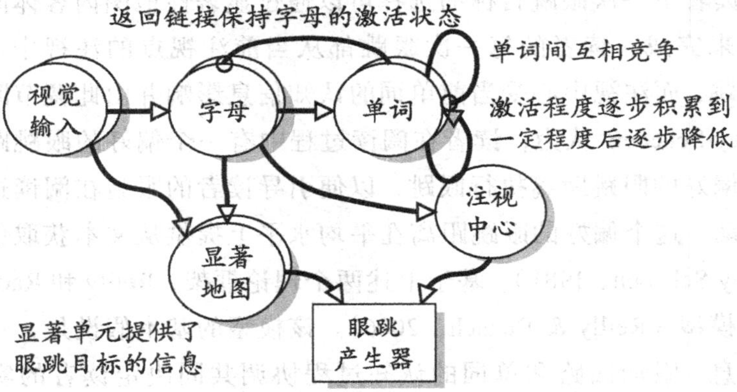

图 2-9 Glenmore 模型的基本框架

与 SWIFT 模型一致的是，Glenmore 模型改变了“注意序列转移”的假设，认为注意是以低空间视觉频率的词单元为基础并行地分配在知觉广度范围内所有的词汇上。除此之外，Glenmore 模型还在其他两个方面不认同 E-Z 读者模型：第一，来自ERP的证据表明，词汇识别对注视时间影响的时间阶段很短（Sereno, Rayner, & Posner, 1998；McConkie, Underwood, Zola, & Wolverton, 1985；Deubel, O'Regan, & Radach, 2000；Radach, Inhoff, & Heller, 2002）；第二，E-Z读者模型将词汇的加工过程划分成两个阶段，即熟悉度检验和词汇通达阶段，认为熟悉度检验的完成是触发下一个眼跳计划的信号，但是目前没有实证性的证据表明词汇识别过程确实可以被区分为这两个阶段（Andrews, 2003；Huestegge, Grainger, & Radach, 2003）。

总之，目前所有眼动控制模型中，认知加工模型占据主要地位。而在认知加工模型中，主要代表模型是E-Z读者模型和SWIFT模型。E-Z读者模型和SWIFT模型最大的区别是，阅读过程中注意是序列转移还是平行分配。关于"序列"和"平行"之争，下面将做详细介绍，而且分别有相应的实证研究来支持"序列"和"平行"。阅读过程中知觉广度范围内的单词到底是序列加工还是平行加工，到底是支持E-Z读者模型还是SWIFT模型，目前仍然没有一致的结论，仍需要更多的实验证据来验证。

三、序列与平行两类模型的核心争议

有研究者认为，目前眼动控制问题研究中主要存在三个方面的争议：①低水平的视觉信息和高水平的语言信息如何影响读者的眼动行为；②读者一次注视时能从注视点右侧视野中获取多少有用信息；③读者能否同时加工一个以上的词汇（Kliegl et al., 2006；Starr & Rayner, 2001）。其中，第二和第三这两个问题是区分"序列"和"平行"加工的关键。这两个问题共同表达了一个主题，即在知觉广度范围内读者同时加工多个词汇的可能性。这里的加工不仅包括低水平视觉信息的加工，例如词长信息的加工等，而且包括词汇水平上的加工，例如词频和语义信息加工等。知觉广度范围内读者同时加工多个词汇的可能性，这一问题主要包括以下几个方面：①读者对当前注视点左侧信息的加工，即在当前注视点下，读者能否加工注视点左侧的信息。如果读者仍然能够对注视点左侧的信息进行加工，那么支持平行加工；反之则支持序列加工。②读者对注视点右侧第二个单词n+2的加工，即当读者注视词n时，能否加工注视点右侧第二个词n+2。如果读者能够获得词n+2的预视信息，那么支持平行加工，反之则支持序列加工。③读者对副中央凹词 n+1 语义信息的加工，即当读者注视词 n 时，能否获得副中央凹词 n+1 的语义信息。如果读者不能获得副中央凹词汇 n+1 的语义信息，那么支持序列加工；反之支持平行加工。④副中央凹—中央凹效应，即副中央凹词汇的特征是否影响读者对中央凹词汇的加工。如果读者在阅读过程中存在副中央凹—中央凹效应，即副中央凹词汇的特征影响中央凹词汇的加工，那么支持平行加工，反之则支持序列加工。⑤副中央凹信息加工的时间进程，即是否能在注视中央凹词汇的早期阶段获得副中央凹的信息。

关于上述问题，研究者通常采用边界范式开展研究。通过边界范式，研究者可以设置不同的预视条件和预视时间，以此来考察读者能否从副中央凹区域提取相关信息，以及提取信息的过程是否发生在加工当前注视词汇的早期阶段。研究者还可以通过操纵边界的位置，以此来考察读者能否获得词 n+2 的预视信息。通过边界范式，平行加工和序列加工对上述五个问题做出了不同的预测。

序列加工理论认为，注意是序列转移的，注意资源一次只能分配到一个词上。读者之所以能够获得预视效应，是通过注意的转移机制实现的。在注视中央凹词汇的早期，注意资源仅仅处理中央凹词汇的信息，当中央凹的词汇加工完成后，注意开始转移到下一个词，并加工下一个词的相关信息。在序列加工的理论中，中央凹词汇 n 的加工过程完成之后，才开始词汇 n+1 的加工过程，词汇 n 和词汇 n+1 的加工进程具有明显的先后顺序。因此，词汇 n+1 的属性不会影响到词汇 n 的加工过程，即阅读过程中不存在副中央凹—中央凹效应。此外，在加工词汇 n 的早期阶段，注意资源仅仅处理词汇 n 的信息，因此读者对副中央凹词汇 n+1 的预视不可能发生在中央凹词汇 n 的早期阶段。然而，平行加工做出了相反的预测。平行加工理论认为，一次注视时，知觉广度范围内的多个词汇可以同时加工，那么注视点左侧和右侧的信息很可能同时被处理，并影响到中央凹词汇的加工过程。此外，副中央凹词汇的加工深度与中央凹词汇没有任何差异，读者也能对副中央凹词汇进行语义的处理，因此在适当条件下，副中央凹语义信息的获得也是客观存在的。而且，由于知觉广度在英文中达到注视点右侧 15 个字母，左侧 4 个字母（McConkie & Rayner，1975；Rayner，1998；Rayner et al.，1980）；汉语阅读的知觉广度为左侧1个汉字，右侧3个汉字（Chen & Tang，1998；Inhoff & Liu，1998），词汇n+2落在知觉广度范围内，因此平行加工理论认为，词汇n+2也能获得部分加工，即读者能够获得词汇n+2的预视信息。最后，平行加工的观点还认为，因为副中央凹和中央凹词汇的加工是同步的，那么副中央凹词汇的加工应发生在中央凹词汇加工的早期阶段。

有关注视点左侧信息加工的研究数量较少，这可能和读者知觉广度的不对称性有关。对于那些按从左向右阅读的读者来说，其知觉广度的左侧要远远小于右侧。对注视点左侧信息加工的研究通常也是采取边界范式。在研究过程中，研究者首先在句子中设定一个看不见的边界，当读者的眼睛越过边界时，边界左侧的信息发生变化，如果产生回视现象，即读者的眼睛向后再次越过边界时，那么替换词将重新变为原词。研究者可以通过设置不同的预视条件，来考察读者在阅读过程中注视点左侧正字法、语音及语义等信息的获得过程。Binder，Pollatsek 和 Rayner（1999）采用上述范式发现，注视点左侧词汇的语义信息不影响读者对注视点右侧信息的加工。结果支持单向加工假设，即支持序列加工理论。但是，Starr 和 Inhoff（2004）通过研究发现，副中央凹词汇的正字法信息对当前词汇的加工过程产生重要影响。当不合法信息呈现在注视点左侧时，虽然被试分析结果不显著，但是项目分析结果显著，而且研究者发现左侧和右侧正字法信息的加工是相互独立的。此外，通过对注视概率的分析发现，不合法词汇被注视的概率要显著高于合法词汇。研究者认为单向加工假设的解释能力在此出现了局限，相反平行加工对该结果有更好的解释，中文中也有类似的研究。Wang，Tsai，Inhoff 和 Tzeng（2009）通过研究发现注视点左侧信息的变化的确影响读者对当前注视词汇的持续时间。Wang 等人通过设置注视点左侧信息的预视条件，发现在语音相似的条件下，读者对当前词汇的注视时间更长。Wang 等人（2009）的结果支持平行加工理论。

关于读者能否获得副中央凹词汇n+2的预视信息，以拼音文字为实验材料的研究中一直存在争议。一些研究者发现，读者不能获得副中央凹词汇n+2的预视信息（Angele & Rayner，2013；Angele et al.，2008；McDonald，2006；Rayner et al.，2007），结果支持序列加工；另外一些研究者认为，在适当的条件下，读者可以获得副中央凹词汇n+2的预视信息（Kliegl et al.，2007；Radach &

Glover，2007；Risse，Engbert，& Kliegl，2008；Risse & Kliegl，2011；Wang，Inhoff，& Radach，2009；Yan，Kliegl，Shu，Pan，& Zhou，2010），结果支持平行加工。关于中文读者在阅读过程中能否获得副中央凹词汇 n+2 的预视信息，也存在一定的争议。Yang 等人（2009）采用边界范式发现，只有在词汇 n+1 是高频词的条件下，读者才有可能获得词汇 n+2 的预视信息。Yan 等人（2010）在研究过程中对词 n + 1 的词频进行了严格控制，词汇 n + 1 要么是高频单字词要么是低频单字词。结果发现，在高频单字词条件下，读者能够获得词汇 n + 2 的预视信息。然而，研究者操纵和改变的只是词汇 n + 2 的第一个汉字，至于读者在阅读过程中究竟获得了词汇 n + 2 的信息，还是汉字 n + 2 的信息，仍然存在争议。

关于副中央凹语义信息的加工，即读者能否获得副中央凹词汇 n + 1 的语义信息，目前大多数以拼音文字为实验材料的研究中都没有发现正常句子阅读中副中央凹的语义加工（Altarriba et al.，2001；Pollatsek & Hyönä，2005；Rayner et al.，1986；White，Bertram，& Hyönä，2008）。但是，最近的一些研究表明，德文和中文中可能存在副中央凹语义加工，即德文和中文读者能够获得副中央凹词汇 n + 1 的语义预视信息（Hohenstein et al.，2010；Yan et al.，2009；Yan，Risse，Zhou，& Kliegl，2010；Yan，Zhou，Shu，& Kliegl，2012；Yang，Wang，Tong，& Rayner，2010）。Hohenstein 等人（2010）同样采用边界范式，操纵了副中央凹词汇的呈现内容和呈现时间。结果发现，当副中央凹语义相关词汇呈现 125 毫秒时，读者对目标词的注视时间更短。研究者认为，语义促进作用发生在副中央凹加工的早期阶段，在英文中之所以没有发现语义促进作用，是因为研究者没有控制语义相关词的预视时间，当然这种观点还需要进一步的实证研究。在中文中同样也发现了副中央凹的语义加工。Yan 等人（2009）采用了非常简单的汉字为目标词，操纵了副中央凹词汇的预视条件，结果发现在语义相关条件下存在显著的预视效应。Yang 等人（2010）通过研究发现，在语义合理性条件下中文中出现了比较显著的语义促进作用。而 Yan 等人（2012）在控制了合理性条件，仍然发现了比较显著的语义促进作用，并将这种促进作用扩展到复杂汉字。然而，中文阅读过程中读者获得的副中央凹词汇的语义预视信息，究竟是汉字水平的，还是词汇水平的，上述研究并没有给出确切的答案。还有研究者认为，中文读者能够获得副中央凹语义信息，可能还存在其他原因：一是中文书写系统中没有明显的词边界信息，汉字排列比较紧密，很可能现在发现的所谓副中央凹加工其实也是中央凹加工；二是眼动记录的失误，眼动记录的精确度不能确保边界变化操纵的误差（Schotter，Angele，& Rayner，2011）。

关于副中央凹—中央凹效应，Henderson和Ferreira（1993）较早开展了相关研究。结果发现，副中央凹词频的变化不影响读者对中央凹词汇的注视时间，这支持了序列加工理论的观点。但是，Kennedy（1995，1998）采用不同于正常阅读的范式，在屏幕上呈现三个词汇，要求被试进行一个一个的跳读加工。结果发现，副中央凹词汇的难度影响读者对中央凹词汇的加工，结果支持平行加工理论。随后，研究者通过一系列的研究，都发现了显著的副中央凹—中央凹效应（Kennedy，Murray，& Boissiere，2004；Kennedy，Pynte，& Ducrot，2002），甚至在正常阅读的情况下，也发现了显著的副中央凹—中央凹效应（Kennedy & Pynte，2005）。之后，越来越多的研究同样发现了副中央凹—中央凹效应（Drieghe et al.，2005；Kennedy，2008；Kliegl et al.，2006；Kliegl et al.，2007；Starr & Inhoff，2004）。但是，关于副中央凹—中央凹效应的争议一直存在。首先，在严格控制实验条件的正常阅读中很难重复验证上述副中央凹—中央凹效应（Angele & Rayner，2013；Angele et al.，2008）。其次，落点偏差可以从很大程度上解释这种效应（Drieghe et al.，2008；Nuthmann et al.，2005；Rayner，Pollatsek，Drieghe，Slattery，& Reichle，2007）。最后，拼音文字文本中所有关于副中央凹—中央凹效应的证据仅仅局限在低水平的视觉信息，例如正字法和词间空格等，而高水平的语义信息至今没有发现该效应的存在（Rayner，2009）。中文中也有一些研究发现了副中央凹—中央凹效应，但实验结果之间也存在一定的冲突。白学军、胡笑羽和闫国利（2009）通过研究发现，词n的语义透明度不影响被试对词n-1的加工。但是，在其他研究中却发现了副中央凹—中央凹效应（Yan et al.，2009，2010；Yang et al.，2010；崔磊，王穗苹，闫国利，白学军，2010）。副中央凹词汇的属性影响被试对中央凹词汇的加工过程，副中央凹词汇的属性从拼音文字低水平的正字法信息（Kennedy et al.，2002；Starr & Inhoff，2004）推广到中文中的词频和语义信息，一定程度上预示着眼动控制模型可能存在一定的文化差异。

关于副中央凹信息提取的时间进程也一直存在争议。Inhoff，Eiter和

Radach（2005）首次在英文中探讨了此问题。研究者采用边界范式，操纵了副中央凹词汇的预视时间，以此来探讨副中央凹信息的加工究竟发生在当前注视词汇加工的早期还是晚期阶段。结果发现，在当前注视词汇加工的早期阶段呈现预视信息，能够产生显著的预视效应，更为重要的是，目标词的凝视时间不受前期预视与后期预视的干扰，即在两种条件下都获得了相近的预视效应。Pollatsek，Reichle 和 Rayner（2006）对 Inhoff 等人（2005）的结果提出了质疑。首先，Inhoff 等人的数据显示被试的注视时间过长，说明其实验处理影响了被试的正常阅读。其次，眼睛—大脑（Eye-to-mind）的延迟大约为 50 毫秒，而这个现象 Inhoff 等人并没有考虑进去。再次，不能忽略大小写字母的转换对被试实验结果的影响。最后，Inhoff 等人只是在某个时间点上得到了预视效应，并不能表明预视加工与预视呈现时间存在某种线性关系。目前，拼音文字中的平行与序列加工的时间进程依然存在很大争议（Inhoff, Radach, & Eiter, 2006；Pollatsek, Reichle, & Rayner, 2006；Reichle, Liversedge, Pollatsek, & Rayner, 2009）。中文和德语中也有关于副中央凹信息加工的时间进程的研究。Yen，Radach，Tzeng，Hung 和 Tsai（2009）将 140 毫秒作为一个时间点，预视信息出现在注视当前词汇的 140 毫秒之前或之后。结果发现，当预视信息出现在注视当前词汇的 140 毫秒之前时，被试可以获得副中央凹的预视信息。研究者认为，序列加工模型很难解释上述实验结果，平行加工模型可以很好地解释。Hohenstein 等人（2010）在德语中也发现了类似现象。

综上所述，关于上述五个问题，无论是在拼音文字还是在表意文字中都缺少一致性，都存在很大的争论和冲突。而且，关于上述问题的研究，不但没有减少争论，反而使得序列加工和平行加工之争愈演愈烈。但是，迄今为止即使在拼音文字中仍然没有一个比较完善的模型能够解释所有的实验数据。因此，无论是以平行加工为基础的眼动控制模型，还是以序列加工为基础的眼动控制模型，都需要进一步的完善和修正。

第三节 中文词切分与词汇识别模型

上述眼动控制模型，都是在拼音文字实验结果的基础上提出的。中文作为一种表意文字，与拼音文字存在很大差异（Zang，Liversedge，Bai & Yan，2011），例如中文书写系统不存在明显的词边界信息，中文读者需要完成一项额外的任务——词切分。因此，以拼音文字实验结果为基础提出的眼动控制模型能否适用于解释中文阅读的眼动结果有待商榷。相较于拼音文字的眼动研究，有关中文的眼动研究起步较晚，而且现有的大部分中文眼动研究，都是在运用拼音文字的眼动控制模型来解释中文的研究结果。因此有必要在现有的中文眼动实验数据的基础上，尝试建立一种中文阅读的眼动控制模型，着重解释中文书写系统的特殊性。中文眼动控制模型的建立将对中文阅读的后续研究产生深远的影响，英文中E-Z读者模型的建立激发了一系列对模型预测即假设的验证研究，催生了一些新的研究领域。一旦中文阅读的眼动控制模型建立，不仅会促进中文阅读研究的发展，而且会引发更系统的跨文化阅读行为的比较。而且，中文眼动控制模型的建立还将推进眼动研究结果的实际应用，也为人工智能的发展提供必要的借鉴。然而，目前研究者以中文的眼动研究结果为基础，提出的关于中文的眼动控制模型还很少，其中，Li，Rayner和Cave（2009）提出的中文词切分与词汇识别模型比较有代表性。但是，该模型还处于初级阶段，还有很多问题尚未解决。

Li等人（2009）首先提出了两个关于中文词切分和词汇识别的理论假设，分别是前馈假设（feed-forward hypothesis）和整体假设（holistic hypothesis）。前馈假设认为，读者可以通过视觉加工单元获得视觉信息，并将视觉信息传送到字的识别单元，不同的字是一种平行加工的方式，识别出的字的信息前馈到词的识别单元，在词汇的识别阶段将字的识别信息进行整合，进而完成词汇识别过程。根据前馈假设，中文阅读过程中的词汇识别过程只包含自下而上的前馈，并不包括自上而下的反馈。整体假设认为，汉字的视觉信息获得、字的识别阶段和词的识别阶段等各阶段间是相互作用的，共同影响词切分和词汇识别过程。如果前馈假设成立，那么词的属性（如词边界信息）不会影响字识别阶段的加工；反之，整体假设则成立。

为了验证上述两个假设，Li 等人（2009）在实验过程中给被试呈现 4 个汉字。4 个汉字主要分两种类型，第一种类型，4 个汉字共同构成一个四字词（即 1 词条件，例如“不知所措”），第二种类型，4 个汉字的前两个字构成一个双字词，后两个字构成另外一个双字词，但中间的两个字不能构成一个双字词（即 2 词条件，例如“急速切实”）。实验过程中，4 个汉字的呈现时间非常短暂，要求被试尽可能多地报告看到的汉字。结果发现，在 1 词条件下，被试往往能够报告出所有汉字，而在 2 词条件下，被试只能报告出前两个汉字。为了排除被试的主观猜测因素，Li 等人在随后的实验中又增加了一个半词条件（例如“无所坏功”），即前两个汉字是一个四字词的前半部分，后两个汉字不能与前两个汉字构成任何词汇。结果发现，被试仅凭前两个汉字不能完全报告出四字词。Li 等人的研究结果表明，中文阅读过程中的词汇识别过程更符合整体假设。中文阅读过程中的词切分和词汇识别过程是一个自上而下和自下而上相互影响的加工过程，而并不单纯是自下而上的加工过程。

因此，Li 等人（2009）在上述实验研究和数据模拟的基础上，提出了中文词切分和词汇识别模型，见图 2–10。

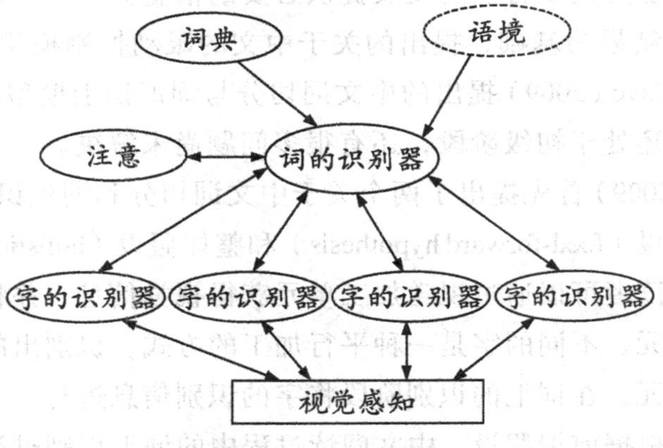

图 2–10　中文词切分和词汇识别模型（引自 Li et al.，2009）

除了上述整体假设外，该模型还包括以下假设：首先，词切分与词汇识别是一个统一的过程，两者的加工顺序没有先后之分，而是同时进行的，两者是不可区分的。研究者将词汇识别和词切分过程形象地比喻为“鸡蛋和鸡”，到底是先有鸡蛋还是先有鸡，这是一个很难回答的问题。因此只有当一个词被识别出来时，读者才能将这个词同其他词切分开来。第二，落在读者知觉广度范围中的所有汉字的加工过程可以同时进行，即汉字的加工方式是平行加工。但是，这些汉字的识别效率受到读者获得有关这些汉字的视觉信息的影响。读者获得的视觉信息越多，对汉字的识别效率就越高。读者获得的关于某个汉字的视觉信息取决于该汉字到注视点的距离。汉字离注视点距离越远，获得的视觉信息越少，对该字的识别效率也就越低，反之就越高。第三，落在知觉广度范围中的词汇识别过程存在先后顺序，是一种串行加工的方式。在词的识别阶段，所有可能的词之间要相互竞争，一次注视时只有一个词能脱颖而出，即只有一个词能被识别。具体哪个词能胜出，取决于每个词的激活程度，激活程度越大，那么该词胜出的概率就越大。第四，当读者识别出一个词后，就会抑制刚刚识别出的词和汉字，然后开始新一轮的竞争，从而开始下一个词切分和词汇识别过程。

中文词切分和词汇识别模型认为，当读者识别一个汉语词汇时存在多个不同水平的加工过程。第一个水平是视觉感知模块。在该模块内，读者主要是获取有关文本内容的视觉特征。由于离心率（eccentricity）的存在，读者对汉字知觉的准确性从左向右逐渐递减。第二个水平是汉字识别模块。在该模块，读者通过利用来自第一个水平的知觉信息和词汇识别模块的反馈信息，进而完成对汉字的识别过程。该模型认为，汉字识别模块存在很多汉字识别器，而且这些汉字识别器的加工方式是平行的，即读者对汉字的识别过程是平行进行的，读者一次注视时可以识别多个汉字。第三个水平是词切分和词汇识别模块。该模块主要接收来自汉字识别器和词典的信息。

在词切分和词汇识别中，读者通过证据结合的加工过程进而完成词汇识别过程。每个汉字都为词汇识别过程提供一定的证据。如果两个汉字提供了关于同一个词的一致证据，那么该词的激活程度就比较高。另一方面，如果两个汉字不能提供关于同一个词的一致证据，那么该词的激活程度就比较低。词汇识别模块能够给汉字识别模块提供一定的反馈信息。如果一个汉字是一个激活程度较高的词汇的一部分，它将从词汇识别模块接收到更多的反馈信息。因此，该字的识别速度更快。如果一个汉字识别器不能从词汇识别模块接收到任何反馈信息，读者仍然可以基于自下而上的信息识别该汉字，但是识别该汉字的速度会更慢。汉字识别模块可以提供信息给词汇识别模块，同样词汇识别模块可以提供反馈信息给汉字识别模块。因此，该模型是一个动态交互激活系统。在该假设条件下，上述加工过程运行 100 次迭代。

该模型和交互激活模型（Intercative Activation model，McClelland & Rumelhart，1981）存在一些差异。首先，中文和英文的词长分布不同。其次，该模型中存在一个注意控制模块，通过该模块读者选择最左边的词进入到识别过程的当前焦点中。第三，该模型假设由于离心率的存在，读者对汉字的知觉速度逐渐下降。除此之外，该模型也继承了激活交互模型的一些假设。Li 等人（2009）研究中实验 5 的结果表明，语境影响被试第三个和第四个汉字的识别过程。虽然该模型并未涉及语境的影响，但是 Li 等人在该模型中仍然为语境预留了位置，以便日后将其纳入到该模型中。最可能的是，语境信息在语义水平影响词汇加工过程。在提出有关语境信息如何影响词切分和词汇识别过程的假设之前，还需要更多的实验数据。因此，为了保持该模型的简单化，该模型并不包括语义水平之上的加工过程，在该模型的假设中也并未体现语境效应。下面将对该模型进行详细介绍。

（1）视觉感知模块

视觉感知模块为汉字识别器提供输入信息。每个汉字位置上都有一个感知通道。每个通道上，对每个可能的汉字都有一个汉字识别器。在假定的时间 t 内，位置 i 上的汉字识别器 j 支持某一个字符为汉字的累积的证据是：

$$pb_{ij}=\int(\beta+\text{噪音})dt\times\text{离心率}_i\quad\text{如果汉字}\,j\,\text{出现在位置}\,i \tag{1}$$

对上述公式进行简化，研究者假设：

如果汉字 j 没有出现在位置 i，那么 $pb_{ij}=0$。

β 是一个参数，它代表知觉证据累积的速度。噪音是一个高斯噪音，其振幅为 δ。pb 的数值总是大于或等于 0。出于简化原则，在数据模拟时研究者假设视觉感知模块并不为那些未出现在某一位置的汉字提供任何证据，而且未出现汉字的很多后期计算都可以从该模型中剔除。有一点需要注意的是，支持某一个特殊汉字的证据的缺失并不意味着该汉字未出现在此位置。在 Li 等人（2009）的实验中，要求被试注视第一个汉字出现的位置。随着离心率的增加，读者获得的知觉信息快速下降，该模型中有一个参数代表离心率：

$$离心率_i = e^{-\gamma \times i} \tag{2}$$

γ 是一个参数，是为了符合模拟过程。它描述的是随着汉字的离心率的增加，知觉效率下降的速度。i 代表的是汉字位置。$i=1$ 代表的是最左边的汉字，$i=4$ 代表的是最右边的汉字，即第四个汉字。

（2）汉字识别器

该模型中，每个汉字位置上的每个可能的汉字都有一个汉字识别器，尽管在数据模拟时研究者只包含了和呈现刺激直接相关的汉字识别器。汉字识别过程是一个整合过程，将来自视觉感知模块和词汇识别模块的证据整合起来。一个汉字累积的证据越多，那么该汉字被识别的可能性就越大。累积的证据的总量通过一个信度函数（belief function）来测量。位置 i 上的节点（node），其信度函数是：

$$pc_i = 1-(1-pb_i)(1-pt_i) \tag{3}$$

pb 是在公式（1）中描述的知觉证据，pt 是来自于词汇识别模块的反馈信息，将在公式（6）中详细描述。

一个汉字被识别的条件是：

$$pc_i > \omega 1 \tag{4}$$

ω1 是一个阈限，其数值为 0.95。pc 决定汉字能否被识别。当一个汉字的 pc 达到 ω1 的阈限值时，即 $pc > 0.95$ 时，读者就能识别该汉字。与交互激活模型一样，该模型也假设报告的汉字只是决定反应模型的输出结果。

（3）词汇识别

该模型假设词汇识别过程也是一个证据整合过程。该模块同时接收来自汉字识别器和词典的信息，词典中包含已知词汇的所有信息。来自于所有四个汉字的证据都有利于词汇识别过程。根据 Dempster-Shafer 理论（Shafer, 1976），来自不同汉字的证据将整合在一起。Dempster-Shafer 理论是一个数学理论，它是有关主观概率的贝叶斯定理理论的归纳。Dempster-Shafer 理论可以用来统计基于不同证据整合的事件概率。在 Dempster-Shafer 理论中，每套概率被分配一个质量（mass）。一个集合的所有子集合的质量之和就被称为信度函数，而且这个结果数值是信度的总量，该信度直接支持如下假设。

来自不同模块的证据的整合过程，见公式（5）。假设，存在一个代表集

合 $\{A_1, A_2, \cdots, A_m\}$ 的证据来源，该集合的质量为 $m(A_1)$，$m(A_2)$，…，$m(A_m)$。另外一个代表集合 $\{B_1, B_2, \cdots, B_n\}$ 的证据来源，该集合的质量为 $m(B_1)$，$m(B_2)$，…，$m(B_n)$。上述两个证据来源结合在一起就产生一个新集合 $C=\{C_1=A_1\cap B_1,\ C_2=A_2\cap B_2,\ \cdots\cdots,\ C_{m*n}=A_m\cap B_n\}$。两个证据来源的质量总和为：

$$m(C_k)=\frac{\sum_{A_i\cap B_j=C_k} m(A_i)\ m(B_j)}{1-\sum_{A_i\cap B_j=\phi} m(A_i)\ m(B_j)} \tag{5}$$

对手头的特殊问题来说，每个汉字识别器都为词汇识别模块提供证据。对于一个固定的汉字来说，其兴趣集合（set of interest）为：

$$\{W_i,\ \Omega\}$$

W_i 包含所有由某一个特殊位置的汉字组成的所有词汇，该位置上的汉字通过注意模块进入汉字识别器，但是该汉字有一定的局限性。相较于右边的汉字，注意模块有利于左边的汉字识别，因此词汇的识别方式是从左向右。集合的质量为 pc_i，在公式（3）中已经介绍到。Ω 是所有可能的词汇。Ω 的质量为 $1-pc_i$，代表没有组成任何词汇的证据的总量。公式（5）经常被用来组合一对来源证据。重复利用公式（5），来自所有四个汉字的证据就能被整合在一起。

例如，来自两个汉字“美”和“好”的证据，这两个汉字可以组合成一个词“美好”。汉字“美”的兴趣集合为：

$A=\{A_1=$［美好，美丽，美国…］，$A_2=\Omega\}$

$m(A_1)=pc_{美}$，$m(A_2)=1-pc_{美}$

汉字“好”的兴趣集合为：

$B=\{B_1=$［美好，友好，良好…］，$B_2=\Omega\}$

$m(B_1)=pc_{好}$，$m(B_2)=1-pc_{好}$

两个来源证据的结合产生了一个兴趣集合：

$C=\{C_1=A_1\cap B_1=$［美好］，$C_2=A_1\cap A_2=A_1\cap\Omega=A_1$，$C_3=A_2\cap B_1=\Omega\cap B_1=B_1$，$C_4=A_2\cap B_2=\Omega\cap\Omega=\Omega\}$

该模型模拟过程中，相对应的算法为：

$m(C_1)=m(A_1)*m(B_1)$

$m(C_2)=m(A_1)*m(B_2)$

$m(C_3)=m(A_2)*m(B_1)$

$m(C_4)=m(A_2)*m(B_2)$

在上述例子中，随着汉字“美”和汉字“好”的pc值的不断增加，相对应词汇“美好”的可信度［即 $m(C_1)$］也随之上升，而其他的集合的可信度会随之下降。当只包含一个词的集合的可信度达到阈限值时（阈限值设定为0.95），那么该词汇就被读者识别。公式（5）中描述的信度函数的结果可以为相关的词汇产生一个质量，然后该质量又被反馈回公式（6）中描述的汉字识别模块。

（4）注意模块

为了确保词汇识别的方式是从左向右，Li 等人为该模型加入了一个注意模块。注意模块包含一个有关参考位置的记录，该参考位置对应下一个词的第一个汉字。正是由于注意模块的作用，只有那些词汇的第一个汉字和处于参考位置的汉字能匹配的词汇才能被激活。当一个词被识别时，参考位置就转移到被识别词汇的右侧的下一个汉字。如果处于参考位置的汉字被识别，但是所有词汇的信度函数都很低，此时研究者假定该汉字不属于任何词汇。在这种情况下，参考位置也转移到下一个汉字。

（5）词汇识别模块的反馈信息到汉字识别模块

词汇识别模块的结果为汉字识别模块提供一定的反馈信息。汉字 i 接收到的来自词汇识别模块的反馈信息是：

$$pt_i=\sum_{C_j\in C}m(C_j)*\frac{n_j}{N_j} \tag{6}$$

n_j 代表的是包含汉字 i 的词汇的个数，而且也是集合 C_j 中的所有词汇的总个数。

（6）模拟

由于 Li 等人（2009）研究中的实验 3 包含实验 1、实验 2 和实验 4 的所有条件，因此研究者只模拟了实验 3 的结果。100 名模拟被试的平均预测准确率与实验 3 中被试的实际准确率进行比较。研究者挑选了那些导致预测数据和实验数据之间存在最少差异的参数。被挑选出来的参数的数值见表 2–2。对每一个模拟实验来说，在汉字被识别之前模拟运行了 100 迭次，汉字的识别由公式（4）中描述的汉字识别模块所决定。

表 2–2　中文词切分和词汇识别模型中的参数

参数	含义	值
β	视觉知觉水平信息积累速度	0.013
γ	离心率系数	0.20
δ	高斯噪音的标准误	0.014
ω	汉字识别阈限	0.95（固定）

模拟结果见表 2–3。从结果中我们可以看出，该模型预测的结果和实验 3 的实际结果非常吻合。在 1 词条件下，四个位置上的所有汉字都能被识别。在 2 词条件下，前两个位置的汉字能够被识别，但是第三个和第四个汉字不能很好地被识别。

表 2–3　实验 3 的结果和模型预测结果

	实验结果				预测结果			
	汉字 1	汉字 2	汉字 3	汉字 4	汉字 1	汉字 2	汉字 3	汉字 4
2词	0.91	0.86	0.54	0.52	0.98	0.84	0.56	0.43
1词	0.93	0.93	0.84	0.86	1.00	1.00	0.97	1.00
半词	0.92	0.83	0.17	0.15	0.99	0.79	0.26	0.09
非词	0.77	0.63	0.29	0.29	0.88	0.63	0.32	0.10

在半词条件下，前两个位置的汉字能够很好地被识别，第三和第四个位置的汉字识别率都非常低。在半词条件下，后两个汉字的识别率要低于非词条件。结果表明词汇表征一定程度上能够抑制被试对不属于该词的汉字的识别过程。该模型同样能够很好地预测上述抑制过程，但是交互激活模型不能很好地预测抑制过程。在非词条件下，几乎所有位置的汉字识别都差于其他三种条件，结果表明被试对汉字的识别呈现一个从左向右逐渐下降的趋势。

（7）模型总结

该模型能够非常好地解释 Li 等人（2009）研究中的所有实验的结果。下面将解释该模型为何能很好地解释实验结果。首先，在词汇识别模块和汉字识别模块，当接收到来自不同位置的证据比较一致时，词或汉字就能被有效识别。例如，如果所有汉字提供的证据都支持一个词，那么该词的信度函数就很高，就像Li等人（2009）研究中的1词条件。第二，来自词汇识别模块的反馈信息有利于汉字识别过程。1词条件下的汉字识别模块能够接收到来自词汇识别模块的反馈信息，因此被试识别这些汉字的速度更快，以至于第三和第四个汉字的识别概率也比较高。第三，注意模块确保当两个词同时呈现时，读者按序列方式识别这两个词。

关于中文阅读过程中词汇识别过程多大程度上是序列加工或平行加工，该模型认为，在汉字识别模块，汉字的识别过程是平行加工，在词汇识别模块，词的识别过程是序列加工。中文读者一次只能识别一个词。注意模块确保词的语义加工过程是序列加工。这种加工方式和英文阅读中的某些模型，例如E-Z读者模型的观点比较一致,也和E-Z读者模型的中文版本比较一致。

（8）模型中的词切分

该模型反映了研究者对中文词切分过程的理解。该模型认为词汇识别过程和词切分是一个统一的过程，两者很难被区分开来。只有当读者完成了一个词的识别过程时，才能同时完成对该词的切分过程。关于到底是词切分还是词汇识别过程哪个先完成，研究者认为这有点类似于到底是先有鸡还是先有蛋的问题。一方面，词汇识别过程需要该词被切分出来；另一方面，词切分有时需要该词的语义信息。对于该问题，该模型提出了一种可能的解决方法。

中文书写系统中，词边界有时是比较模糊的。一个多字词的第一个或者前两个汉字有时也能组成另一个词。例如“老板娘”是一个词，该词的前两个汉字又组成了另外一个词“老板”。阅读过程中，这种词边界信息的模糊性有时会让读者产生混乱。当面对这种模糊性时，该模型预测在词汇识别模块，读者更可能选择和识别那些包含更多汉字的词汇。该模型预测，当读者看到三个汉字“老板娘”时，词汇识别模块倾向于从语法上将其分析为三字词“老板娘”，而不是双字词“老板”，因为“老板娘”这个词除了接收来自“老板”两个汉字的证据，还接收了来自另外一个汉字“娘”的证据。也就是说，该模型总是选择文本中最长的可能的词。这个预测和Wu，Slattery，Pollatsek和Rayner（2008）的实验结果比较一致。Wu等人的研究中，要求被试阅读实验句，句子中包含一个高频或低频的三字词（例如 ABC），其中 AB 也是一个词。AB 两个汉字的第一次通过的注视时间受 ABC 的词频的影响。结果表明目标词 ABC 被激活，尽管 AB 也是一个词。在某些阅读情况下，需要备选切分过程，这时涉及更高水平的加工过程，然而更高水平的加工过程已经超出了目前模型的范围。

交互激活模型并不是唯一一个可以解释 Li 等人（2009）实验结果的模型。其他模型，例如知觉的模糊逻辑模型（Fuzzy Logical Model of Perception，FLMP）也可以解释 Li 等人（2009）的实验结果。根据知觉的模糊逻辑模型，词汇识别的模块激活不影响汉字识别模块的感觉激活，汉字识别过程取决于汉字激活和词汇激活的信息。决定系统接收的信息越多，该汉字被识别的概率也就越高。在 Li 等人的实验中，相较于 2 词条件，1 词条件下的第三个和第四个汉字识别器接收到来自词汇识别模块和汉字识别模块的信息，这两个汉字更容易被识别，因为在 2 词条件下，第三和第四个汉字只接收到来自汉字识别模块的信息。交互和独立解释都认为，词汇识别模块影响汉字识别过程。两者的区别是，词汇识别影响汉字识别的方式。交互模型，例如交互激活模型，假设词汇激活影响汉字识别过程中的感觉信息，而独立模型，例如知觉的模糊逻辑模型，假设词汇识别只能影响决策过程。但是，上述两个模型都预测词汇知识影响汉字报告的准确率。

Li 等人的实验结果不能对上述模型进行很好的区分。交互激活模型和知觉的模糊逻辑模型都认为词汇识别模块的加工过程影响汉字识别过程。交互激活模型认为交互过程是连续的，而且在决策阶段之前影响汉字识别模块；而知觉的模糊逻辑模型认为交互过程只发生在决策阶段。根据 Li 等人（2009）的实验结果，研究者认为词汇识别和词切分不是一个简单的前馈（feed-forward）过程，相反，词切分过程影响汉字识别过程。Li 等人（2009）的实验数据与交互激活模型和知觉的模糊逻辑模型的共同点一致。Li 等人选择使用交互激活模型的假设，因为：①在高水平的加工区域和低水平的加工区域间有足够的反馈连接；②Li 和 Logan（2008）发现可以定义一个物体的知识影响注意分配，表明知识影响知觉过程。和那些英语词切分的研究一样，还需要更多的实验证据来区分上述两类模型。

该模型未纳入一些潜在地影响中文词切分过程的其他因素。首先，Li 等人并未考虑语音的作用。Perfetti，Liu 和 Tan（2005）提出了一个关于中文单字词命名的模型，该模型描述了在词汇命名任务中语音的重要作用。很可能语音在多字词的词切分和词汇识别过程中也扮演着很重要的角色。第二，正如 Li 等人（2009）的实验 5 的结果，语境信息很可能也影响中文的词切分和词汇识别过程。但是，该模型目前的版本中并未包含语境信息对词切分过程的影响。汉语中，在某些情况下词切分过程不能脱离语境信息。例如“鲜花生长在后院里”。根据语境信息，前四个汉字“鲜花生长”可以切分为“鲜花”“生长”或者“鲜花生”“长”。在这种情况下，汉语的词切分必须依赖语义加工过程。最后，Li 等人并未考虑其他方式以应对识别任务中的时间限制。Li 等人（2009）研究中的所有实验的实验材料的呈现时间都是有限的，以至于被试不能报告所有汉字。该模型目前的版本中，研究者在选择参数时基于如下假设，即被试没有足够的时间识别所有汉字。但是，被试在面临时间压力时可能会采用特殊的策略。例如，被试可能选择报告激活程度最高的汉字或词，甚至当这些汉字或词的激活程度还没有达到阈限值。因此还需要更多的实验研究和模拟研究来解释该问题。相较于英文阅读，研究者对中文阅读的了解更少。我们相信该模型可以提高研究者对中文阅读的了解，尽管该模型还存在一些缺陷和不足。

总之，Li 等人的中文词切分和词汇识别模型，是首次基于中文的实验结果和数据模拟提出的眼动控制模型，对解释中文的很多眼动研究的结果更适用，为中文阅读的眼动研究者提出了一个全新的思路。而且，该模型还可以解释 Inhoff 和 Wu（2005）的研究结果。但是，该模型仍然有待进一步的修正和完善。例如，上下文的语境信息在中文的篇章阅读过程中起着很重要的作用，如“武汉市长江大桥”，既可以理解为“武汉\市长\江大桥”，也可以切分为“武汉市\长江\大桥”。这两种不同的切分方式会导致读者产生不同的理解。此时，上下文的语境信息将决定哪种切分方式更合理。但是，在中文词切分和词汇识别模型中，研究者并未提到上下文语境信息如何影响读者的词切分和词汇识别过程。另外，Li 等人（2009）认为，中文阅读过程中，字的识别和词的识别是一个相互影响的过程，但是研究者并未具体说明字的识别过程和词的识别过程是如何相互影响的，相互影响的程度有多大。另外，视觉信息获得过程和词的识别过程之间是否存在相互影响，词的边界是否影响读者的视觉注意的分布，这些都需要进一步的实验研究。最后，虽然Li等人提出了中文词切分和词汇识别模型，但是该模型还处于初步阶段，还没有达到量化的一个程度，例如加工汉字到底需要多长时间，该模型并未给出准确的数值。因此，词切分和词汇识别模型还需要更多的实验数据和证据的支持和验证，将其进一步量化和细化。

第三章　拼音文字阅读中的注视位置效应

注视位置效应，即眼动控制中的"where"问题，也就是阅读过程中读者的眼跳跳向何处。注视位置效应是指在阅读过程中，读者的眼跳往往落在一个词的特定位置（臧传丽，孟红霞，闫国利，白学军，2013）。以拼音文字为实验材料，研究者很早就开始研究拼音文字（尤其是英文）读者在阅读过程中眼跳跳向何处，读者的眼跳策略是什么，眼跳选择的目标是字母还是单词，哪些因素影响读者的眼跳目标选择。对于上述问题，研究者以拼音文字为实验材料已经开展了大量研究，并且得到了比较丰富、相对比较一致的结果。

第一节　偏向注视位置和最佳注视位置

一、偏向注视位置

大量以拼音文字为实验材料的眼动研究都发现了这样一个现象：读者在阅读过程中，对一个单词的首次注视经常落在该词的开头和中心部分的中间位置，即大约单词开头的1/4处，研究者将此位置定义为偏向注视位置（preferred viewing location，PVL，Rayner，1979），该位置也是读者的眼睛通常首次落在一个单词上的位置，如图3-1所示。从图3-1我们还可以了解读者在阅读不同词长的单词时，眼睛首次落在一个单词上的不同位置的百分比。

从图 3-1 可以看出，读者对单词的首次注视位置受单词词长的影响。

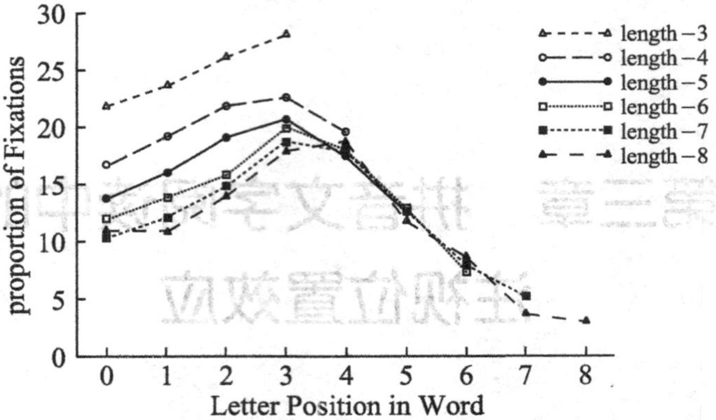

图 3-1　拼音文字读者对不同词长单词的首次注视位置分布图
（引自 McConkie et al.，1988）

虽然偏向注视位置位于词首和词中的中间位置，但其仍然受到起跳位置的调节。起跳位置距离目标词越远（例如 8～10 个字符空间），对目标词的首次注视位置分布越偏向左，且注视位置分布的变异性越大，反之起跳位置距离目标词越近（例如 2～3 个字符空间），对目标词的首次注视位置分布越偏向右。具体见图 3-2（臧传丽，2010；Reichle et al.，2003）。

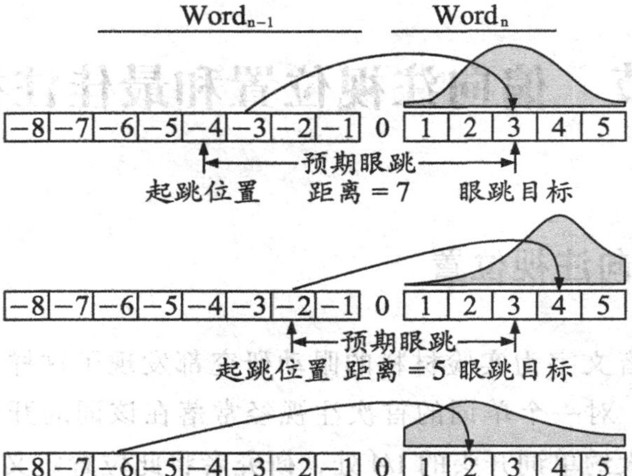

图 3-2　起跳位置（词 n-1）与目标词（词 n）之间的
预期眼跳距离对注视位置分布的影响

图3–2中，起跳位置和目标词用矩形框表示，字符用数字来表示（词n左边的空格用“0”表示）。注视位置分布近似高斯（Gaussian）分布，该分布以眼跳目标的中间位置为中心。拼音文字阅读过程中，读者的眼球运动系统倾向于做出大约7个字符长度的眼跳。这一偏好导致眼球运动系统会出现一些射程误差（range error）：即当起跳位置距离目标词的中心位置较近时，实际的眼跳往往越过（overshoot）目标词的中心位置（如图3–2中的第二行）；但当起跳位置距离目标词的中心位置较远时，实际的眼跳却达不到（undershoot）计划的眼跳目标（如图3–2中的第三行）。

偏向注视位置描述的是注视点停落最多的位置，其分布近似高斯分布。不少研究表明，拼音文字（尤其是英文）中有非常明显的词边界信息——词间空格，通过词间空格，读者可以非常容易地判断哪些字母是一个单词，这样有助于读者在阅读过程中确定下一次眼跳的目标。但是，当去除词间空格时，拼音文字阅读中读者的偏向注视位置分布就呈线性分布，注视次数从单词开始部分到结尾部分急剧地下滑。日语中的偏向注视位置分布也呈线性（Kajii，Nazir，& Osaka，2001；Sainio，Hyönä，Bingushi，& Bertram，2007）。由此可见，在没有词边界信息时，读者更倾向于注视词的开头位置。但当在纯平假名的日语文本中人为地插入词间空格后，读者对词的首次注视更多地落在词的中心位置，偏向注视位置分布开始呈现出类似于拼音文字在正常有空格时的高斯分布。对泰语（属于拼音文字，但没有明显的词边界信息——词间空格）的眼动研究发现，泰语的偏向注视位置接近词的中心位置，但泰语的偏向注视位置曲线比英语的平滑很多（Reilly，Radach，Corbic，& Luksaneeyanawin，2005）。与英语和日语不同的是，在阅读正常无空格和有空格的泰语文本时，两种条件下的偏向注视位置分布不存在显著差异（Winskel et al.，2009）。Winskel 等人认为，这可能是由于泰语读者在阅读过程中是利用诸如元音特性和音调符号等信息而不是空格信息进行词切分的。对于拼音文字来说，偏向注视位置的发现支持了读者的眼跳目标是以词为单位的观点，即读者在阅读过程中下一次眼跳选择的目标是单词，而不是字母。

二、最佳注视位置

除了偏向注视位置，拼音文字阅读过程中还存在一个最佳注视位置（optimal viewing position，OVP），该位置位于一个单词的中心部分。当读者对单词的首次注视落在最佳注视位置上时，识别该单词所需要的时间最短，再注视该单词的概率最小。最佳注视位置最初是研究者在单独呈现单词的研究中发现的（O'Regan & Jacobs，1992；O'Regan，Lévy-Schoen，Pynte，& Brugaillère，1984），随后在句子阅读和篇章阅读的眼动研究中也同样发现存在最佳注视位置。最佳注视位置效应是指，当首次注视落在一个单词的中心位置，相较于落在词首或词尾位置，读者识别该单词的速度更快，也更容易。

研究者采用眼动追踪技术对拼音文字阅读过程中的最佳注视位置开展了大量研究，并取得了丰富的成果。其中，研究者发现最佳注视位置效应中还包括以下几种不同的效应：

第一，再注视最佳注视位置效应（Refixation OVP effect），即如果首次注视没有落在最佳注视位置，并且首次注视位置距离最佳注视位置越远（例如词首和词尾位置），那么读者对该词的再注视概率越高。这种效应无论是在拼音文字系统还是在中文书写系统中，都得到了比较一致的证据，尤其是当首次注视落在词首时，读者的再注视概率最高。但是，中文和拼音文字不同的一点是，当首次注视落在词尾时，中文读者的再注视概率反而不高。这可能是由两种文字系统的特性造成的。中文是一种表意文字，汉字结尾部分携带的信息量比开端部分携带的信息量要少（Yan et al.，2012）。当首次注视落在词尾时，很可能表明读者已经完成了该词的识别过程，因此不需要再注视。然而这种解释还需要进一步的研究和探讨。此外，无论是在阅读单独一个词还是在句子阅读过程中，都发现存在同样的再注视最佳注视位置效应。

第二，凝视时间最佳注视位置效应（Gaze Duration OVP effect），即当首次注视落在最佳注视位置时，识别单词的速度最快。如上所述，凝视时间指标的统计方法是，读者第一次通过目标词时，所有落在目标词上的向前的注视点持续时间的总和。当首次注视位置落在最佳注视位置时，一般情况下对目标词只有一个注视点，凝视时间即该注视点的持续时间；当首次注视并未落在最佳注视位置时，对目标词可能有两个或两个以上的注视点，凝视时间即两个或两个以上注视点持续时间的总和。相较于落在最佳注视位置上的凝视时间，落在非最佳注视位置的凝视时间更长。因此，当读者的首次注视落在最佳注视位置时，读者识别该单词所需要的时间，即凝视时间更短，反之更长。凝视时间最佳注视位置效应和再注视最佳注视位置效应从不同的角度验证了最佳注视位置的存在和作用，这两个效应都表明，最佳注视位置是读者识别一个单词的最好位置。但是一般情况下，读者的首次注视较少落在最佳注视位置，通常落在偏向注视位置。

第三，注视时间权衡效应（Fixation Duration Trade-off effect），指的是一个持续时间较短的首次注视落在了非最佳注视位置，随后会有一个持续时间较长的第二次注视落在该单词上。或者反之，一个持续时间相对较长的首次注视落在了最佳注视位置，随后紧跟一个持续时间较短的第二次注视，第二次注视可以落在单词的任何一个位置上。换句话说，一个单词上的第二次注视的持续时间取决于首次注视落在了单词的哪个位置上。当首次注视落在最佳注视位置时，第二次注视的持续时间就短；当首次注视落在非最佳注视位置时，第二次注视的持续时间就长。注视时间权衡效应一开始是由 Vitu，McConkie，Kerr 和 O'Regan（2001）在单独呈现单词的研究中发现的，随后 McDonald，Carpenter 和 Shillcock（2005）在以英语为材料的阅读任务中亦发现了该效应，Nuthmann，Engbert 和 Kliegl（2005）在以德文为材料的研究中同样发现了该效应，Hyönä 和 Bertram（2011）同样在芬兰语中发现了该效应。关于中文阅读过程中是否存在注视时间权衡效应，还需要进一步的研究和探索。

第四，注视时间反向最佳注视位置效应（Fixation Duration Inverted-OVP effect）。注视时间的反向最佳注视位置效应发生在单次注视事件中，即第一次通过目标词时，对目标词只有一个注视点（Hyönä & Bertram，2011；Kliegl et al.，2006；McDonald et al.，2005；Nuthmann，Engbert，& Kliegl，2007；Nuthmann et al.，2005；Vitu，Lancelin，& d'Unienville，2007；Vitu et al.，2001）。注视时间的反向最佳注视位置效应是指，当单次注视落在最佳注视位置时，其注视时间长于单次注视落在远离中心位置的持续时间。注视时间反向最佳注视位置效应，最早由 Vitu 等人于 2001 年在研究中报告。注视时间反向最佳注视位置效应越来越成为研究者关注的焦点，因为它被认为是阅读过程中眼动控制理论的一个重要局限。

关于注视时间的反向最佳注视位置效应，目前存在两种不同的解释：①知觉—经济理论（perceptual-economy account），即相较于落在单词的词首和词尾位置，落在单词的中心位置有更多的适宜的视觉信息用以识别该单词，因此，当单一注视落在最佳注视位置时，读者需要整合较多的视觉信息来识别该单词，需要的时间相对来说就会长一些；当落在非最佳注视位置时，需要整合的信息比较少，因此该注视点持续的时间也就比较短（Vitu et al.，2007）。②错误着陆的注视点理论（mislocated fixations account），即由于眼跳系统误差的存在，落在词首或词尾的单次注视属于错误注视，例如一个落在词首的注视点计划是落在前一个单词上，落在词尾的注视点计划是落在后一个单词上（Nuthmann et al.，2005，2007）。

相较于知觉—经济理论，错误着陆理论可能是注视时间反向最佳注视位置效应的最好解释（Rayner，2009）。错误着陆理论的基本观点是，落在词首和词尾的许多单一的注视点，并不是计划落在目标词上的，眼动系统超过了计划的眼跳距离，才使得注视点落在了词首位置，又由于眼动系统实际眼跳距离短于计划眼跳距离，使得注视点落在了词尾位置。通过一些模拟技术，Nuthmann 等人（2005，2007）向我们展示了错误着陆的注视点理论如何解释这种现象。但是，可能更有意思的是，当只有一次注视时，不管眼睛的注视点落在词汇的哪个位置，是词首、词尾，还是词的中心位置，都同样发现了比较稳定的词频效应（Rayner et al.，1996；Vitu et al.，2001）。因此，对于单一注视来说，相较于落在词尾位置，落在词的中心位置时其注视时间更长，但是无论单一注视落在词尾还是落在词的中心位置，相较于高频词，低频词的加工时间都很长。

三、跳读

除了偏向注视位置和最佳注视位置之外，读者在阅读过程中还存在跳读（skip）现象。如上所述，阅读过程中，一些单词会被跳读，即阅读过程中读者的注视点并未落在这些单词上面。那么，被跳读的单词是不是就意味着读者没有识别这些单词呢？答案是否定的。被跳读的单词已经在副中央凹区域得到了加工，即读者在注视被跳读单词的前一个单词时就已经识别了被跳读的单词，因此就不需要直接注视被跳读的单词。有哪些因素影响读者跳读一个单词呢？研究者普遍认为，有两个因素影响跳读：词长和上下文语境限制（即可预测性）。

首先，影响跳读的最重要因素是单词的长度，即词长（Brysbaert et al.，2005；Drieghe et al.，2004；Drieghe et al.，2007；Rayner，1998），具体表现为，相较于长词，读者对短词的跳读概率更高。当两个或三个短词连续出现时，读者有很大的可能性跳读其中的两个词。而且，一个具体词汇前的一个短词（例如"the"）通常情况下会被跳读（Drieghe，Pollatsek，Staub，& Rayner，2008a；Gautier，O'Regan，& LaGargasson，2000；Radach，1996）。这是因为词长较短的单词通常情况下比较容易识别，因此读者完全可以在副中央凹区域对这些短词进行加工和识别。对于词长比较长的单词来说，识别难度比较大，读者很难在副中央凹区域对比较困难的长词进行加工和识别，因此长词被跳读的概率很小。

第二，对于那些受上下文语境限制较大（即可预测性较高）的单词来说，读者对其的跳读率较高，反之可预测性较低的单词的跳读率也较低（Binder et al.，1999；Ehrlich & Rayner，1981；Rayner & Well，1996；Schustack，Ehrlich，& Rayner，1987；Vitu，1991）。阅读过程中，如果读者能够从上下文语境正确无误地预测出目标词是什么，那么读者就不需要注视该单词。但是，如果读者不能从上下文语境预测出目标词，即该词的可预测性较低，那么读者需要注视该单词，以完成整个阅读任务。中文阅读过程中也存在同样的现象（Rayner et al.，2005）。词频对跳读率也有一定的影响，即相较于低词频的词，读者对高频词的跳读概率较高。但是，词频对跳读率的影响要远远小于可预测性的影响。虽然可预测性影响一个单词是否被跳读，但是可预测性并不影响读者的注视点落在词的哪个位置，尽管可预测性确实影响读者识别该词的注视时间。

总之，偏向注视位置和最佳注视位置通常被看作是与注视位置效应直接相关的事实证据。在拼音文字（尤其是英文）阅读过程中发现的偏向注视位置和最佳注视位置，表明读者在阅读过程中眼睛跳向何处，即"where"的决定主要是以词为基础的（word-based）（McConkie et al., 1989；Radach & Kennedy, 2004；Reichle, Rayner, & Pollatsek, 1999；Reilly & O'Regan, 1998），即读者选择一个词作为下一次眼跳的目标，而不是字母。既然读者下一次眼跳的目标是词，那么词的哪些特性影响阅读过程中的注视位置效应呢？

第二节　注视位置效应的影响因素

Rayner 和 Liversedge（2011）认为，阅读过程中读者的眼睛运动系统需要实时地做出两种决定——何时眼跳（"when"）和跳向何处（"where"），其中何时眼跳的决定主要受高水平语言（或认知）因素（lingusitic/cognitive processing）的影响（尽管有证据表明低水平因素对"when"的决定也有一定的影响，例如读者对词长较长单词的注视时间长于词长较短的单词，但是低水平视觉因素的影响不如高水平的语言因素的影响大），而移向何处主要决定于低水平视觉因素（low-level visual processes）（尽管有证据表明一些认知因素对"where"决定也有一定的作用，例如高预测性单词的跳读率高于低预测性单词，但是语言因素的影响不如低水平视觉因素的影响大）。而且，Rayner 和 Liversedge（2011）还认为，何时眼跳和跳向何处是两个相互独立的过程，即两个决定之间不存在相互影响。因此，影响何时眼跳的因素不一定影响跳向何处，影响跳向何处的因素不一定影响何时眼跳。下面具体介绍影响拼音文字（尤其是英文）读者在阅读过程中眼睛跳向何处的因素。

有研究者将一个词的词汇特性分为低水平和高水平两种：低水平是指词汇的视觉空间信息，即非语言学信息，与词的词汇表征有关，例如词长和词间空格等；高水平特性是指词汇的认知加工的语言学信息，不局限于词的词汇表征，例如词频和可预测性等（Reichle et al., 2003）。另外，词的正字法特征介于低水平特性和高水平特性之间，即正字法特征与视觉信息和语言学信息都是一种高相关关系。除了阅读材料的特点影响读者的首次注视位置之外，阅读者本身的特点可能也影响读者的注视位置效应。下面将详细介绍上述因素对拼音文字阅读过程中注视位置效应的影响。

一、低水平视觉因素的作用

（一）当前注视词和注视点右侧单词词长的作用

阅读过程中哪些因素影响读者的眼睛下一次移向何处？其中，影响眼睛移向何处的一个很重要的因素是读者获得的注视点右侧有用字母信息的总量。有研究者认为，决定一个单词是否被跳读的很重要的因素也是注视点右侧的字母信息。阅读过程中的注视位置效应不仅受当前注视词词长的影响，而且受注视点右侧单词词长的影响（Inhoff et al.，2003；Joseph，Liversedge，Blythe，White，& Rayner，2009；Juhasz et al.，2008；Morris，Rayner，& Pollatsek，1990；White et al.，2005b）。具体表现为，当前注视词的词长和注视点右侧单词的词长较长时，读者的眼跳距离较长，反之，读者的眼跳距离较短。

Morris 等人（1990）通过研究发现，单词的词长信息在读者的眼跳行为中起重要作用。实验过程中，注视点右侧单词的唯一有用信息是词 n+1 的词长信息（词 n 右侧的所有单词用字母 “X” 替换）。尽管词 n+1 的所有字母在被注视前由 X 代替，但词 n+1 的词长越长，读者的眼跳距离就越长，读者对词 n+1 的首次注视更倾向于落在词的开始部分，反之词 n+1 的词长越短，读者的眼跳距离就越短，对词 n+1 的首次注视往往落在词的中心位置。

Joseph 等人（2009）考察了成人和儿童阅读过程中的词长和注视位置效应。结果发现，词长影响成人和儿童的跳读率，对短词的跳读概率（29%）显著大于对长词的跳读概率（8%）。词长还影响儿童对目标词的阅读时间和注视位置。而且相较于成人，儿童在凝视时间和再注视指标上表现出了强烈的词长效应，即相较于短词，读者对长词的注视时间更长，再注视概率更高（41%）。词长影响儿童和成人的注视位置效应，即当词长越长时，读者的眼跳距离也越长。虽然词长不影响儿童和成人对目标词的首次注视位置，但是词长影响儿童和成人的再注视模式，即相较于短词，儿童和成人对长词的再注视概率更高，如图 3–3 所示。结果表明，虽然儿童和成人在早期的眼动指标上表现出了相似的词长效应，但是在晚期加工阶段，词长对儿童和成人的影响出现了差异。

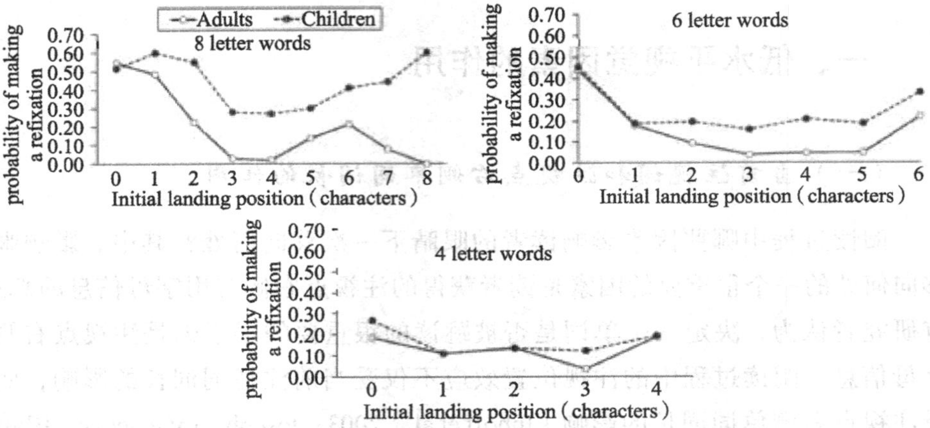

图 3-3 成人和儿童在不同词长的单词上的再注视模式
（引自 Joseph et al.,2009）

Inhoff 等人（2003）在实验过程中操纵了副中央凹词长信息的预视条件：①正确词长—正字法预视条件，即预视词和目标词的词长相同，而且预视词和目标词的正字法相同，如目标词是“subject”，预视词是“subtect”；②正确词长—无关预视条件，即预视词和目标词的词长相同，但是预视词是一个随机字母串，如目标词是“subject”，预视词是“mivtirp”；③错误词长—正字法预视条件，即预视词和目标词的词长不同，但是预视词的正字法和目标词相同，如目标词是“subject”，预视词是“sub ect”；④错误词长—无关预视条件，即预视词和目标词的词长不同，而且预视词是一些随机字母串，如目标词是“subject”，预视词是“miv irp”。结果发现，相较于副中央凹词长预视信息错误的条件，在正确词长预视条件下，读者对目标词的眼跳距离较长，并且对目标词的注视次数也较少。结果表明，读者从副中央凹区域获得的词长信息影响读者的眼跳行为。

同样，White 等人（2005）在实验过程中操纵了副中央凹预视信息的正确性（正确和错误）。在错误的预视条件下，研究者将目标词“bomb”与其右侧单词之间的空格用字母“s”代替，即在错误预视条件下，读者从副中央凹获得的词长预视信息更长。结果发现，当词长预视信息错误时，读者对目标词“bomb”的跳读率更高，表明在副中央凹词长预视较长的情况下，读者的眼跳距离要长于词长预视较短的情况。White 等人认为，读者在阅读过程中能够利用词间空格信息指导眼跳行为。

Juhasz 等人（2008）考察了副中央凹词长信息在读者的阅读过程中的作用。实验过程中，研究者采用了一些复合词（如 baseball），采用边界范式来操纵复合词在副中央凹区域上的词长信息。结果发现，副中央凹词长的预视信息影响读者的注视位置效应。具体表现为，当副中央凹词长较长（6~10个字母）时，被试的眼跳距离较长；相反当副中央凹词长较短（2~6个字母）时，被试的眼跳距离较短。当副中央凹词长预视信息错误时，相较于正确预视条件，读者对目标词的首次注视更多地落在词首位置，而且眼跳距离也显著缩短。

综上所述，词长这一低水平视觉因素对读者的注视位置效应具有显著的影响，而且不管是当前注视词的词长还是注视点右侧单词的词长都对读者的眼跳距离和首次注视位置产生很大的影响。综合上述研究结果，当前注视词和注视点右侧单词的词长较长时，读者的眼跳距离均较长，而且首次注视更多地落在词中位置，相反读者的眼跳距离较短，首次注视更多地落在词首位置。

（二）词间空格

1. 有词间空格的拼音文字的研究

大多数拼音文字都有明显的词边界信息，即拼音文字的词与词之间有明显的标记——词间空格。虽然大多数研究都表明词长是影响读者的眼睛移向何处的一个很重要的因素，但是也有研究者认为，对于眼睛引导行为来说，词长本身并不是一个很重要的因素，因为在有空格的拼音文字中，一个单词的词长是通过词间空格来标记的，因此相较于词长，对读者的眼跳目标选择起重要影响的可能是词间空格。研究者普遍认为，词间空格在很大程度上引导着读者的眼跳行为。当删除单词间的空格后，读者的正常阅读受到了很大的干扰，具体表现为读者的眼跳距离显著缩短，阅读速度显著变慢，首次注视更多地落在单词的词首位置（Juhasz，Inhoff，& Rayner，2005；Inhoff & Radach，2002；McConkie & Rayner，1975；Paterson & Jordan，2010；Pollatsek & Rayner，1982；Radach & McConkie，1998；Rayner，Fischer，& Pollatsek，1998）。

研究者在研究过程中删除拼音文字中的词间空格，发现读者在阅读删除空格后的文本时相对比较容易。后来又有研究者认为，删除词间空格会干扰最初的词汇识别过程。Rayner和Pollatsek（1996）通过研究发现，删除词间空格后，读者的阅读速度显著下降，大约为30%。随后，Rayner等人（1998）发现删除词间空格后，被试的词汇识别过程和眼睛引导行为都受到了很大的干扰。Rayner等人（1998）发现，删除词间空格后，读者的首次注视更多地落在词的开始部分，并且相较于高频词，读者更难识别低频词。

为了考察词边界信息的作用，呈现给被试的文本中，窗口边界右侧的字母全部被"X"所代替，但是保留词间空格。McConkie和Rayner（1975）采用移动窗口范式，操纵窗口内文本的可视性，窗口边界右侧的所有字母被字母"X"代替，但是边界右侧的空格保留，未用字母"X"代替。另一种条件下窗口右侧的空格同样被字母"X"所代替。结果发现，在前一种条件下，读者的平均眼跳距离稍有下降；后一种条件下，即当词边界信息也被消除后，读者的眼跳距离显著缩短。

Pollatsek和Rayner（1982）同样发现当单词之间的空格被加入其他信息后，读者的眼跳距离显著缩短。Rayner等人（1998）邀请12名被试阅读80个实验句，其中40个实验句是正常呈现，即有空格，另外40个实验句被删除了词间空格。结果发现，当词边界信息缺失时，被试的阅读速度降低了大约50%，眼跳距离由正常阅读条件下的7.3个字符显著缩短到4.4个字符，读者的回视概率由正常阅读条件下的9.7%上升到17.3%。更重要的是，相较于正常有空格条件，读者在阅读删除词间空格的文本时，其对单词的首次注视倾向于落在词首位置，具体见图3-4。Rayner等人（1998）认为，词间空格有助于引导读者的眼跳行为，即读者根据词间空格来决定下一次眼跳跳向何处。

Inhoff和Radach（2002）在研究中使用了英文复合词。结果发现，读者在正常阅读复合词时，倾向于注视整个复合词的最佳注视位置；但是如果在复合词中间插入一个词边界信息——空格，使一个复合词变成两个单词，那么读者更倾向于注视复合词的第一个词的最佳注视位置。因此，拼音文字中的词边界信息——词间空格可以帮助读者把下一个注视点定位在单词的最佳注视位置上，大大提高读者的阅读效率（Radach & McConkie，1998）。结果表明，某种程度上词边界信息对读者眼跳行为的影响要大于词长的影响，因为在拼音文字阅读过程中，读者是通过非常明显的视觉信息——词间空格来获得某个单词的词长信息的。

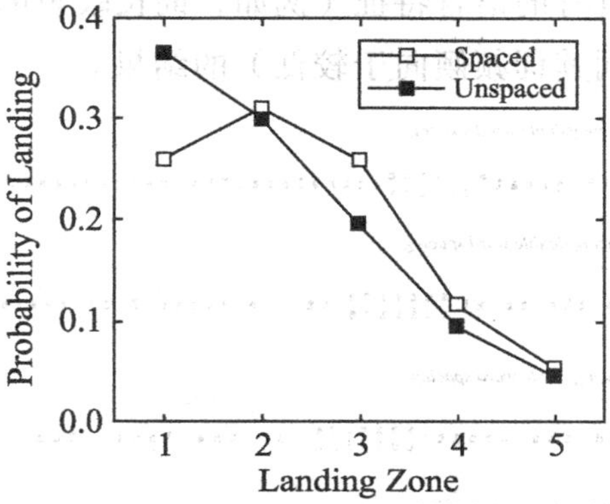

图 3-4 读者在有空格和无空格条件下首次注视位置分布

（引自 Rayner et al.，1998）

不仅词间空格影响阅读过程中的注视位置效应，而且有研究发现字母之间的空格也会影响阅读过程中的注视位置效应（Paterson & Jordan，2010）。Paterson 和 Jordan（2010）邀请 16 名大学生阅读 80 个实验句，并记录下被试阅读时的眼睛运动行为。实验过程中研究者操纵了英语单词中字母之间的空格以及单词间空格的大小，形成了 4 种条件：①正常条件；②词间空格不变增加字母之间的空格大小到词间空格；③将词间空格大小增加到正常条件下的双倍，同时增加字母之间的空格大小到正常条件下的词间空格；④将词间空格大小增加到正常条件下的三倍，同时增加字母之间的空格大小到正常条件下的词间空格，具体见图 3-5。结果发现，当字母间空格增大后，读者对单词的首次注视更倾向于落在词首位置，甚至在词间空格信息缺失的条件下，读者对单词的首次注视都倾向于落在该词靠前的位置。

总之，词边界信息——词间空格在拼音文字阅读过程中起着很重要的作用，它引导着读者在阅读过程中的眼睛运动行为。当删除词间空格后，读者的眼动行为将会受到很大干扰，不仅影响读者的词汇识别过程和阅读速度，而且影响读者的眼跳行为，主要表现为首次注视更倾向于落在词首位置，平均眼跳距离显著缩短。虽然大多数研究发现，单词的词边界信息，即词间空格，是读者眼睛移向何处的最主要影响因素。读者的眼跳距离同样受到当前注视单词的长度和注视点右侧单词的长度的影响。但是，这样一种关系，很可能也是单词本身具有的语言特征（例如，词长较短的单词其词频倾向于较高，词长较长的单词其词频倾向于较低）的结果。

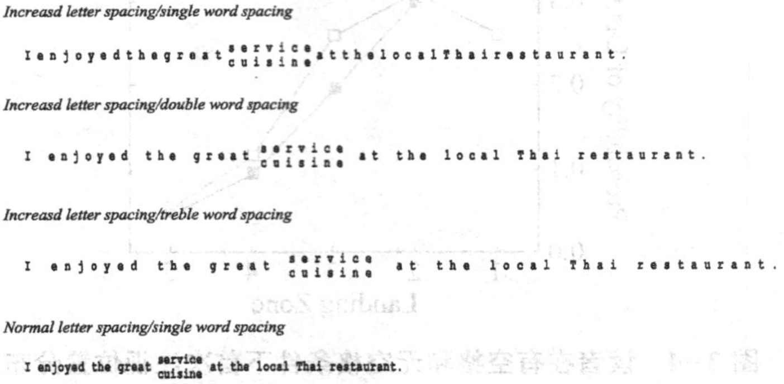

图 3-5　四种不同的呈现条件(引自 Paterson & Jordan, 2010)

2. 无词间空格的拼音文字的研究

（1）泰语研究

但是，并不是所有拼音文字都有明显的词边界信息，例如泰语。泰语是一种音调（tonal）语言，由辅音、元音和声调符号构成。泰语的书写方式是从左到右，所有辅音字母和一些元音字母是横向排列。但是，一些特殊的元音字母是竖向排列在辅音字母的正上方或正下方。声调符号位于开始的辅音字母的上方，一些变音符号和一些特殊的符号位于最后一个辅音字母的下方，如图 3-6 所示（李馨，白学军，闫国利，臧传丽，梁菲菲，2010；Reilly et al.，2005）。

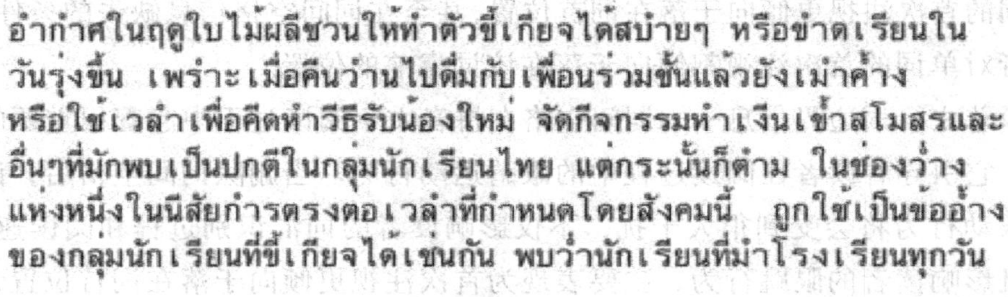
อากาศในฤดูใบไม้ผลิชวนให้ทำตัวขี้เกียจได้สบายๆ หรือขาดเรียนใน
วันรุ่งขึ้น เพราะเมื่อคืนว่านไปดื่มกับเพื่อนร่วมชั้นแล้วยังเมาค้าง
หรือใช้เวลาเพื่อคิดหาวิธีรับน้องใหม่ จัดกิจกรรมหาเงินเข้าสโมสรและ
อื่นๆที่มักพบเป็นปกติในกลุ่มนักเรียนไทย แต่กระนั้นก็ตาม ในช่องว่าง
แห่งหนึ่งในนิสัยการตรงต่อเวลาที่กำหนดโดยสังคมนี้ ถูกใช้เป็นข้ออ้าง
ของกลุ่มนักเรียนที่ขี้เกียจได้เช่นกัน พบว่านักเรียนที่มาโรงเรียนทุกวัน

图 3-6　泰语文本的书写方式(引自 Kohsom & Gobet, 1997)

泰语是一种没有明显词边界信息，即没有词间空格的拼音文字，如果我们人为地将词边界信息——词间空格引入泰语文本中，读者阅读时的眼睛运动行为会受到什么影响呢？Kohsom 和 Gobet（1997）在实验过程中将词间空格引入泰语文本中。结果发现，当引入词间空格后，泰语读者（他们不习惯阅读有词间空格的文章）在词间空格条件下比正常条件下的词汇识别过程更快，阅读效率更高，表明词间空格的引入促进了泰语读者的阅读。但是研究者未考察引入词间空格是否影响泰语读者的眼跳目标选择。

Reilly 等人（2005）通过研究考察了泰语读者阅读正常无空格泰语文本过程中的眼动行为。结果发现，与英语的偏向注视位置类似，泰语的偏向注视位置也接近词的中心位置。但是，泰语的偏向注视位置曲线比英语的平滑很多。泰语是一种无词间空格的拼音文字，英语是一种有词间空格的拼音文字，为什么泰语和英语具有相似的偏向注视位置呢？英语阅读过程中，读者可以根据词间空格线索引导自己的眼动行为。相较于英语读者，泰语文本没有明显的词边界信息，泰语读者在阅读过程中利用了哪些线索使得泰语和英语有相似的偏向注视位置呢？研究者认为，这可能和泰语的文本特点有很大的关系，泰语文本中词首和词尾位置辅音的相对频率存在某种特定的关系，这使得读者将此作为词边界的线索，类似于英语中的词间空格。但是，这种特定关系不如词间空格更视觉化和更明显，因此泰语的偏向注视位置曲线比英语的要平滑很多。

随后，Winskel，Radach 和 Luksaneeyanawin（2009）选取泰—英双语被试，操纵泰语和英语文本的呈现方式（有词间空格、无词间空格），考察被试阅读泰语和英语时的眼睛运动行为。结果发现，双语被试在阅读无词间空格的英语文本时，相较于有词间空格条件，其首次注视位置更多地落在词的开始部分，眼跳距离也显著缩短；双语被试在阅读正常无空格和有词间空格的泰语文本时的首次注视位置之间没有显著差异。结果表明，词间空格的引入并未对泰语的注视位置效应产生影响，即词间空格的引入无助于读者的眼跳目标选择。这可能是由于在词间空格条件下，虽然读者可以非常容易地通过词间空格获得词边界信息，但是这种文本不是泰语读者所熟悉的，所以两者的效应抵消，导致词间空格的引入并未有助于读者的眼跳目标选择。结合前人的研究结果，我们可以认为词间空格有助于提高泰语读者的阅读速度，但是对泰语读者的眼跳目标选择既无促进作用也无干扰作用。

（2）日语研究

除了泰语之外，现代日语作为一种由日本汉字（大约占30%）、平假名和片假名三部分构成的混合文字，也没有明显的词边界信息。日本汉字、平假名和片假名不仅在词汇特征上有差异，而且三者在视觉特征上也存在不同。从视觉上看，日本汉字比平假名和片假名更复杂，片假名的笔画相对较直，而平假名包括较多的曲线笔画（Kajii et al.，2001）。日本汉字大部分来源于汉语，常常具有一种以上的发音，以词素的形式表征独立的意义单元，经常用来编码语法范畴。平假名和片假名是日语的两套表音文字，平假名用来标记语法结构，如词形变化和功能词等，片假名则用于外来语、感叹词和一些专业术语中。

Kajii 等人（2001）考察了被试阅读正常日语文本过程中的注视位置分布。结果发现，由日本汉字构成的词显示出偏向注视位置效应，尽管读者的首次注视落在第一个汉字，而不在词的中心位置，如图 3–7 所示。当首次注视落在词首位置时，读者对该词产生再注视的概率最高。相较于平假名和片假名，读者更多地注视日本汉字（26%）。而且通过进一步分析发现，日语的三种文字符号影响着被试的注视位置效应：当词的首字是日本汉字时，读者更倾向于注视词的开始部分；而当一个词完全由平假名构成时，并未发现偏向注视位置效应。Kajii 等人认为，日语中三种不同书写方式的视觉特征引导着读者的眼跳行为。日语文本中包含其他的“视觉词汇”线索有助于读者识别词边界，日文读者往往不需要识别词汇，仅仅通过视觉特征就能区分日语书写系统中三种不同的书写形式，尤其是具有独特视觉特征的日本汉字。它不仅可以为形态学分解提供线索，而且有助于读者决定接下来要注视的内容，即有助于读者的眼跳目标选择。

Sainio 等人（2007）考察了词间空格的引入是否影响读者阅读纯平假名文本和日本汉字与平假名的混合文本时的眼动行为。与 Kajii 等人的结果一致，结果发现日语阅读过程中的确存在偏向注视位置效应，而且这种效应仍然出现在词的开始部分。然而，在纯平假名文本的词与词之间插入空格后，读者对词的首次注视往往落在词的中心位置。表明在纯平假名文本的词与词之间插入空格，为读者提供了词边界信息，促进了读者的眼跳行为。因此，空格在平假名文本中的作用与英文的研究结果一致（Rayner，1998），但是平假名中空格的促进作用比拼音文字中的要小（平假名是12%，英语是30%~50%）。研究者认为这种差异可能是由于平假名文本中的词间空格并不是日文读者所熟悉的。在日本汉字与平假名混合文本中的词与词之间插入空格，并未影响读者阅读过程中的偏向注视位置效应。具体表现为，无论有无空格，日文读者在阅读过程中首次注视位置通常落在词的开始部分。这同样验证了在日本汉字和平假名的混合文本中，无论有无词间空格，读者都可以通过日本汉字来获得词边界信息，因此日本汉字在日语阅读过程中的作用至关重要。

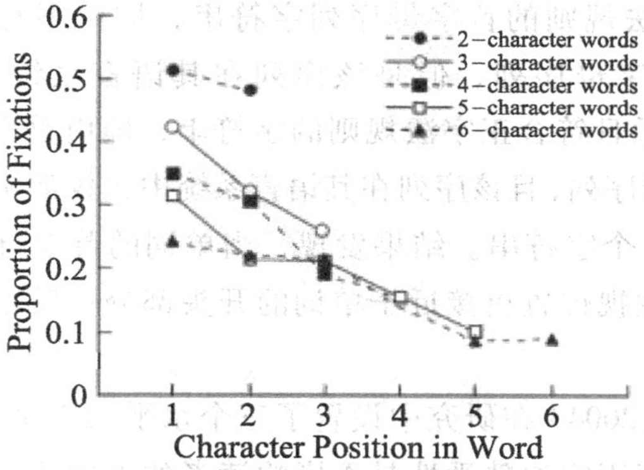

图 3－7　日语读者的首次注视位置分布（引自 Kajii et al.,2001）

综上所述，对于有词间空格的拼音文字来说，词间空格对读者何时移动眼睛和眼睛移向何处都有很重要的影响，即如果删除词间空格，读者的词汇识别过程和眼跳选择都将会受到很大干扰，具体表现为阅读速度显著下降，眼跳距离显著缩短，首次注视更倾向于落在词的开始部分。但是，对于一些本身并没有词间空格的拼音文字来说，人为地引入词间空格，词间空格所起的作用远远小于本身有词间空格的拼音文字，甚至在某些文字（例如泰语）中，人为引入词间空格并未对读者的眼跳策略产生促进作用，当然也并未干扰读者的眼跳策略。

（三）正字法熟悉性

正字法熟悉性（orthographically familiar）是指在某种语言（例如英语）中，首字母序列是否是常见的（White & Liversedge，2004）。有研究发现，拼音文字的正字法熟悉性影响读者在阅读过程中的注视位置效应。具体表现为，当正字法熟悉性比较高时，读者对目标词的首次注视更多地落在词的中心位置，反之则更倾向于落在词首位置（Beauvillain & Doré, 1998；Hyönä，1995；Radach, Inhoff，& Heller，2004；White & Liversedge，2004）。

Beauvillain 和 Doré（1998）在研究中操纵了单词首字母序列出现的频率。研究者采用了 60 个词长为 7 的无意义字符串，60 个字符串分为三种：不熟悉且不符合正字法规则的首字母序列，即由不符合正字法规则的 2 个字母构成的首字母序列，且该序列在其语言系统中不常见，例如“ZKASIER”；熟悉但不符合正字法规则的首字母序列字符串，即由不符合正字法规则的 2 个字母构成的首字母序列，但是该序列在其语言系统中比较常见，例如“RMASIER”；熟悉且符合正字法规则的字符串，即由符合正字法规则的 2 个字母构成的首字母序列，且该序列在其语言系统中比较常见，例如“ARASIER”。每种条件下各 20 个字符串。结果发现，当单词的首字母序列出现频率较低时，被试的首次注视位置更接近于单词的开头部分；反之首次注视更多地落在词的中心位置。

Radach 等人（2004）在研究中设置了三个水平的正字法熟悉性——低频、中频和高频，考察正字法熟悉性是否影响读者的首次注视位置分布。结果同样发现了不同首字母序列的频率（低频、中频和高频）对首次注视位置的梯度影响，即随着频率的依次降低，读者的首次注视更多地落在单词的开始部分。而且读者对不同熟悉性目标词的首次注视位置还受到起跳位置到目标词距离的远近的调节影响，具体为：当起跳位置距离目标词较近时，首次注视更多地落在词的中心位置；当起跳位置距离目标词较远时，首次注视更多地落在词首位置。

Hyönä（1995）以芬兰语为实验材料，选择了三种目标词：一种是派生词汇（derived words），一种是复合词（compound words），另外一种是首字母序列不熟悉的单词（infrequent-beginning words）。对每组派生词和复合词来说，它们的前几个（4~6 个）字母是完全相同的。熟悉的词首字母序列在芬兰语中经常出现，而不熟悉的词首字母序列在芬兰语中不存在或者很少出现。结果发现，对于被试不熟悉的词首字母序列的单词，其首次注视位置更接近于单词的开头部分，特别是被试更多地将首次眼跳定位于目标词之前的空格上。

White 和 Liversedge（2004）以英语为实验材料，在实验中设置了五种实验条件，一种是正确拼写且熟悉的正字法序列，另外四种是错误拼写条件。四种错误拼写条件下的三种有不同的正字法规则熟悉性。与 Hyönä（1995）的结果一致，在英文阅读中同样发现正字法熟悉性影响读者对目标词的首次注视位置，即当正字法熟悉性为不熟悉时，读者的首次注视位置更倾向于落在词的开始部分。

总之，正字法熟悉性是拼音文字的一个独特特点，关于正字法熟悉性对读者首次注视位置落点的影响的研究，相较于词长和词间空格的研究要少很多。综合目前已有的研究发现，它与词长和词间空格一样，影响读者对目标词的首次注视位置。具体表现为，当正字法熟悉性较高时，读者对目标词的首次注视更多地落在词的中心位置，反之则更多地落在词的开始部分。但是，相较于词长和词间空格来说，正字法熟悉性对首次注视位置的影响要小一些。

二、高水平语言因素的作用

（一）可预测性

可预测性（contextual predictability），也被称为上下文语境限制（contextual constraint）。可预测性是指，在一个高可预测性的语境中，只有少数几个目标词可以适用整个句子；而在一个低可预测性的语境中，有很多词可以适用整个句子。在高可预测性的语境里，某个词出现的概率很高，那么它的可预测性也就很高；而在低可预测性的语境里，某个词出现的概率很低，那么该词的可预测性也就很低（Drieghe et al.，2004）。大量研究发现，可预测性影响读者在阅读过程中的眼跳何时起跳，但是对于可预测性是否影响读者的眼跳跳向何处，目前还存在争论和冲突。有研究发现，可预测性影响读者对单词的跳读率，但不影响读者对单词的首次注视位置（Rayner, 2009; Rayner et al., 2001）。

Vitu（1991）验证了副中央凹的预加工或者上下文语境是否会影响阅读过程中的最佳注视位置。实验采用了类似于正常句子的阅读范式，即屏幕上首先呈现一个具有预测性的或中性的启动句子，被试按键，接着出现目标词，再呈现其他剩余的句子内容。目标词在被直接注视之前是可视的（副中央凹预视条件）或被掩蔽的（控制条件）。实验通过改变目标词出现的位置来操纵读者在目标词上的首次注视位置。结果显示，尽管在副中央凹视觉区域存在对目标词的预加工，而且从先前的语境中也能够预测出目标词，但先前的语境只影响了对目标词的凝视时间和再注视概率，并没有影响读者对目标词的偏向注视位置和最佳注视位置。

Lavigne，Vitu 和 d'Ydewalle（2000）以法语为实验材料，考察了启动词与目标词之间的语义相关性对注视位置效应的影响。研究者共采用了两组各72个句子。每个句子中包含一个启动词和一个目标词。一半句子中，启动词和目标词之间有语义联系，另外一半句子中，启动词和目标词之间没有语义联系。所有目标词的词长在6个字母到8个字母之间。一半目标词是高频词，另外一半目标词是低频词。结果发现，启动词与目标词之间的语义相关性影响首次注视位置，即在启动词与目标词语义相关条件下，读者对目标词的首次注视更倾向于落在词尾，但这种影响只出现在目标词是高频词，并且起跳位置（launch site）离目标词较近的情况下。

Rayner 等人（2001）在实验 1 中采用 Balota 等人（1985）的实验材料。对每一个句子来说，有两个不同的目标词都可以很好地填入该句子结构。在高预测性条件下，通过目标词之前的内容读者可以很容易预测到目标词；在低预测性条件下，通过目标词之前的内容读者很难预测到目标词。结果发现，预测性并不影响读者对目标词的注视位置，但影响对目标词的跳读率，具体表现为高预测条件下的跳读率为30%，低预测条件下的跳读率为18%。

Rayner 等人（2001）的结果与 Lavigne 等人（2000）的结果不一致，原因可能是：首先，Rayner 等人研究中的预测性与 Lavigne 等人研究中的语义相关性不同。Rayner 等人测量预测性的方法是，给出目标词之前的所有单词，让被试填写首先想到的那个单词，填写频率最高的即为高预测性单词。其次，两个研究中的词长不同。Lavigne 等人第一个实验中目标词的词长范围为 6 ~ 8 个字母，第二个实验为 5 ~ 7 个字母。Rayner 等人研究中的词长范围为 4 ~ 8 个字母，平均词长 5.2 个字母。第三，Lavigne 等人研究中的平均起跳位置距离目标词较远，造成其第一个实验的平均眼跳距离为 12.4 个字母，第二个实验为 9.2 个字母，这比前人发现的平均眼跳距离（7 个字母）要长。在分析起跳位置对注视位置的影响时，Lavigne 等人的“近距离起跳位置”离目标词大约 8 个字母，而 Vitu，O'Regan，Inhoff 和 Topolski（1995）认为“近距离起跳位置”是目标词词首左边的 4 个字符空间（与 Rayner 等人研究中的距离接近）。最后，Lavigne 等人的研究中读者对目标词的跳读率很低（4%和 3%），而 Rayner 等人的研究中对高可预测性和低可预测性目标词的跳读率分别是 30%和 18%。

综上所述，关于可预测性对于注视位置效应的影响的研究数量相对来说较少，研究结果之间也存在一定的争论。但是，研究者普遍认为，可预测性是影响读者何时起跳的一个很重要的因素，但是它可能不影响读者对单词的首次注视位置，尽管可预测性影响读者对单词的跳读概率，即相较于可预测性低的单词来说，读者对可预测性高的单词的跳读率更高。

（二）词频

词频即一个词在某种语言中出现的概率。目前很多语言的词频多取自于根据成人阅读材料选取的语料库。例如英语以 Francis 和 Kucere（1982）的语料库为词频标准，中文则多以《现代汉语频率词典》（1986）为词频标准。词频的标准测定是某一个词语在 100 万（汉语是 131 万）字的样本中出现的概率。词频同可预测性一样，是影响读者眼跳何时起跳的一个很重要的因素，但是词频是否影响读者的眼跳目标选择，现在还没有一致的结论。多数研究发现，词频影响阅读过程中读者对目标词的跳读概率，但不影响阅读过程中的注视位置效应（Hyönä & Bertram，2011；Paterson & Jordan，2010；Rayner et al.，2001；White，2008）。

Vitu 等人（2007）以法语为实验材料，通过单独呈现单词的方式，考察词频对读者阅读单词时的首次注视位置的影响。结果显示，即使是在单独呈现的方式中，词频也不影响读者对单词的首次注视位置，即高频词和低频词表现出相似的偏向注视位置。Rayner 等人（2001）在第二个实验中考察了词频和可预测性对英语正常句子阅读中注视位置效应的影响。结果同样发现，词频和可预测性都不影响阅读过程中的注视位置效应，即读者对所有目标词的首次注视分布模式都非常相似，表现出了相似的偏向注视位置效应。White（2008）通过研究发现，当目标词符合正字法规则时，词频只影响读者对目标词的注视时间和跳读率，不影响读者对目标词的首次注视的落点位置。Paterson 和 Jordan（2010）同样发现，目标词的词频未对注视位置效应产生影响，即高频和低频词的注视位置分布非常相似。Hyönä 和 Bertram（2011）考察了芬兰语复合词的最佳注视位置效应，同时考察了复合词的词频和复合词中首词素的词频对最佳注视位置效应的影响。结果发现，复合词的词频和首词素的词频均不影响最佳注视位置效应。

总之，作为一个影响读者的眼跳何时起跳的重要因素，词频并不影响读者的眼跳跳向何处，尽管词频影响读者对单词的跳读概率。这再一次验证了何时起跳和跳向何处是眼动控制中的两个相互独立的过程，两个过程可以独立存在，也可以独立起作用。

三、年龄特征与个体差异

除了阅读材料本身的特性影响读者在阅读过程中的注视位置效应，阅读者自身的特性也会对注视位置效应产生一定的影响，其中读者的阅读水平是一个很重要的影响因素，具体表现为，相较于初学者和阅读困难者，熟练阅读者的眼跳模式更有规律性、更清晰（Ducrot，Lété，Sprenger-Charolles，Pynte，& Billard，2003；Joseph et al.，2009；McConkie，Zola，Grimes，Kerr，Bryant，& Wolff，1991；Vitu et al.，2001）。

McConkie 等人（1991）通过研究发现，小学一年级儿童表现出来的注视位置效应与成人的相似。同时，当首次注视落在单词的词首或者之前的词间空格上时，儿童和成人往往都会计划一次词内的再注视。但是，McConkie 等人的结论是建立在观察数据趋势的基础上，并没有对数据进行正式的统计分析，因此其结论需要进一步的实证数据的支持。随后，Vitu 等人（2001）的研究结果显示，儿童和成人在第一次和第二次注视位置上并没有显著差异。与成人一样，儿童往往将眼跳定位于单词的中心位置，首次注视位置的分布随词长的变化而呈系统性变化。当首次注视位置偏离单词的中心位置时，儿童和成人都会计划一次词内再注视。Ducrot 等人（2003）采用单词识别任务，并操纵被试的首次注视位置，比较正常儿童（平均 6.8 岁）和阅读障碍儿童（平均 9.3 岁）的词频和注视位置效应。结果发现，阅读障碍儿童与正常儿童一样，也表现出了 OVP 效应。

最近，Joseph 等人（2009）通过严格的实验操纵，直接比较了儿童（7～11 岁）和成人在英文阅读过程中的词长（分为三个水平：4、6 和 8 字母）和注视位置效应。结果发现，儿童和成人在不同词长单词的首次注视位置上并没有显著差异，而且与上述研究相同，儿童和成人的再注视概率主要依赖于首次注视位置，即当首次注视位置越偏离单词的中心位置，儿童和成人往往更容易进行再注视。然而通过进一步分析发现，儿童和成人表现出不同的再注视模式，具体如图 3−8 所示。成人的再注视模式非常清晰、有规律，即如果成人的首次注视落在一个词的开始部分，再注视往往落在这个词的结尾部分。然而儿童似乎做出更多更短的词内再注视，即如果首次注视落在一个词的开头，再注视可能仍然落在词的开头部分。上述结果表明个体的眼跳运动策略可能很早就有所发展，而且比较接近成人的水平。

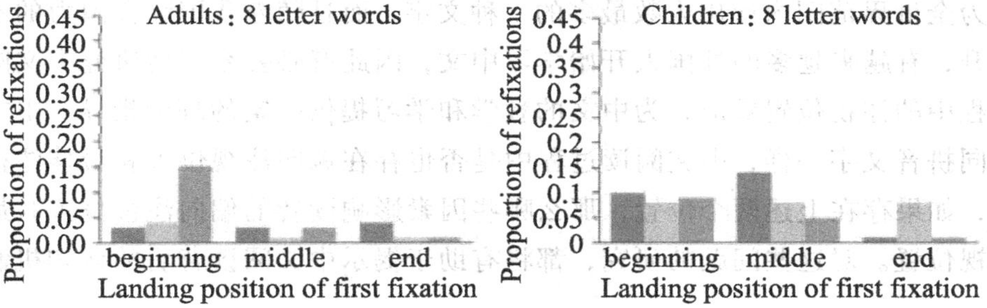

图 3−8　儿童和成人的再注视位置与首次注视位置的关系

（引自 Joseph et al.,2009）

总之，从上述文献可以看出，研究者对拼音文字阅读过程中的注视位置效应进行了大量的探索，研究数量比较丰富，而且研究结果比较一致。研究者普遍认为，拼音文字阅读过程中存在偏向注视位置和最佳注视位置，表明拼音文字读者下一次眼跳选择的目标是单词，而不是字母。对拼音文字（尤其是英文）来说，阅读过程中单词的低水平的视觉因素（例如词长、单词之间的空格和正字法熟悉性等）是影响注视位置效应的最主要因素，读者的年龄和个体差异主要影响读者的再注视模式。然而，高水平的语言因素（如词频、正字法熟悉性或语境的预测性）对读者的首次注视位置是否存在影响仍然存在争议，还需要更多的实验证据来进一步验证。

第四章　中文阅读中的注视位置效应

目前正在使用的中文有两种书写形式：简体中文和繁体中文。简体中文主要在中国大陆地区使用，繁体中文主要在香港和台湾地区使用。与拼音文字不同，中文作为一种表意文字，有其独特的特点。因此，以拼音文字为实验材料的关于注视位置效应的眼动结果不能直接简单推论到中文阅读。中文作为全世界范围内使用人数最多的一种文字，而且随着我国综合国力的不断提升，有越来越多的外国人开始学习中文，因此有必要系统地研究中文阅读过程中的注视位置效应，为中文的教学和学习提供一定的理论指导。中文是否同拼音文字一样，中文阅读过程中是否也存在偏向注视位置和最佳注视位置，如果存在上述两个位置，那么哪些因素影响读者的偏向注视位置和最佳注视位置。对这些问题的研究，都将有助于揭示中文阅读背后的认知机制。

第一节　中文书写文本的特点

中文作为一种表意文字，与拼音文字存在很大差异。而且，中文书写文本存在一些独特的特点，主要表现在以下几方面。

首先，中文的基本书写单元是汉字。

汉字是一种方块形的文字，以直或横的方式排列组合而成。汉字作为中文的基本书写单元，在视觉复杂性上存在很大差异，主要表现在：每个汉字的笔画数不同，从一笔（如汉字“乙”）到三十六笔不等（如汉字“齉”）；每个汉字包含的部件数也不等，有的只包含一个部件，如汉字“火”，有的包含两个，如汉字“炎”，而有的则包含三个，如汉字“焱”；相同的部件，组合方式不同可能会产生不同的汉字，如汉字“部”和汉字“陪”。笔画和部件放在一个方格中，由此也显示出汉字的信息密集性特点。拼音文字则不一样，拼音文字大都是由长度不等的字母串按从右向左或从左向右的方式排列。因此，在单位空间内，相较于拼音文字，汉字所携带的信息量更丰富。中文有5000多个汉字，拼音文字（尤其是英语）只有26个字母拼写元素，因此，每个汉字中包含的信息远多于英文字母（Hoosain，1992）。

概括起来，每个汉字中的部件都是按照一定的方式组合起来的。根据不同的组合方式，汉字主要包含以下几种结构：独体结构（例如汉字“生”）、上下结构（例如汉字“岩”）、左右结构（例如汉字“词”）、包容结构（例如汉字“国”）和嵌套结构（例如汉字“裹”）。其中左右结构和上下结构的汉字个数分别占汉字总数的65%和21%（汉字信息字典）（Gao，Zhang，& Chen，2008；Yang & McConkie，1999）。

在文字特性上，和拼音文字不同，汉字具有形音不对应的特性，而且汉字也不属于象形文字，虽然汉语中有部分汉字是象形字，但是象形字在汉语文字中毕竟只占一小部分。汉语中绝大多数汉字是形声字，每个形声字包括形旁和声旁两部分，而能根据声旁推断汉字读音的不到20%。因此汉字可能是形、音对应最为隐晦、最不规则的文字系统之一。另外，汉字和拼音文字中的字母并非是相等的单位，也就是说一个汉字并不对应拼音文字中的一个字母或一个单词，中文和拼音文字不能进行直接的对等和比较。

第二，词长分布不同于拼音文字。

拼音文字的词长由词与词之间的空格标记，读者可以凭借词间空格明确地获得每个单词的词长信息。拼音文字的词长分布较广，从一个字母（如单词“a”）到二十几个字母（如单词“honorificabilitudinitatibus”）不等。与拼音文字不同，中文中关于什么是词仍然没有一致的结论，不同的语言学家有不同的观点。但是，研究者普遍认为在中文中，中文词由汉字构成，大部分汉字本身可以作为一个独立的词出现，也可以与其他汉字组成一个新词。这样就构成了不同词长的词：单字词（例如“冬”）、双字词（例如“冬天”）、三字词（例如“冬令营”）、四字词（多数是成语，例如“数九寒冬”）和五个及以上的汉字组成的词。其中单字词约占20%，双字词占绝大多数（70%），其他词占10%（Yan，Kliegl，Richter，Nuthmann，& Shu，2010）。与拼音文字相比，中文的词长相对较短，从单字词到四字词，而且比较固定，其中双字词占绝大多数。

第三，缺少明显的词边界信息。

拼音文字读者可以通过词间空格准确获得哪几个字母构成一个单词的信息，而且多数拼音文字都有明显的词边界信息。中文文本由一系列连续的汉字组成，只有用来“表示停顿、语气以及词语的性质和作用”的标点符号（中华人民共和国国家标准《标点符号用法》，1995），没有明显的词边界信息，词与词之间的空间大小和词内汉字之间的空间大小是相等的。中文读者不能从视觉特征上直接获得哪些汉字是一个词的信息，因此，在中文阅读过程中读者需要完成另外一项任务：词切分。关于中文的词切分和词汇识别过程，有研究者认为这两个过程是同时进行的，没有谁先谁后之分（Li, Liu, & Rayner，2009）。中文阅读过程中，当一个词被识别时，也代表着读者完成了对该词的词切分过程。

第四，词切分的不一致性。

由于中文文本缺少明显的词边界信息，因此对于哪几个汉字构成一个词，不同的读者有不同的意见，甚至语言学专家对词的概念都存在很大分歧和争议（Hoosain，1992；Miller，Chen，& Zhang，2007；Tsai，McConkie，& Zheng，1998）。正是由于词切分的不一致性，可能导致我们对一句话的理解产生分歧。例如，“乒乓球拍卖完了”这句话。在该句中，“乒乓球”是一个三字词，它也可以与第四个汉字构成一个四字词“乒乓球拍”，第四个汉字和第五个汉字还可以构成一个双字词“拍卖”。所以，对这句话就有两种理解方式：①乒乓球 拍卖 完了；②乒乓球拍 卖完了。中文中还有一种现象，如短语“专科学生”，“专科”是一个词，“学生”是一个词，而第二个字“科”和第三个字“学”又可以组成另外一个词“科学”，我们把这种词组称为“歧义短语”。在中文阅读过程中，如何识别歧义短语，可能很大程度上依赖于该短语所处的句子语境，根据语境读者对歧义短语进行正确的词切分和词汇识别过程。

第五，词语类型。

一般认为，现代汉语音义结合的最小单位是语素，语素构成了词。由一个语素组成的是单纯词，由两个以上语素组成的是合成词。其中合成词占绝大多数。单纯词，例如“葡萄”、“伶俐”和“蝴蝶”等。对于合成词，由于构成合成词的语素之间存在不同关系，根据语素之间的关系，可以将合成词分为以下几种结构类型。

并列结构，又被称为联合式，由意义相同、相近或相反、相对的语素并列融合而成，语素之间的关系不分主次，如“朋友”。偏正结构，前一语素修饰、限制后一语素，整个词的语义以后一语素为主，后一个语素是整个词义的核心，如“牧民”。支配结构，又称动宾式，前一语素表示动作或者行为，后一语素表示动作、行为所支配的对象，如“担心”。表述结构，前一语素是陈述的对象，后一语素对前一语素进行陈述，如“民办”。补充结构，后一语素补充说明前一语素，整个词的语义以前一语素的意义为主，前一个语素是整个词义的核心，如“推广”。附加结构，由实语素和虚语素构成，实语素是核心部分，表示词汇意义，虚语素是附加部分，有的在前，有的在后，如“桌子”。所有合成词中，占绝大多数的是并列结构和偏正结构（符淮青，2004；张良斌，2008）。

尽管中文文本与拼音文本在书写特征上存在很大差异，然而拼音文字中发现的一些眼动研究结果，在中文中也得到了相似的验证。例如，中文读者与拼音文字读者在阅读过程中具有相似的平均注视时间（分别为257毫秒和265毫秒）、阅读速度（分别为386词/分钟、382词/分钟）（Sun & Feng，1999）、跳读率（Rayner et al.，2005）等，中文与拼音文字阅读过程中都存在词频效应（Yan et al.，2006）、可预测性效应（Rayner et al.，2005）、副中央凹预视效应（Yang et al.，2009）和家族相似性大小效应（Tsai，Lee，Lin，Tzeng，& Huang，2006）等。上述研究都是关于何时起跳，即关于“when”的一些研究结果。然而，何时起跳（即“when”）和跳向何处（即“where”）是两个独立的系统。因此，中文阅读过程中读者的眼跳目标选择模式是否和拼音文字相似呢？即中文阅读过程中是否和拼音文字相似，也存在偏向注视位置和最佳注视位置呢？影响中文阅读的偏向注视位置和最佳注视位置的因素有哪些呢？关于上述问题，也有一些研究尝试去回答。但是，毕竟关于中文阅读过程中的注视位置效应的研究起步较晚，研究数量相对来说较少，而且研究结果之间存在很大冲突，因此关于上述问题，目前还没有比较一致的结论。

第二节 中文阅读的注视位置效应

中文阅读是否与拼音文字阅读一样，读者选择“词”作为下一次眼跳的目标，词的哪些特性会影响中文阅读过程中读者的眼跳定位，对于上述问题的探讨可以帮助我们很好地了解中文阅读过程的心理机制，对建构中文阅读的眼动控制模型起到重要作用，对中文的教学和学习有一定的启示，而且还可以开展阅读眼动行为的跨文化比较研究。

一、是否存在偏向注视位置

如上所述，中文作为一种表意文字，和拼音文字在书写特征方面存在很大差异，而且中文的书写系统还具有自己独特的特点，因此中文阅读过程中是否同拼音文字一样，也存在偏向注视位置呢？关于此问题，不同的研究者提出了不同的观点。

Yang 和 McConkie（1999）较早考察了中文阅读过程中是否存在偏向注视位置。研究者选择一些双字词作为目标词，操纵目标词的词频和构成目标词的两个汉字的笔画数。最终形成五种类型的目标词：H–LL（H 代表目标词的词频为高频，LL 代表两个汉字均为少笔画字）；L–LL（第一个 L 代表目标词是一个低频词）；L–HH（目标词为低频词，两个汉字均为多笔画字）；L–HL（目标词为低频词，首字为多笔画字，尾字为少笔画字）；L–LH（目标词为低频词，首字为少笔画字，尾字为多笔画字）。一共选出 20 组目标词，共 100 个目标词，并用目标词造句。邀请 13 名台湾学生参加实验，并记录其阅读实验句时的眼动轨迹。研究者考察了中文阅读过程中是否存在偏向注视位置，他们将构成目标词的每个汉字纵向切分为两部分，同时目标词左侧的空格和目标词中两个汉字之间的空格也统计在内，形成了 6 个不同的位置（从 0 到 5）。结果发现，与拼音文字不同，中文阅读过程中不存在偏向注视位置，读者的首次注视落在上述 6 个不同区域的百分比非常接近（“0”：17.7%；“1”：16.9%；“2”：18.0%；“3”：17.4%；“4”：15.8%；“5”：14.2%），中文读者的首次注视位置分布是一条平滑的曲线。另外，不同类型目标词上的首次注视位置分布都非常相似，表明词频和笔画数均不影响中文读者在阅读过程中的注视位置效应。但是，Yang 和 McConkie 发现，词频和笔画数共同影响读者对目标词的再注视概率，低频词的再注视概率高于高频词。

随后，Tsai 和 McConkie（2003）在实验过程中严格控制了实验材料中每个汉字的视角大小，使得中文中一个双字词的视角等同于英语中一个词长为 7 个字母的单词的视角。邀请被试阅读实验句，并记录下被试阅读时的眼动轨迹。与 Yang 和 McConkie 的结果一致，Tsai 和 McConkie 同样发现，中文阅读过程中不存在偏向注视位置，读者对双字词的首次注视位置均匀分布在每个汉字上。与拼音文字不同，中文阅读过程中并不存在偏向注视位置。Yang 和 McConkie 以及 Tsai 和 McConkie 的研究结果都表明中文阅读过程中眼跳目标的选择不是基于词，即词不是中文读者眼跳选择的下一个目标。但是，Yang 和 McConkie 以及 Tsai 和 McConkie 均认为，不能排除中文阅读过程中眼跳选择的目标是汉字的可能性，即他们认为中文阅读过程同拼音文字不一样，中文阅读过程中不存在偏向注视位置，读者眼跳选择的目标有可能是汉字。

Yan 等人（2010）认为，之所以 Yang 和 McConkie 以及 Tsai 和 McConkie 都未发现偏向注视位置，是因为研究者没有严格控制实验材料词边界划分的一致性。如上所述，对同一句话，不同读者的词切分的结果可能不同。而 Yan 等人认为词边界划分的一致性是影响中文阅读过程中读者的眼睛移向何处的一个重要因素。因此，实验过程中，Yan 等人严格控制了词边界信息的模糊性，从《人民日报》上选择了 150 个句子，其中一些句子进行了细微的改动，改动的目的就是为了控制词边界信息的模糊性。每个句子中大约包含 15 到 25 个汉字。研究者在正式实验前对实验句的词边界划分的一致性进行了评定，结果一致性达到 97%（一致性范围在 80%到 99.5%之间）。研究者邀请 30 名大学生参加实验，并记录其阅读实验句时的眼动轨迹。Yan 等人在分析数据时，将一个汉字纵向分为两部分，即两个区域，那么一个双字词就包含 4 个区域，1 个三字词就包含 6 个区域，1 个四字词就包含 8 个区域。

结果发现，与 Yang 和 McConkie 以及 Tsai 和 McConkie 的结果不一致，研究者发现中文阅读过程中，读者的首次注视位置分布存在分离的现象，即在单次注视（即对目标词只有一个注视点）条件下，读者对词的首次注视往往落在词的中心位置，如图 4-1（a）所示；多次注视（即对目标词有两个或两个以上的注视点）条件下，读者的首次注视更倾向于落在词的开头部分，如图 4-1（b）所示。当读者对词的首次注视落在词首时，再注视该词的概率最高，落在词尾时，再注视概率最低，这与拼音文字的研究结果不一致（以拼音文字为材料的研究发现，首次注视落在词尾与词首时，再注视的概率接近）。

Yan 等人从副中央凹词切分的角度对实验结果进行了解释。由于中文书写系统中没有明显的词边界信息，读者不能从视觉上直接获得哪些汉字是一个词的信息，因此阅读过程中需要完成一个词切分的过程。Yan 等人认为如果读者能够在副中央凹成功完成词切分过程，那么读者往往只需要一次注视就能识别该词，并将注视点定位于词的中心位置；如果在副中央凹区域不能成功完成词切分过程，那么读者往往将首次注视定位于词的开始部分，并计划一次词内再注视。因此，当首次注视落在词的开始位置时，再注视该词的概率最高。当读者的首次注视落在词尾时，表明读者在副中央凹区域已经完成了对该词的部分加工，不需要再注视，因此再注视概率最低。根据上述结果，Yan 等人认为，中文阅读过程中读者眼跳选择的目标是词，而非汉字。随后的一系列研究同样发现，中文阅读过程中单次注视条件下存在偏向注视位置，中文读者眼跳选择的目标是词，不是汉字（Shu，Zhou，Yan，& Kliegl，2011；Zang et al.，2011）。

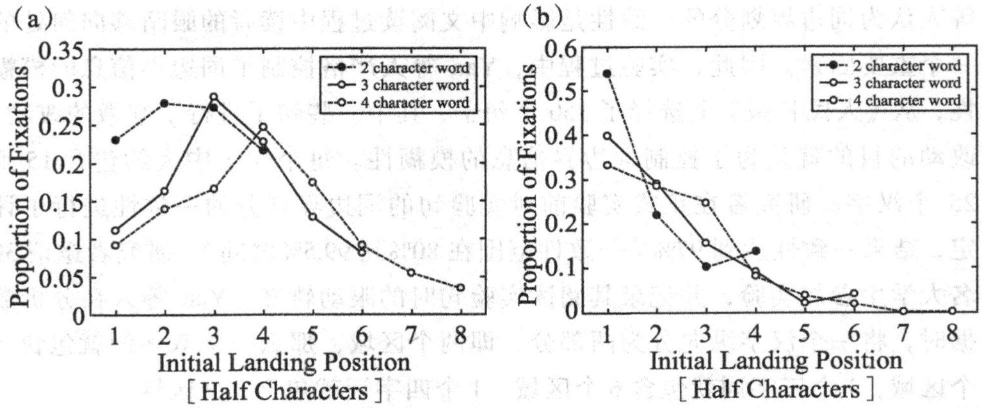

图 4-1　中文阅读过程中单次注视和多次注视条件下首次注视位置分布图

（引自 Yan et al.，2009）

Li 等人（2011）在研究过程中选择了100对目标词，每对目标词包含一个双字词和一个4字词。用100对目标词造句，除了目标词不一样之外，句子的其他部分都是相同的，以此来探讨词长对中文阅读眼动控制的影响。数据分析过程中，Li等人将一个汉字作为一个区域来进行分析，在双字词条件下将双字词后面的两个汉字也纳入分析区域中，以匹配和四字词的条件。结果发现，与Yan等人的结果一致，即在单次注视条件下，读者对词的首次注视位置往往落在词的中心位置，而在多次注视条件下，首次注视倾向于落在词的开头部分，表明中文阅读过程中单次注视条件下存在偏向注视位置，如图4-2所示。然而，Li等人认为，Yan等人对结果的解释并不是唯一的一种解释，还有可能存在另外一种解释：因为眼跳刚好落在一个词的中间位置，有利于读者将整个词识别出来，因此在该词上就不需要再注视；而如果眼跳刚好落在一个词的词首位置，则需要再注视这个词的其他字之后，才能识别整个词。

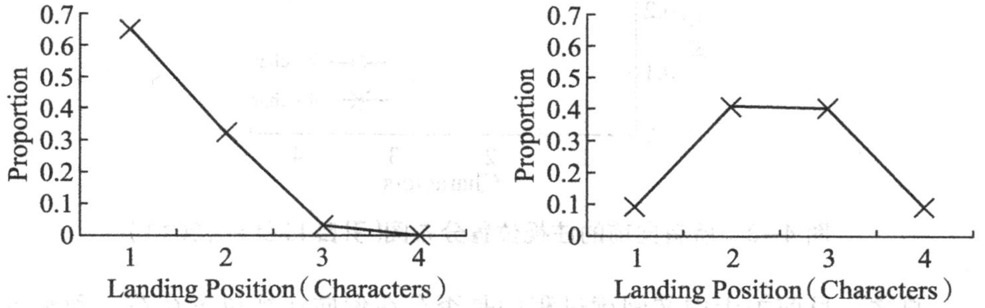

（A）和多次注视条件　（B）下读者的首次注视位置分布模拟结果图

图4-2　单次注视条件(引自Li et al.,2011)

Li等人还认为，按照Yan等人（2009）的数据处理方法，在计算偏向注视位置时，只有一个中文词上的首次注视参与了统计分析。因此，只有从目标词左侧的汉字起跳，并跳到目标词上的注视点参与了偏向注视位置的统计分析，但是目标词上的再注视的注视点并没有参与偏向注视位置的统计分析。在这种情况下，当统计目标词的第一个汉字的注视点个数时，所有向前的注视点都包含在内，但是当统计目标词其他汉字上的注视点个数时，只有一小部分注视点统计在内（即那些眼跳距离较长的注视点）。因此，才会得到首次注视点的分布是从左向右逐渐递减的情况。所以，在某种程度上，上述统计方法并不合适。为了使词首和词尾汉字的注视点的个数更合理，研究者统计了目标词上所有向前的注视点，包括词内再注视。Li 等人假设如果中文读者的眼跳目标是词首，那么所有向前的注视点的分布应该更多地落在词首位置。因此，Li 等人计算了目标词上所有向前的注视点（包括词内再注视）。如果中文读者的眼跳目标是词的中央位置，那么所有向前眼跳的落点应该更多地落在此位置。结果发现，所有向前的注视位置分布呈一条平行于 x 轴的曲线（如图 4–3 所示），所有向前的注视点在四个区域内平均分布。Li 等人在实验数据和计算模拟的基础上认为，中文阅读过程中眼睛移向何处（where）的决定以“字”“词”相结合的方式为基础，而且“where”的决定可能与词切分的过程同时进行。

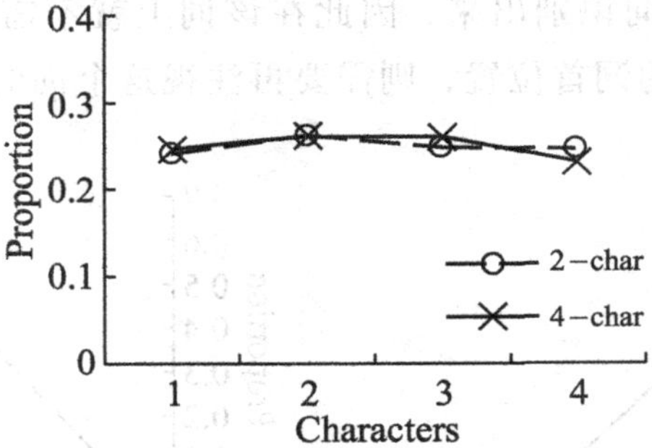

图 4–3　所有向前的注视位置分布图（引自 Li et al.，2011）

总之，目前关于中文阅读过程中是否存在偏向注视位置存在三种观点：①中文阅读过程中不存在偏向注视位置，读者眼跳选择的目标有可能是汉字（Yang & McConkie，1999；Tsai & McConkie，2003）；②中文阅读过程中存在偏向注视位置，读者眼跳选择的目标是词（Yan et al.，2010）；③中文阅读过程中存在偏向注视位置，读者眼跳选择的目标是“字”“词”相结合的方式（Li et al.，2011）。上述三种观点不同的原因可能是：①实验材料词边界信息的一致性。Yan 等人（2010）认为词边界划分的一致性是影响中文阅读过程中首次注视位置分布的一个重要因素。Tsai 和 McConkie（2003）以及 Yang 和 McConkie（1999）在研究中并没有严格控制实验材料词边界划分的一致性，而其他研究都对此变量进行了严格控制。②阅读材料的呈现方式。Yang 和 McConkie（1999）的实验材料中词与词之间和词内汉字之间的空格为半个汉字大小，所有实验句都采用上述格式，与正常阅读的文本呈现方式有较大差异，其他研究几乎都采用了正常的呈现方式。③目标区域的分析。Li 等人（2011）分析四字词条件时，将四字词作为目标区域，但是分析双字词条件时，除了将双字词作为目标区域之外，还将双字词之后的两个汉字也作为分析的对象，使得双字词条件下可能包含 2 个或 3 个词，而四字词条件下只有一个词。所以，我们认为，在中文阅读过程中，眼睛移向何处是以“词”还是“字”抑或“字”“词”相结合的方式为基础，还需要更多的实验证据来验证。

综上所述，关于中文阅读过程中是否存在偏向注视位置，不同的研究得出不同的结果，有研究发现中文阅读过程中不存在偏向注视位置，读者的首次注视位置平均分布在每个汉字上（Yang & McConkie，1999；Tsai & McConkie，2003）；有研究发现，同拼音文字的结果相似，中文阅读过程中也存在偏向注视位置（Li et al.，2011；Yan et al.，2009）。但是，关于偏向注视位置存在的原因解释，上述研究存在不同的观点，Yan 等人认为可以从副中央凹词切分的角度解释，并认为中文读者眼跳选择的目标是词，不是汉字；Li 等人则认为，Yan 等人在统计偏向注视位置时的方法不太合适，并认为中文阅读过程中读者眼跳选择目标是一种“字”“词”相结合的方式。因此，关于中文阅读过程中是否存在偏向注视位置，还需要更多的实验证据来支持。

二、词长和字号的作用

Rayner（2009）认为，拼音文字阅读过程中读者的眼睛移向何处主要取决于单词的低水平视觉因素，例如词长和词间空格等因素。作为一种表意文字，如上所述汉语中的词长比较固定，大多数词是双字词（70%以上），因此可能词长在引导中文读者的眼动行为中所起的作用要小一些。关于词长在中文读者眼跳目标选择行为中的作用，有研究者进行了初步的研究。

如上所述，Li 等人（2011）操纵了目标词的词长，探讨中文阅读过程中词长是否影响注视位置效应。实验过程中，研究者选择了两种目标词，即双字词和四字词。每种目标词各 100 个。用 100 对目标词造句，除了目标词不一样之外，句子的其他部分都是相同的，以此来探讨词长对中文读者在阅读过程中眼跳目标选择的影响。数据分析过程中，Li 等人将一个汉字作为一个区域来进行分析，在双字词条件下将双字词后面的两个字纳入分析区域中，以匹配和四字词的条件。结果发现，与拼音文字不同，词长并不影响读者对目标词的首次注视位置分布，即不论是双字词还是四字词，在单次注视条件下，读者的首次注视更多地落在词的中心位置，在多次注视条件下，首次注视更多地落在词的开始部分。中文的词长之所以不影响读者的首次注视位置分布，可能和中文的自身特点有关系。如上所述，中文书写系统的基本单元是汉字，每个汉字携带的信息量非常丰富，而且中文中词长分布比较固定，最多的是双字词，其次是单字词。所以中文书写系统的这些独特特点，导致了词长不影响注视位置效应。在拼音文字系统中，词长分布范围比较广，每个字母携带的信息量相对较小，因此词长在拼音文字阅读过程中扮演着很重要的角色。

陈燕丽、史瑞萍和田宏杰（2004）研究了中国读者阅读成语时的最佳注视位置。研究者选取了四种不同类型的成语：第一种，前面两个字一样后面两个字一样，如“轰轰烈烈”；第二种，前面两个字不一样，后面两个字一样，如“目光炯炯”；第三种，前面两个字一样，后面两个字不一样，如“津津有味”；第四种，第一和第三个字一样，第二和第四个字不一样，如“古色古香”。结果发现，阅读成语时存在最佳注视位置，而且随成语结构的不同而有所变化。具体表现为，第一种成语，首次注视第四个字或第一个字，被试对该成语的再注视次数较少。第二种成语表现出了相同的特点。第三种成语，首次注视第四个字或第三个字，被试对该成语的再注视次数较少。第四种成语，首次注视第一个字或第四个字，被试对该成语的再注视次数较少。上述实验结果表明，读者在阅读成语时，当首次注视落在成语的第二个汉字时，再注视该成语的概率最高。

Yan 等人认为中文读者的眼跳模式在很大程度上受副中央凹词切分的影响，作为 Yan 等人（2009）的一项后续和扩展研究，Shu 等人（2011）通过操纵实验句中汉字的字号大小形成不同程度的视觉准确性（visual acuity），考察视觉准确性对中文读者在阅读过程中的眼跳目标选择的影响。考虑到中文没有明显的词边界信息，读者需要在副中央凹区域完成词切分，因此研究者认为相较于拼音文字，视觉准确性在中文阅读中扮演着一个很重要的角色。当句子中汉字的字号较大时，视觉准确性快速下降，并导致其缺少词的结尾部分的信息。因此，在这种情况下，读者很难完成副中央凹的词切分，最终导致出现了更多的多次注视情况，读者的首次注视会更多地落在词首部分。

实验过程中，研究者选取了120个实验句。设置了四种条件，分别是每个汉字为0.4度视角（对应12像素），每个汉字0.7度视角（对应20像素），每个汉字1.4度视角（对应40像素）和每个汉字2.1度视角（对应60像素）。邀请48名大学生和研究生参加本实验。结果发现，随着汉字字号的不断增加，读者的跳读率在不断降低，从最高的29%降到19%，并且读者的眼跳距离显著缩短，导致读者对目标词的首次注视更多地落在词首部分，对该词的再注视次数也随之增加。Shu 等人认为，如果读者不能从副中央凹获得目标词的词长信息，那么读者更多地将首次注视落在词首位置，对该词的再注视概率也会增加。

总之，与拼音文字不同，词长在中文读者眼跳目标的选择中所起的作用较小，甚至不影响中文读者的首次注视的落点位置。字号大小这一视觉因素影响中文读者的眼跳跳向何处，随着字号的不断增加，读者的首次注视会更多地落在目标词的词首位置。

三、词频、可预测性和合理性的作用

虽然关于词汇的高水平语言因素，例如词频和可预测性等是否影响读者的首次注视的落点位置目前还存在争论和冲突，但是大多数以拼音文字为实验材料的眼动研究发现，词汇的高水平语言因素不影响读者的眼跳目标选择行为。相较于拼音文字阅读，中文阅读过程中读者可以获得较多的副中央凹预视效应，例如有研究发现中文读者可以获得副中央凹的语义预视效应，那么中文读者从副中央凹获得的语义预视效应是否影响其随后的眼跳目标选择呢？

Yen 等人（2008）在研究中以双字词为目标词，采用边界范式考察预视类型是否影响读者首次注视位置分布。实验一中，研究者操纵了预视类型和目标词的词频（高和低）。研究者设计了三种预视类型：第一种，与目标词完全相同，即预视一致条件；第二种，和目标词完全无关的真词，并且该词不适合上下文语境，即预视为无关词条件；第三种，一个假词，该假词由两个合乎规则的汉字组成（如“沸庄”），即预视为假词条件。然后用目标词造句。邀请30名被试参加本实验，记录被试阅读时的眼动轨迹。结果发现，预视类型影响读者对目标词的跳读率和首次注视位置。主要表现为，当预视词为假词时，读者的跳读率最低，为12.9%，当预视一致时，跳读率为18.1%。即当预视词为假词时，相较于预视一致和预视为无关词的条件，读者的首次注视更倾向于落在词首位置，但是词频并不影响读者对目标词的首次注视位置。研究者从正字法熟悉性的角度对实验结果进行了解释。研究者认为，副中央凹区域词的正字法熟悉性影响读者接下来的眼跳落点位置。即当预视词为假词时，读者对该词的熟悉性很低，因此导致读者的眼跳距离缩短，最终导致首次注视更多地落在词首位置。

与拼音文字不同，中文书写系统中没有明显的词边界信息，但是中文读者仍然可以在副中央凹区域提取注视点右侧词的语义信息。如果中文读者下一次眼跳选择的目标是词，那么只有词汇加工在副中央凹区域达到一定程度，目标词才有可能形成一个高级心理水平上的整体并作为下一次眼跳的目标。词汇加工难度是影响词汇识别过程的重要因素，因此词汇加工难度是否会通过影响目标词形成语义性整体的过程，进而影响读者随后的眼跳目标选择过程呢？吴捷、刘志方和刘妮娜（2011）采用三个实验分别考察词频、可预测性及合理性对读者首次注视位置的影响。结果发现，与拼音文字的结果一致，词频、可预测性和合理性均不影响读者对目标词的首次注视位置。但是，合理性影响读者对目标词的再注视概率，词频和可预测性不影响对目标词的跳读率和再注视率。研究者认为，词汇加工困难和词汇加工容易的两类词汇在副中央凹区域的预视加工程度的差异并没有达到可以影响随后的眼跳目标选择环节的水平，因此在实验结果中才会看到词频、可预测性和合理性不影响读者对目标词的首次注视位置。

郭晓峰（2012）在研究中操纵了目标词的词频和可预测性，形成四种条件，分别是高频高预测性、高频低预测性、低频高预测性和低频低预测性，每种条件下的目标词各28个，考察词频和可预测性对注视位置效应的影响。用目标词造句，共产生112个句子。研究者通过两种方法来确定目标词的预测性，分别是预测性评定和完型任务。要求被试阅读实验句，并记录下被试阅读时的眼动轨迹。结果发现，与Yang和McConkie，以及吴捷等人的研究结果一致，词频和可预测性均不影响读者对目标词的首次注视的落点位置。但是，与 Yang 和 McConkie 的结果一致，与吴捷等人的结果不一致的是，郭晓峰发现词频影响读者对目标词的再注视概率，读者对低频词的再注视率（12.5%）高于高频词（8%）。

分析郭晓峰和吴捷等人的研究发现，吴捷等人的研究中读者对低频词的再注视概率为 15%，对高频词的再注视概率为 11%。吴捷等人的研究中读者对高、低频词的再注视概率之差为 4%左右，郭晓峰的研究中读者对高低频词的再注视概率之差也在 4%左右，之所以两个研究得出不一致的结果，可能是由于两个研究中被试数量的不同。吴捷等人的研究中，只选取了 15 名被试参加实验，而郭晓峰的研究中共有 39 名被试参加，吴捷等人的研究中的被试是一个小样本，因此导致其未发现词频对再注视概率的影响。

综上所述，与拼音文字的结果一致，作为影响词汇识别过程的最重要因素，词频、可预测性和合理性三个语言因素不影响读者在阅读过程中的注视位置效应，再一次验证了阅读过程中读者的眼睛何时移动和移向何处是两个相对独立的过程。但是，上述三个语言因素对跳读率的影响，研究结果之间还存在一定的争论和冲突，还需要更多的实证数据的支持和验证。

四、年龄和阅读能力的作用

读者的眼动行为不仅和阅读材料有关，而且读者自身的特征也会影响其眼动行为，例如读者的阅读能力等。以拼音文字为实验材料的眼动研究发现，相较于初学者和阅读困难者而言，熟练阅读者的注视模式更有规律性、更清晰。那么，中文读者的年龄和阅读能力的高低是否也影响其首次注视的落点位置和再注视模式呢？关于此问题，也有研究者尝试通过眼动研究去回答。

Zang，Liversedge，Liang，Bai 和 Yan（2011）在实验过程中选取了小学三年级学生和大学生各 16 名。实验前，研究者先编制了一些句子。由两名三年级语文老师和 5 名不参加正式实验的小学三年级学生认真阅读，并标出三年级小学生可能不认识的汉字、词或理解有困难的句子。删除所有被标记的句子。然后依据《现代汉语词典》和中华人民共和国教育部国家语言文字工作委员会发布的汉字应用水平等级及测试大纲，对删除后的所有句子进行词切分，如果有些词的切分仍然存在歧义，那么删除该词所在的句子。最后产生了60个实验句。同时邀请12名不参加正式实验的大学生对60个实验句中词边界的划分进行评定，结果显示一致性百分数达到 99.3%。实验过程中邀请被试阅读一些句子，实验句以两种方式呈现：正常无空格和人为地在词与词之间加入一个词间空格，考察成人和儿童中文阅读中词间空格对注视位置效应的影响。

根据 Yan 等人的观点，推测读者阅读有词间空格的文本时，能够很容易利用副中央凹视觉进行词汇切分，因此，读者在阅读正常和词间空格两种句子时，注视位置曲线应该不同。结果发现，词间空格和正常无空格条件下的眼动模式的确存在差异，不仅表现在平均注视位置、多次注视中的平均注视位置，也反映在再注视策略上。在平均首次注视位置（不管注视次数为多少）和多次注视中的平均首次注视位置两个指标上，当人为地在中文书写系统中引入词间空格时，读者的首次注视往往更多地落在词的中心位置。该结果与拼音文字的结果一致。词边界信息——词间空格在视觉上的可辨别性有助于读者决定下一次眼跳的落点位置，从而促进读者的阅读。词间空格降低了被试对目标词的注视时间和再注视率。结果表明，词间空格促进了读者对副中央凹词的预加工。研究者认为，中国读者做出眼跳目标和注视次数的决定，要依赖于副中央凹对目标词的预加工深度，而且中文阅读中的眼跳目标选择是基于词。

Zang 等人（2011）通过研究发现，成人和儿童的再注视模式有差异，成人的再注视模式比较有规律，儿童的再注视模式比较保守，并认为有可能是两组被试间阅读水平的差异导致了其再注视模式的差异。但是，成人和儿童不仅存在阅读水平的差异，两组被试在年龄上也有很大差异。为了分别考察阅读水平和年龄对注视位置效应的影响，白学军、孟红霞、王敬欣、田静、藏传丽和闫国利（2011）探讨了阅读能力和年龄对阅读中注视位置效应的影响。研究者根据 Leong，Tse，Loh 和 Hau（2008）的筛选标准，对天津一所小学五年级和三年级的全体学生进行包括识字量、拼音、正字法、阅读理解和快速命名的测试。根据五个测验任务的成绩，选取小学五年级阅读障碍儿童及与其年龄相同（小学五年级正常儿童）、阅读能力水平相同的儿童（小学三年级正常儿童）为被试，要求所有被试阅读正常无空格和有词间空格的句子。实验材料同Zang等人（2011）的研究。结果发现，词边界信息的引入不影响读者阅读时的眼动行为，具体表现为在阅读正常无空格和有词间空格的句子时，阅读障碍儿童与年龄匹配组和能力匹配组儿童一样，单次注视时往往将首次注视定位于词的中心，多次注视时首次注视往往落在词的开头；当首次注视落在词的开头时再注视该词的概率增加，而且再注视往往落在词的结尾部分。结果表明，阅读水平和年龄都不影响读者对目标词的首次注视位置和再注视概率。研究者认为，儿童在阅读过程中可能采用的是"战略—战术"策略。此研究结果同样支持中文阅读中眼跳目标的选择是基于词。

上述有关中文阅读注视位置效应的研究，被试的母语均为汉语。如果汉语是个体的第二语言，那么中文二语学习者阅读中文时的注视位置效应又是怎样？为了回答此问题，白学军、梁菲菲、闫国利、田瑾、臧传丽和孟红霞（2012）选取韩、美、日、泰四国留学生各20名，美国被试的汉语水平为初级，其他三个国家的被试都参加了汉语水平初级和中级等级考试，高于美国被试的汉语水平。根据《汉语水平词汇与汉字等级大纲》，从甲级词汇中选取实验所需的词汇，并利用这些词汇编制了64个实验句。请未参加正式实验的大学生对词切分一致性进行评定，结果显示一致性百分比为95.7%，范围在75%~100%之间。实验过程中，要求被试在正常无空格和有词间空格两种呈现方式下阅读中文语句。结果发现，中文二语学习者阅读过程中存在着一致的眼动模式，即在单次注视中，倾向于注视词汇的中间部分，在多次注视中，倾向于注视词汇的开端部分，然后再计划一次词内再注视。词边界信息能够有效地引导中文二语学习者的眼动行为和眼跳计划，在词间空格条件下，中文二语学习者更多地将首次注视落在词汇的中间部分。研究者认为，中文二语学习者阅读时的眼跳目标选择同样是基于词。

总之，分析前人有关中文阅读过程中注视位置效应的研究发现，中文阅读注视位置效应的研究仍处于起步阶段，相较于拼音文字的研究，中文研究不仅数量不多，而且结果之间存在很大的争议和分歧。首先，关于中文阅读中是否存在偏向注视位置，不同的研究有不同的发现。有研究认为，中文阅读中不存在偏向注视位置，中文读者的首次注视位置分布就是一条平滑的曲线。另外一些研究则认为，同拼音文字一样，中文阅读过程中也存在偏向注视位置，只不过中文的偏向注视位置和拼音文字的偏向注视位置稍有不同。

第二，虽然发现中文阅读过程中存在偏向注视位置，但是有研究者认为，同拼音文字一样，中文读者的眼跳选择的目标也是词。另外一些研究者则认为，中文读者的眼跳选择的目标是“字”“词”相结合的方式。第三，关于哪些因素影响中文阅读过程中的注视位置效应，现在处于起步阶段，根据现有的研究，还不能得出到底哪些因素影响中文读者的注视位置效应。因此，目前迫切需要对中文阅读中的注视位置效应开展全面系统的研究。研究者基于对前人研究的分析，提出了本书的研究思路和设计。

第五章　研究思路与设计

第一节　问题提出

眼动控制作为阅读眼动研究领域的一个热点课题，主要包含两个子问题：一是什么因素决定读者的眼睛何时（when）移动，二是什么因素决定读者的眼睛移向何处（where）（Rayner，2009）。有研究表明，上述两个决定分别由两个相对独立的系统支配和控制（Rayner & Pollatsek，1981）。大量关于拼音文字（尤其是英文）的眼动研究发现，词汇的高水平认知（或语言）因素（例如词频和可预测性等）是眼睛何时移动的主要决定因素。关于“where”的决定，以拼音文字为材料的眼动研究发现，阅读过程中读者眼跳选择的目标是单词，而不是字母。有研究者认为，单词的低水平视觉因素（例如词长和词间空格等）是决定下一次眼跳目标的主要因素，但是也不能完全排除高水平认知（或语言）因素（例如词频和可预测性等）的影响（Rayner，2009）。

如上所述，在拼音文字（尤其是英文）阅读中发现的一些眼动研究结果，在中文阅读中也得到了相似的验证，例如中文阅读过程中也存在相似的词频效应、可预测性效应等（Rayner et al.，2005；Sun & Feng，1999；Tsai et al.，2006；Yan et al.，2006；Yang et al.，2009）。但是，作为一种表意文字，中文阅读与拼音文字阅读仍然存在很大差异。这种差异，不仅体现在中文与拼音文字的书写特征方面，而且体现在眼动结果方面：首先，每个汉字在视觉特征的复杂性方面存在差异，主要表现为笔画数差异。有研究发现，汉字笔画数影响跳读率、再注视概率和凝视时间（Just & Carpenter，1980；Yang &

McConkie，1999），汉字中每笔笔画的重要性不同，开始笔画的重要性大于结尾笔画（Yan，Bai，Zang，Bian，Cui，Qi et al.，2011）。第二，中文阅读和英文阅读的知觉广度不同，中文读者的知觉广度为注视点左侧 1 个汉字，右侧 2～3 个汉字（Chen & Tang，1998；Inhoff & Liu，1998），英文读者为注视点左侧 3～4 个字母，右侧 14～15 个字母（McConkie & Rayner，1975）。但是当以词来定义知觉广度时，中文（1.71）和英文（1.75）之间又没有太大差异。第三，中文和英文读者的平均眼跳距离不同，中文读者的平均眼跳距离为 2～3 个汉字，英文读者的平均眼跳距离为 7～9 个字母（Rayner，2009）。第四，中文阅读过程中读者的回视率（15%）稍高于英文阅读（10%）（Chen et al.，2003；Rayner，1998）。最后，中文读者能够从副中央凹获得语义信息（Yan et al.，2012；Yang et al.，2009），而拼音文字读者能否从副中央凹获得语义信息一直存在争论（Altarriba et al.，2001；Hohenstein et al.，2010；Hyönä & Häikiö，2005；Rayner，Balota，& Pollatsek，1986；Rayner，McConkie，& Zola，1980a）。

中文与拼音文字在加工过程的认知神经机制方面也存在差异。Kochunov，Fox，Lancaster，Tan，Amunts 和 Zilles 等人（2003）采用变形区域测定（deformation field morphometry，DFM）技术，探测中国人与母语为英语的白人的皮层差异，发现中国人加工中文时的左额中回和左颞中回前部的激活程度强于白人加工英语时的激活程度；中国人的右顶叶激活部位比白人的大，而左侧相应部位的激活比白人的小（Tan，Feng，Fox，& Gao，2001；Tan，Spinks，Feng，Siok，Perfetti，Xiong，et al.，2003）。总之，无论是在眼动研究还是在认知神经机制方面，中文阅读和拼音文字阅读都存在一定差异。因此，以拼音文字为实验材料的眼动研究结果不能直接简单推论到中文，有必要对中文阅读的注视位置效应开展系统研究。

另外，虽然前面提到的各种眼动控制模型在一定程度上能够解释中文的眼动研究结果，但是，目前各种眼动控制模型都还无法回答一个问题，即中文阅读过程中眼跳目标选择的机制到底是什么（Rayner，Li，& Pollatsek，2007）。同时，上述眼动控制模型大都是以拼音文字的研究结果为基础构建的，没有一个模型能够完全解释中文阅读的眼动研究结果，即使是以中文的研究结果为基础提出的中文词切分和词汇识别模型，也并未详细介绍中文读者眼跳目标选择的机制。因此，基于以上各种原因，我们有必要研究中文阅读过程中读者的眼跳策略，探讨中文读者眼跳目标选择的认知机制，为构建和完善中文阅读的眼动控制模型提供一定的实验数据和支持。

有关中文注视位置效应的研究起步较晚，而且相较于拼音文字，中文的研究结果存在很大争论和冲突。以拼音文字为材料的眼动研究发现，阅读过程中存在偏向注视位置和最佳注视位置。中文阅读过程中是否也存在这两个位置？有研究发现，中文阅读过程中并不存在偏向注视位置，读者对目标词的首次注视均匀地落在目标词的每个区域上，读者首次注视位置的分布是一条平滑的曲线（Tsai & McConkie，2003；Yang & McConkie，1999）。但是，近几年的研究均发现，中文阅读过程中读者的首次注视存在分离的现象：即单次注视条件下，读者的首次注视更多地落在词的中心位置，多次注视条件下，首次注视更倾向于落在词的开始部分。因此，研究者普遍认为在单次注视条件下，中文阅读过程中存在偏向注视位置（白学军等，2011；Li et al.，2011；Shu et al.，2011；Yan et al.，2010；Zang et al.，2011）。

研究者普遍认为，拼音文字阅读过程中眼跳选择的目标是词，而不是字母。中文阅读过程中读者的眼跳选择的目标是什么呢？是与拼音文字一样，眼跳目标的选择是基于词？还是不同于拼音文字，眼跳目标的选择是基于汉字，抑或是“字”和“词”相结合的模式？关于中文阅读过程中读者眼跳选择的目标，Yang 和 McConkie（1999）以及 Tsai 和 McConkie（2003）的结果都不支持眼跳选择的目标是词，他们更倾向于认为中文阅读过程中读者眼跳选择的目标是汉字。Yan 等人、Shu 等人、Zang 等人和白学军等人的结果都表明，中文读者在阅读过程中眼跳选择的目标是词。而 Li 等人通过计算机模拟认为，中文读者眼跳选择的目标是一种“字”和“词”相结合的方式。因此，关于中文阅读过程中读者的眼跳策略，主要存在上述三种不同的观点。

以拼音文字为材料的眼动研究发现，词长和词间空格等低水平视觉因素是阅读过程中注视位置效应的决定因素。那么词长在中文阅读过程中所起的作用是否同拼音文字一样呢？Li 等人（2011）考察了词长（双字词和四字词）对中文阅读过程中注视位置效应的影响。结果发现，读者在双字词和四字词上的首次注视位置分布非常相似，即词长不影响中文阅读的注视位置分布。因此，在中文阅读过程中，词长对读者的眼跳目标选择所起的作用要远远小于拼音文字中词长的作用。另外，与拼音文字不同，中文书写系统中没有明显的词边界信息。如果人为地将词边界信息引入中文书写系统，它是否会促进读者的眼跳目标选择呢？Zang 等人（2011）探讨了词间空格对中文读者，尤其是儿童的首次注视位置的影响。结果发现，儿童在词间空格和正常文本两种条件下的首次注视位置分布存在差异。具体表现为，在词间空格条件下，儿童的首次注视更多地注视词的中心位置。结果表明，词间空格的引入对儿童的眼跳行为产生了一定的促进作用。Yang 和 McConkie（1999）考察了笔画数对中文阅读的注视位置效应的影响，结果发现笔画数不影响读者的眼动行为。但是根据 Yan 等人（2009）的观点，Yang 和 McConkie 在研究中并没有控制词边界信息的模糊性，因此才未发现笔画数对注视位置效应的影响。综上所述，中文作为一种表意文字，具有一些独特的特点：汉字在视觉特征复杂性上存在很大差异，如汉字结构和笔画数，以及中文书写系统中不存在明显的词边界信息，这些特点是否影响中文阅读过程中的注视位置效应呢？

国外心理学工作者普遍认为，单词的高水平语言因素（例如词频和可预测性等）不影响拼音文字阅读中的首次注视位置分布。有研究者以中文为实验材料，试图考察词频和可预测性是否影响中文读者的眼跳目标选择。结果发现，词频和可预测性不影响中文阅读中的注视位置效应（郭晓峰，2012；吴捷等，2011；Yang & McConkie，1999）。虽然汉语中关于词的定义仍然没有定论，但是语言学家普遍认为现代中文音义结合的最小单位是语素，语素组成了词。中文中的词包含单纯词和合成词，合成词又根据构成其语素之间的关系分为不同的结构类型，其中数量最多的是并列结构和偏正结构，那么读者在阅读并列结构和偏正结构的目标词时，其注视位置效应之间是否存在差异呢？

为了回答上述几个问题，本研究以中国大学生为研究对象，以陈述句为实验材料，控制目标词的笔画数、构成目标词的汉字结构、词边界信息和合成词的结构类型等，采用精度较高的眼动仪，进行严格的实验操纵，记录被试阅读句子时的眼动轨迹，以考察中文阅读过程的注视位置效应及其影响因素，为进一步探索建立中文阅读的眼动控制模型提供实验数据和理论支持。

第二节　研究思路

研究一要求被试阅读含有笔画数、汉字结构或词边界信息不同的目标词的句子，记录被试的眼动轨迹，探讨中文阅读是否存在注视位置效应，以及低水平视觉因素是否对中文阅读的注视位置效应产生影响。实验采用精度较高的眼动仪。包含三个实验。

实验 1，以包含有目标词为双字词的句子为实验材料，考察笔画数对中文阅读注视位置效应的影响。实验采用2（首字笔画：多、少）×2（尾字笔画：多、少）的被试内设计。主要验证以下几个问题：第一，中文阅读过程中是否存在注视位置效应，以及中文读者眼跳选择的目标是什么；第二，汉字笔画数是否影响中文阅读过程中的注视位置分布。

实验 2，同样以包含有目标词的句子为实验材料，考察汉字结构对中文阅读过程中注视位置效应的影响。实验采用单因素（汉字结构：左右结构、上下结构）被试内设计。除了验证实验 1 中的第一个问题之外，还要验证汉字结构是否引导读者阅读过程中的眼跳目标选择。

实验 3，以歧义短语（如“集体力量”）为目标，采用阴影标记形成四种呈现方式：正常无阴影条件、词间阴影条件、模糊条件和字间阴影条件，考察词边界信息是否影响读者在阅读歧义短语时的首次注视位置和再注视概率。

在研究一的基础上，研究二进一步探讨高水平语言因素——合成词结构类型是否对中文阅读的注视位置效应产生影响。分为两个实验。

实验 4，采用单因素（结构类型：并列、偏正）被试内设计，考察合成词的结构类型对注视位置效应的影响。

实验 5 在实验 4 的基础上，采用单因素（结构类型：并列、偏正）被试内设计，进一步考察同首词素异结构（两个合成词的首词素相同，但是属于不同的合成词结构，如“粮草”和“粮站”）对注视位置效应的影响。

通过两项研究共 5 个实验，主要回答以下几个问题：

（1）中文阅读过程中是否存在偏向注视位置和最佳注视位置？中文阅读过程中读者眼跳选择的目标是什么？是汉字？还是词？还是汉字和词相结合

的方式？还是另外一些目标？

（2）如果存在上述两个位置，那么哪些因素影响阅读中的首次注视位置分布？低水平因素和高水平因素是否影响阅读中的注视位置效应？如果存在影响，影响方式是怎样的？

（3）中国读者在阅读过程中采取哪种眼跳策略？中国读者眼跳目标选择的心理机制是怎样的？

研究的基本框架如图 5–1。

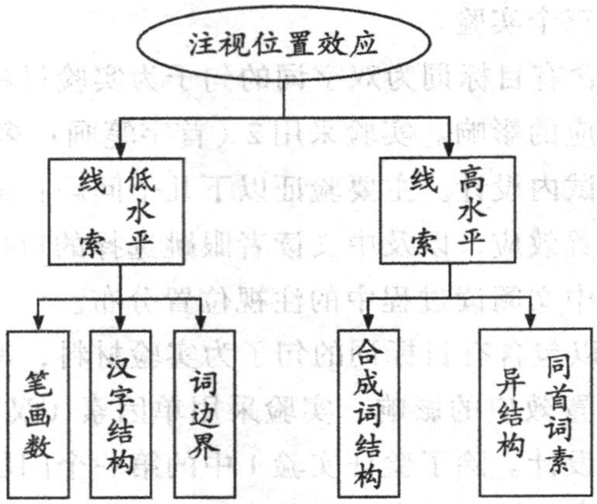

图 5–1　本书研究的基本框架

第三节　研究内容

本书主要包括两项研究，五个实验。

研究一：低水平视觉因素对注视位置效应的影响

实验 1　汉字笔画数对注视位置效应的影响

实验 2　汉字结构对注视位置效应的影响

实验 3　词边界信息对歧义短语注视位置效应的影响

研究二：高水平语言因素对注视位置效应的影响

实验 4　合成词结构对注视位置效应的影响

实验 5　同首词素异结构对注视位置效应的影响

第四节 研究意义

一、理论意义

眼动控制是阅读眼动研究中的一个重点课题，其中眼睛移向何处是构成眼动控制的一个重要内容。考察阅读过程中读者的眼跳策略，可以使我们对有效视觉区域内的信息加工有更深入的了解。而且，中文作为一种表意文字，与拼音文字在很多方面存在差异，对中文阅读过程中的注视位置效应进行研究，将有助于验证或解决一些理论问题。

第一，本书探讨中文阅读的注视位置效应，将有助于构建中文阅读的眼动控制模型。目前，比较有影响的代表模型是E-Z读者模型和SWIFT模型，但是这两个模型都是基于拼音文字的研究结果提出来的。上述模型是否能够解释中文阅读的眼动研究结果，成为摆在国内心理学工作者面前的一个问题。虽然有研究者已经初步构建了中文阅读的眼动控制模型（Li et al., 2009），并且有研究支持该模型（Li et al., 2011；Li & Pollatsek, 2011），但是现有模型在解释整个中文阅读过程上还有所保留，仍需要进一步的验证。鉴于不同语言文本阅读在认知加工方面的相似性和差异性，本书以前人的研究为基础，开展关于中文注视位置效应问题的系列研究，并尝试构建一种符合中文阅读的眼动控制模型。

第二，拼音文字的眼动研究结果发现，阅读过程中读者的眼跳选择目标是词，词是拼音文字阅读过程中的基本加工单元。关于中文阅读过程中读者的基本加工单元是字，还是词，仍没有一致的结论。本研究探讨中文阅读过程中的眼跳策略，到底是基于汉字，还是词，还是汉字和词相结合的方式，将为这一争论提供进一步的实验证据。

第三，以拼音文字为材料的眼动研究发现，单词的低水平视觉因素是眼睛移向何处（即“where”）的重要决定因素。由于拼音文字与中文在眼动研究结果方面的相似性和差异性，本研究探讨如果中文阅读过程中存在偏向注视位置和最佳注视位置，那么哪些因素影响偏向注视位置和最佳注视位置，为构建中文阅读的眼动控制模型提供更多的实证依据。

二、实践意义

如何提高学生，尤其是阅读困难学生和中文初学者的阅读速率，一直是中文教学的一个重要课题。对中文阅读过程中的注视位置效应进行研究，能够为中文教学领域提供一定的参考价值。具体表现为：

第一，张承芬、张景焕、殷荣生、周静和常淑敏（1996）在实验过程中采用两种方法，发现中文学习者中存在阅读困难者，检出率分别为 4.55%和 7.96%。如此高比例的阅读困难者，很有可能影响到国家和民族的发展。本研究的结果则有助于通过训练和指导阅读困难学生和中文初学者的眼跳策略，进而提高他们的阅读绩效和阅读能力。

第二，随着中国的日益强大，越来越多的人关注中国，了解中国，学习中文。中文作为一种表意文字，与其他文字在书写特征上有很大差异，而且在认知加工方面也有差异。传统的教学经验已经不适用于对外汉语教学，对外汉语教学应该要考虑学习者的母语特点和文化环境，开发一种新的对外汉语教学策略。本书对中文阅读过程中的注视位置效应进行研究，有助于提高对外汉语教师的教学效率，使更多的人能够更快地习得汉语、应用汉语。

第三，对中文阅读过程中注视位置效应的研究，有助于我们更好地了解阅读中文时的认知过程，在此基础上，能够更好地实现开发阅读软件和机器人阅读研究时的拟人化。此外，注视位置效应的研究对于机器翻译、人机对话、智能输入和机器测评等领域都具有很重要的应用价值。随着计算机和人工智能的发展，注视位置效应的应用前景也很广阔。

第六章　低水平视觉因素对注视位置效应的影响

以拼音文字为材料的眼动研究发现，阅读过程中存在偏向注视位置和最佳注视位置，这两个位置的存在表明读者在阅读过程中眼跳选择的目标是单词，而非字母（McConkie et al.，1988，1989；Radach & Kennedy，2004；Rayner，2009；Reichle et al.，1999；Reilly & O'Regan，1998）。那么，单词的哪些特性影响上述两个位置呢？大量研究发现，单词的低水平视觉因素（例如词长和词间空格等）是眼跳目标选择的决定因素，而高水平认知（或语言）因素（例如词频和可预测性等）不影响注视位置效应（Rayner，2009）。

但是，并不是所有的文字都是拼音文字，例如中文。作为一种表意文字，中文和拼音文字在视觉特征上有很大差异。中文的基本书写单元是汉字，每个汉字在视觉复杂性上存在很大差异，这种差异体现在笔画数和汉字结构等方面。另外，中文书写系统中没有明显的词边界信息。因此，以拼音文字为实验材料的研究结果不能直接简单推论到中文中。虽然在拼音文字中发现的一些眼动结果，在中文眼动研究中也得到了相似的验证，如词频效应、预测性效应、家族相似性大小效应等，但是研究者也发现了英文眼动研究中未发现的一些现象，如有研究发现中文阅读过程中读者能够从副中央凹获得语义信息（Yang et al.，2009）。此外，有研究发现中文加工和拼音文字（如英语）加工过程中激活的脑区有所不同（Tan et al.，2001；Tan et al.，2003）。中文的书写特点，以及中文和拼音文字在眼动结果方面的相似性和差异性，使得对中文阅读注视位置效应的研究非常有意义。

关于中文阅读过程中注视位置效应的研究，目前存在不一致的结果。有研究发现，中文阅读过程中不存在偏向注视位置，词不是中文阅读中读者眼跳选择的目标（Yang & McConkie，1999；Tsai & McConkie，2003）；另外一些研究发现，中文阅读过程中存在偏向注视位置，读者阅读中文过程中的眼跳选择目标是词（白学军等，2011；Shu et al.，2011；Yan et al.，2010；Zang et al.，2011）；还有一些研究发现，中文阅读过程中存在偏向注视位置，但是中文读者在阅读过程中眼跳选择的目标是“字”和“词”相结合的方式（Li et al.，2011）。有研究发现，词长不影响中文阅读中读者的眼跳目标选择（Li et al.，2011），词边界信息的引入能够在一定程度上引导读者的眼跳目标定位（Zang et al.，2011）。

因此，在前人的研究基础上，本研究试图探讨中文阅读过程中中文的低水平视觉因素（例如汉字笔画数、汉字结构和词边界信息等）是否对读者的注视位置效应产生影响。具体地，研究以下几个问题：第一，中文阅读过程中是否存在偏向注视位置和最佳注视位置，中文读者眼跳选择的目标是词、字，还是字词相结合；第二，中文是否同拼音文字一样，低水平视觉因素是阅读中注视位置效应的主要影响因素。

众所周知，阅读活动首先是一种视觉活动过程，但是也并不仅仅是一项单纯的视觉活动过程。来自阅读材料，经过视觉活动获取的信息当为视觉信息（即形象化信息）（蔡旭东，2002）。本研究中提到的低水平视觉因素即视觉信息，指的是从阅读材料本身获得的一些形象化信息，包括汉字笔画数、汉字结构和词边界信息等。

第一节　汉字笔画数对注视位置效应的影响

一、目的

汉字在视觉复杂性上的差异，最主要体现在笔画数方面。大量反应时研究发现，汉字识别过程中存在笔画数效应，即少笔画汉字的识别速度较快，汉字笔画数越多，识别时间越长（彭聃龄，王春茂，1997；喻柏林，曹河沂，1992；张武田，冯玲，1992）。同样，有眼动研究发现，笔画数影响读者对目标词的注视时间（Yang & McConkie，1999）。

眼动控制中的“when”和“where”是由两个相互独立的系统决定（Rayner & Pollatsek，1981）。汉字笔画数对何时（“when”）移动眼睛的影响，已经得到了比较一致的结果。但是，汉字笔画数是否影响眼睛移向何处（即“where”）的决定？Yang 和 McConkie（1999）最先考察了汉字笔画数对注视位置效应的影响。结果发现，多笔画和少笔画目标词上的首次注视位置分布非常相似，呈一条平滑的曲线。表明中文阅读过程中不存在偏向注视位置，汉字笔画数不影响读者的眼跳模式，眼跳选择的目标不是词。

但是，分析 Yang 和 McConkie 的研究发现，研究者并没有对实验材料进行词切分一致性评定，即 Yang 和 McConkie 没有严格控制实验材料的词边界信息的模糊性。因为，Yan 等人认为之所以 Yang 和 McConkie 没有发现中文阅读中存在偏向注视位置，就是因为 Yang 和 McConkie 没有严格控制词边界信息的模糊性。此外，Yang 和 McConkie 定义的少笔画汉字为少于 10 笔的汉字，多笔画汉字为多于 13 笔的汉字。我们认为其定义的少笔画汉字的范围较广。因此，本实验在 Yang 和 McConkie 研究的基础上，选择双字词为目标词，操纵目标词中两个汉字的笔画数，对实验材料的词切分一致性进行评定，进一步考察中文阅读过程中是否存在偏向注视位置，眼跳选择的目标是否是词，汉字笔画数是否影响读者的眼跳目标选择。

二、实验方法

（一）被试

60 名大学生和研究生（13 名男生，47 名女生）参加本实验。年龄在 19～35 岁之间，平均年龄为 23.04 岁。母语均为汉语，视力或矫正视力正常，所有被试均不知道实验目的。

（二）实验设计

实验采用 2（首字笔画：多笔画、少笔画）× 2（尾字笔画：多笔画、少笔画）的被试内实验设计。

（三）实验材料

根据前人的研究（白学军等人，2009），本实验确定少笔画字为 5 笔以下（包含 5 笔）的汉字，多笔画字为 11 笔以上（包含 11 笔）的汉字。选取双字词为目标词，根据笔画数多少最终选取四组目标词，分别是：①首尾汉字均为多笔画字（HH 型）；②首字为多笔画字尾字为少笔画字（HL 型）；③首字为少笔画字尾字为多笔画字（LH 型）；④首尾均为少笔画字（LL 型）。每种类型的目标词各 48 个，共 196 个目标词。另外，控制了目标词的合成词结构（都是偏正结构）、词性（名词）和词频，以及首字和尾字的构词能力（由于本研究中的目标词都是双字词，因此只统计了每个汉字构成双字词的能力。参照 SUBTLEX-CH 语料库，Cai & Brysbaert，2010）。四组材料的具体信息见表 6–1。

表 6–1　四组目标词的首字、尾字、总笔画数、首字字频、尾字字频、词频、首字和尾字构词力的平均数和标准差

目标词	首字笔画数	尾字笔画数	总笔画数	词频（次/百万）	首字字频（次/百万）	尾字字频（次/百万）	首字构词力	尾字构词力
HH	12.16 （1.18）	12.58 （1.50）	24.74 （1.84）	1.73 （1.84）	35.17 （39.50）	70.33 （57.36）	126.48 （93.15）	40.15 （25.28）
HL	12.50 （1.34）	4.02 （0.82）	16.52 （1.66）	1.82 （1.99）	42.16 （48.32）	323.64 （721.82）	115.15 （90.20）	33.71 （21.05）
LH	4.10 （0.76）	12.68 （1.32）	16.78 （1.52）	1.88 （1.97）	507.98 （714.70）	67.44 （61.76）	126.52 （76.52）	43.19 （38.97）
LL	4.04 （0.70）	3.84 （0.79）	7.88 （1.22）	1.78 （2.11）	373.65 （441.12）	302.60 （511.10）	128.31 （72.08）	35.77 （32.43）

对四组目标词的首字笔画数进行方差分析，结果显示，首字笔画数的主效应显著，$F(3, 192) = 1138.12$，$p < 0.01$。经多重比较发现，HH 条件下目标

词的首字笔画数与HL之间不存在显著差异，$p=0.102$，而与LH和LL之间均存在显著差异，$p < 0.01$。HL条件下目标词的首字笔画数与LH和LL之间的差异显著，p值均小于0.01。LH条件下目标词的首字笔画数与LL之间不存在显著差异，p值为0.772。

对四组目标词的尾字笔画数进行方差分析，结果发现尾字笔画数的主效应显著，$F(3, 192)=1261.85$，$p<0.01$。经多重比较发现，HH条件下目标词的尾字笔画数与LH之间没有差异，$p = 0.664$，而与HL和LL之间差异均显著，p值均小于0.01。HL条件下目标词的尾字笔画数与LH之间的差异显著，$p<0.01$，与LL之间不存在显著差异，p值为0.434。LH条件下目标词的尾字笔画数与LL之间存在显著差异，$p < 0.01$。

对HH条件下目标词的首字和尾字的笔画数进行t检验，结果发现首字和尾字之间不存在显著差异，$t=1.554$，$p>0.05$。同样对另外三种条件下目标词的首字和尾字之间的笔画数进行t检验，结果发现，HL条件下首字和尾字之间存在显著差异，$t=38.083$，$p<0.01$；LH条件下的首字和尾字之间亦存在显著差异，$t=39.884$，$p<0.01$；LL条件下目标词的首字和尾字之间差异不显著，$t= 1.339$，$p > 0.05$.

对四组目标词的词频进行方差分析，结果显示，词频的主效应不显著，$F(3, 192) = 0.052$，$p > 0.05$。

对四组目标词的总笔画数进行方差分析，结果发现，总笔画数的主效应显著，$F(3, 196) = 2371.32$，$p<0.01$。经多重比较发现，HH与另三类目标词以及HL与LL之间的差异显著，$p_s < 0.01$，HL与LH之间的差异不显著，$p > 0.05$。

对首字构词力和尾字构词力进行方差分析，结果发现，首字构词力主效应不显著，$F(3, 188) = 0.25$，$p > 0.05$；尾字构词力主效应不显著，$F(3, 188) = 0.96$，$p > 0.05$。

对首字字频和尾字字频进行方差分析，结果发现，首字字频的主效应显著，$F(3, 188) = 16.051$，$p < 0.001$。经多重比较发现，HH与HL、LH与LL之间没有差异，$p > 0.05$，HH与LH、HH与LL、HL与HH、HL与LL之间有显著差异，$p_s<0.01$。尾字字频的主效应显著，$F(3, 188) =5.057$，$p<0.01$。经多重比较发现，HH与HL、HH和LL、HL与LH、LH与LL之间差异显著，

$p_s < 0.05$，HH 与 LH、HL 和 LL 之间差异不显著，$p_s > 0.05$。

用 48 组目标词造句，每组句子在目标词之前的内容完全相同，目标词之后的内容有所不同，最后共有 48 组，196 个句子（见表 2）。每个句子的长度在 17～27 个汉字之间，平均句长为 19.84 个汉字。将 196 个实验句按拉丁方顺序分成四组，要求 71 名大学生（不参加正式实验）对句子的通顺性进行七点量表评定，其中“1”代表非常不通顺，“7”代表非常通顺，结果显示：$M = 5.97$，$SD = 0.58$。请另外 20 名大学生对目标词在实验句中的预测性进行评定，评定时给大学生呈现目标词之前的实验句子，如“老师给同学们讲解了______”，要求被试在该未完成的句子后面填上他们能想到的词。结果发现目标词的预测性为 1.57%，即大学生很难根据句子的前半部分内容预测出目标词。最后，为确定中国读者对实验句词划分的一致性意见，由另外 12 名不参加正式实验的被试对句子中词边界的划分进行评定。第一步，根据《现代汉语词典》（2005）进行词切分，并编码；第二步，请未参加正式实验的 12 名大学生判断是否认可此种切分方式，若不认可，则标记出自己认为合理的切分方式，并进行编码；最后，计算两次编码的一致性百分比为 96.8%，一致性范围在 81%～100%之间。

表 6–2　实验材料举例

目标词	句　子
HH	谁也没想到小王父子的**裂缝**竟然越来越大。
HL	谁也没想到小王父子的**聘书**竟然来自同一家公司。
LH	谁也没想到小王父子的**人缘**竟然如此地好。
LL	谁也没想到小王父子的**手气**竟然如此地好。

注：其中加黑的“裂缝”“聘书”“人缘”和“手气”为目标词。

正式实验前，有 12 个句子供被试练习，所有被试阅读同一组练习句子。在实验条件间按照拉丁方顺序进行轮组后形成 4 组实验材料，每个被试只阅读其中的一组。每一组包含 48 个句子，每种条件下 12 个句子，在每一组内句子随机呈现。另外，根据实验句子的内容设置了 12 个阅读理解问题，要求被试做“是”或“否”的按键反应。

（四）仪器

采用 SR Research EyeLink 2000 Eyetracker 记录被试阅读时的眼动轨迹。该仪器的采样率为 1000 Hz。句子在一个 19 英寸的 View Sonic 显示器上呈现，刷新率为 1024 × 768。被试眼睛到屏幕的距离大约 70 cm。句子以宋体形式呈现，每个汉字的大小是 30 × 30 像素。每个汉字约成 0.96°视角。

（五）实验程序

（1）每个被试单独施测。

（2）被试进入实验室，熟悉环境，然后坐在椅子上，眼睛距眼动仪大约 70 cm，告知被试实验过程中尽量保持不动。

（3）眼校准，采用 9 点对被试的眼睛进行校准，以保证被试眼动轨迹记录的精确性。

（4）眼校准成功后，开始实验。向被试呈现指导语："下面你将要阅读一些句子，请你按照平时的阅读习惯认真阅读，并尽可能理解句子的意思。有些句子呈现之后会随机出现一个阅读理解题，要求根据句子的意思做出判断，并按相应的反应键。"被试理解了指导语后，按手柄键上的按钮翻页。在屏幕中央左侧（提示下一句呈现的位置）出现一个黑色圆点，要求被试注视黑色圆点的同时按手柄键继续下一句阅读。

（5）正式实验前，先进行练习，以便被试熟悉实验过程和要求。

（6）练习结束后进入正式实验。实验大约持续 25 分钟。

（六）数据分析和指标

根据前人的研究（白学军等，2011），将目标词划分为四个区域（见图 6−1）。对于分别落在区域 1，2，3，4 中的注视，注视位置分别编码为 0−0.5，0.5−1，1−1.5，1.5−2。用 SPSS 16.0 对四种条件下的数据结果进行重复测量的方差分析，并以被试（F_1）和项目（F_2）作为随机效应。

基于以往的研究（白学军等，2011；Li et al.，2011），本研究采用以下指标：①平均首次注视位置（在词上的第一次注视但不管在该词上总共有多少次注视）及首次注视位置分布；②单次注视中的平均首次注视位置及首次注视位置分布；③多次注视中的平均首次注视位置及首次注视位置分布；④向前注视的平均注视位置及注视位置分布；⑤首次注视位置上的再注视概率，即首次注视在词的不同位置上发生再注视的概率有多大；⑥首次注视位置上的再注视位置，当在词的不同位置上发生再注视时，第二次注视位置与第一次注视位置的关系。

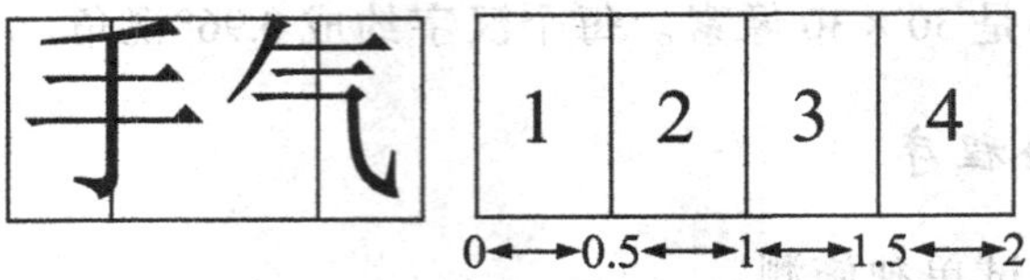

图 6-1　目标词兴趣区的切分方式

三、结果

60 名被试在阅读理解题中的平均正确率为 97.8%，表明被试认真阅读并理解了实验句子。根据以下标准对数据进行筛选（White & Liversedge，2006）：①被试跟踪丢失（实验中因被试头动等偶然因素导致眼动仪记录数据丢失）；②注视时间小于 80 ms 或大于 1200 ms；③平均数大于或小于三个标准差。剔除的数据占总数据的 4.2%。

被试阅读不同类型目标词时的平均首次注视位置（在词上的第一次注视，但不管在该词上总共有多少次注视）、单次注视和多次注视中的平均首次注视位置，以及所有向前的注视的平均注视位置和首次注视位置上的再注视概率，见表 6-3。

（一）平均首次注视位置及首次注视位置分布

为了考查被试阅读不同类型目标词时的偏向注视位置，首先对四种条件下的平均首次注视位置进行重复测量方差分析。结果显示，首字笔画数的主效应显著，F_1（1，59）= 10.87，$p < 0.01$，$\eta^2 = 0.16$；F_2（1，47）= 13.06，$p <$ 0.01，$\eta^2 = 0.22$，表明读者在阅读过程中首次注视的落点位置受目标词首字笔画数的影响，当首字为多笔画汉字时，首次注视更倾向于落在首字上。尾字笔画数的主效应不显著，F_1（1，59）= 0.44，$p > 0.05$，$\eta^2 = 0.01$；F_2（1，47）=

0.24，$p > 0.05$，$\eta^2 = 0.01$。首字和尾字笔画数之间的交互作用不显著，F_1（1，59）= 3.96，$p > 0.05$，$\eta^2 = 0.06$；F_2（1，47）= 1.94，$p > 0.05$，$\eta^2 = 0.04$，表明首字笔画数和尾字笔画数并不共同对首次注视位置产生影响。

表 6–3 被试注视目标词时各个指标上的结果

目标词	平均首次注视位置		单次注视中的平均首次注视位置		多次注视中的平均首次注视位置		所有向前的平均注视位置		首次注视位置上的再注视概率	
	M	***SD***	***M***	***SD***	***M***	***SD***	***M***	***SD***	***M***	***SD***
HH	1.12	0.22	1.19	0.21	1.02	0.47	1.23	0.14	30%	21%
HL	1.07	0.18	1.13	0.21	0.80	0.32	1.15	0.15	17%	13%
LH	1.15	0.18	1.23	0.20	0.94	0.36	1.24	0.14	21%	18%
LL	1.16	0.18	1.21	0.16	1.14	0.41	1.24	0.13	17%	17%

对落在四个区内首次注视的百分比进行分析，四种条件下的首次注视位置分布见图 6–2。

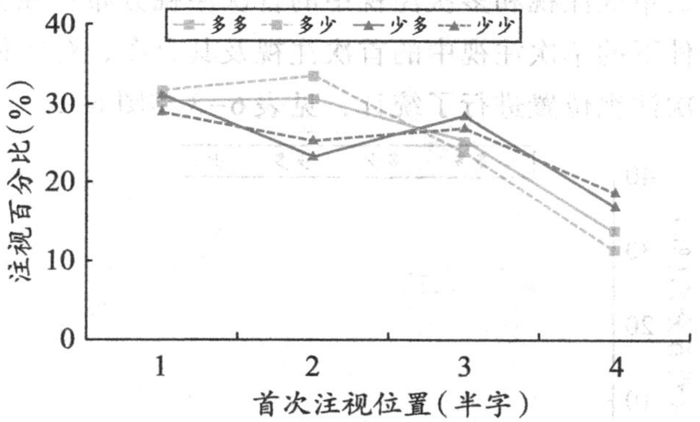

图 6–2 四种条件下的首次注视位置分布

注："多多"代表首字和尾字均为多笔画字的目标词；"多少"代表首字为多笔画字尾字为少笔画字的目标词；"少多"代表首字为少笔画字尾字为多笔画字的目标词；"少少"代表首字和尾字均为少笔画字的目标词；以下同。

对每一个区域进行重复测量的方差分析（以下同）。结果显示，首字笔画数在区域 2、3 和 4 内的主效应都非常显著，F_1（1，59）= 27.09，$p < 0.01$；F_1（1，59）= 3.89，$p < 0.01$；F_1（1，59）= 17.20，$p < 0.01$。首字笔画数在区域

1 内的主效应不显著，F_1（1，59）= 0.12，$p > 0.05$。尾字笔画数在 4 个区域内的主效应均不显著［F_1（1，59）= 0.02，$p > 0.05$；F_1（1，59）= 2.64，$p > 0.05$；F_1（1，59）= 0.93，$p > 0.05$；F_1（1，59）= 0.15，$p > 0.05$］。在所有区域内，首字笔画数和尾字笔画数均未见显著的交互效应［F_1（1，59）= 1.10，$p > 0.05$；F_1（1，59）= 0.05，$p > 0.05$；F_1（1，59）= 0.01，$p > 0.05$；F_1（1，59）= 2.16，$p > 0.05$］。这与平均首次注视位置的结果是一致的，表明当首字为多笔画字时，首次注视倾向于落在词首；而当首字为少笔画字时，首次注视倾向于落在词首。

总之，平均首次注视位置和首次注视位置分布的结果表明，首字的笔画数影响读者对目标词首次注视的落点位置。

（二）单次注视中的平均首次注视位置及首次注视位置分布

首次注视既包含单次注视中的第一次注视，也包含多次注视中的第一次注视，而且很多研究（白学军等，2011；Li et al.，2011；Yan et al.，2010）发现中文阅读中的单次注视和多次注视中的首次注视分布存在差异。因此，为了考察四种条件下的单次注视中的首次注视及其分布，对四种条件下单次注视中的平均首次注视位置进行了统计，见表 6–3 和图 6–3。

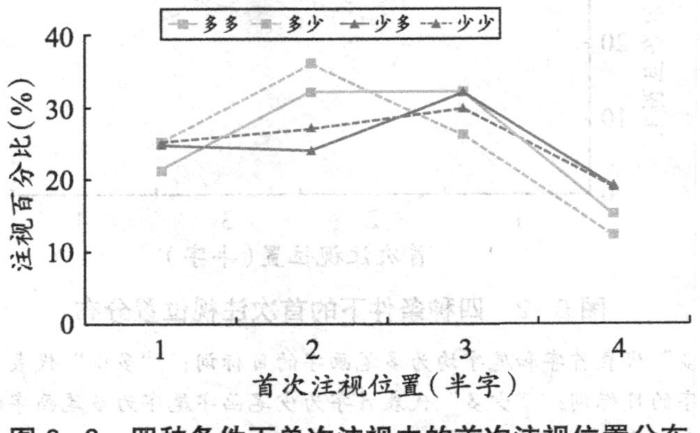

图 6–3　四种条件下单次注视中的首次注视位置分布

对单次注视中的平均首次注视位置进行方差分析，结果显示：首字笔画数的主效应显著，F_1（1，59）= 5.30，$p < 0.05$，$\eta^2 = 0.08$；F_2（1，47）= 3.83，$p = 0.056$，$\eta^2 = 0.08$，表明首字笔画数影响单次注视中的首次注视位置。尾字

笔画数的主效应不显著，F_1（1，59）=2.76，$p>0.05$，$\eta^2=0.05$；F_2（1，47）=3.20，$p>0.05$，$\eta^2=0.06$。首字和尾字笔画数之间的交互作用不显著，F_1（1，59）=2.03，$p>0.05$，$\eta^2=0.03$；F_2（1，47）=1.56，$p>0.05$，$\eta^2=0.03$。上述结果与"平均首次注视位置"的结果一致，表明在单次注视条件下，首字笔画数仍然是影响读者首次注视位置的一个很重要的因素。

对落在每个区域的百分比进行2（首字笔画数：多和少）×2（尾字笔画数：多和少）×4（区域：1，2，3，4）的重复测量方差分析。结果显示，区域主效应显著，F(3，177)=26.00，$p<0.001$，$\eta^2=0.31$。进一步分析发现，落在区域2（31%）和区域3（30%）中的首次注视的百分比明显大于落在区域1（23%）和区域4（16%）中的百分比，p值分别为0.003，0.000，0.007和0.000，表明单次注视事件中，被试对目标词的首次注视更多地落在词的中心位置。

首字笔画数和区域的交互作用显著，F(3，177)=10.19，$p<0.001$，$\eta^2=0.15$。当首字为多笔画字时，落在区域1中的百分比（23%）小于区域2（35%）[t(59)=−4.36，$p=0.000$]和区域3（29%）中的百分比[t(59)=−1.82，$p=0.074$]，大于区域4（13%）中的百分比[t(59)=3.90，$p=0.000$]；区域2中的百分比（35%）大于区域3（29%）[t(59)=2.41，$p=0.019$]和区域4（13%）中的百分比[t(59)=8.48，$p=0.000$]；区域3中的百分比（29%）大于区域4（13%）中的[t(59)=7.58，$p=0.000$]。表明当首字为多笔画字时，单次注视事件中，首次注视更多地落在词的中心位置。当首字为少笔画字时，落在区域1中的百分比（25%）小于区域3（31%）[t(59)=−2.63，$p=0.011$]中的百分比，大于区域4（19%）中的百分比[t(59)=3.21，$p=0.002$]；区域2中的百分比（26%）小于区域3（31%）[t(59)=−2.60，$p=0.012$]，大于区域4（19%）中的百分比[t(59)=3.34，$p=0.001$]；区域3中的百分比（31%）大于区域4（19%）[t(59)=7.03，$p=0.000$]。表明当首字为少笔画字时，单次注视事件中，首次注视较多地落在词的第二个字的字首部分。其他主效应和交互作用均不显著。

（三）多次注视中的平均首次注视位置及首次注视位置分布

多次注视中的首次注视在所有首次注视（包含单次注视和多次注视）中

所占比例为21.9%。对四种条件下多次注视中的平均首次注视位置进行统计，见表6–3和图6–4。对多次注视中的平均首次注视位置进行重复测量的方差分析，结果发现，首字笔画数的主效应显著，$F_1(1, 59)=6.98$，$p<0.05$，$\eta^2=0.11$；$F_2(1, 47)=6.40$，$p<0.05$，$\eta^2=0.12$；尾字笔画数的主效应不显著，$F_1(1, 59)=0.003$，$p>0.05$，$\eta^2=0.00$；$F_2(1, 47)=1.26$，$p>0.05$，$\eta^2=0.03$；首字与尾字笔画数之间的交互作用显著，$F_1(1, 59)=14.83$，$p<0.05$，$\eta^2=0.20$；$F_2(1, 47)=3.06$，$p=0.087$，$\eta^2=0.06$。简单效应分析表明，尾字为多笔画字时，首字笔画数对多次注视中的首次注视位置没有影响，$p>0.05$；尾字为少笔画字时，两种不同首字笔画数之间存在显著差异，$p<0.05$，表明多次注视事件中，当尾字为多笔画汉字时，读者对目标词的首次注视位置主要受尾字的影响，而当尾字为少笔画汉字时，首次注视位置主要受首字笔画数的影响。

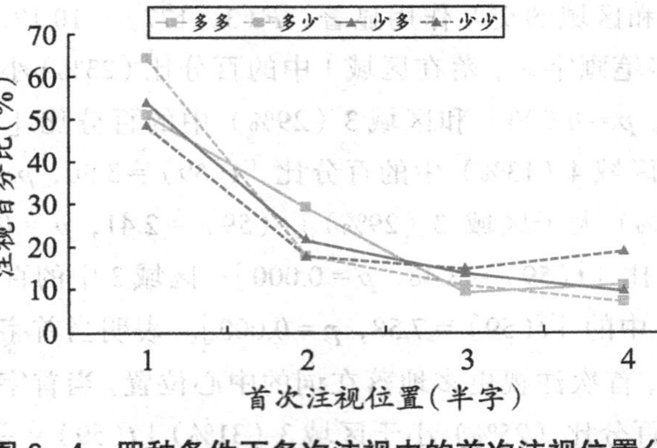

图6–4　四种条件下多次注视中的首次注视位置分布

对落在每个区域的百分比进行2（首字笔画数：多和少）×2（尾字笔画数：多和少）×4（区域：1，2，3，4）的重复测量方差分析。结果显示，首字笔画数主效应显著，$F(1, 59)=5.19$，$p<0.05$，$\eta^2=0.08$。区域主效应显著，$F(3, 177)=42.56$，$p<0.001$，$\eta^2=0.42$。进一步分析发现，多次注视事件中，首次注视落在区域1的百分比（40%）明显大于落在区域2（15%）、区域3（10%）和区域4（13%）的百分比，p值均为0.000，表明多次注视事件中，读者对目标词的首次注视倾向于落在词的开始部分。

首字笔画数和区域的交互作用显著，$F(3, 177)=3.07$，$p<0.05$，$\eta^2=$

0.05。当首字为多笔画字时，区域 1 中的百分比（46%）大于区域 2（18%）[$t(59)=5.64$，$p=0.000$]、区域 3（9%）中的百分比 [$t(59)=8.06$，$p=0.000$] 和区域 4（12%）中的百分比 [$t(59)=7.26$，$p=0.000$]；区域 2 中的百分比（18%）大于区域 3（9%）[$t(59)=3.18$，$p=0.004$] 中的百分比。表明当首字为多笔画字时，多次注视事件中，首次注视更多地落在词的开始位置。当首字为少笔画字时，区域 1 中的百分比（33%）大于区域 2（13%）[$t(59)=4.88$，$p=0.000$]、区域 3（12%）中的百分比 [$t(59)=4.86$，$p=0.000$] 和区域 4（14%）中的百分比 [$t(59)=3.80$，$p=0.000$]。表明当首字为少笔画字时，多次注视事件中，首次注视更多地落在词的开始位置。其他主效应和交互作用均不显著。上述结果表明，在多次注视中，首次注视位置的分布呈线性趋势，即首次注视倾向于落在词首位置。而且首字笔画数对多次注视中首次注视位置的影响受尾字笔画数的作用。

（四）向前的平均注视位置及注视位置分布

Li 等人（2011）认为当计算落在词首汉字的注视点个数时，往往所有向前的注视点都包含在内，但在计算落在词尾汉字的注视点个数时，只有小部分注视点（即那些眼跳距离较长的注视点和起跳位置距离目标词较近的注视点）包含在内。因此，Li 等人提出了一个新的计算方法，即分析落在目标词上的所有向前的注视点。对本研究中目标词上的向前的平均注视位置（向前的注视位置既包含对目标词的首次注视位置也包含对目标词的向前的词内再注视位置，见表 6-3）及其分布，见图 6-5。

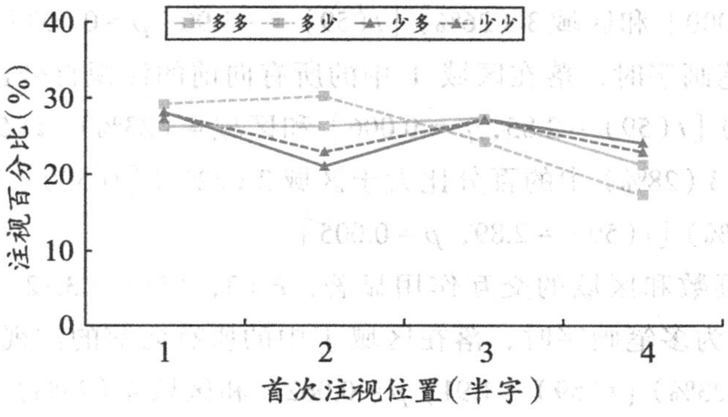

图 6-5 四种条件下向前的注视位置分布

对向前的平均注视位置进行方差分析，结果发现，首字笔画数的主效应显著，$F_1(1, 59) = 8.07$，$p < 0.01$，$\eta^2 = 0.12$；$F_2(1, 47) = 9.62$，$p < 0.05$，$\eta^2 = 0.17$。尾字笔画数的主效应显著，$F_1(1, 59) = 5.14$，$p < 0.05$，$\eta^2 = 0.08$；$F_2(1, 47) = 4.39$，$p < 0.05$，$\eta^2 = 0.09$。首字和尾字笔画数的交互作用显著，$F_1(1, 59) = 9.03$，$p < 0.01$，$\eta^2 = 0.13$；$F_2(1, 47) = 3.97$，$p = 0.052$，$\eta^2 = 0.08$，表明读者对目标词的所有向前的平均注视位置受目标词的首字和尾字笔画数的共同影响。简单效应分析表明，尾字为多笔画字时，两种不同笔画数的首字之间的差异不显著，$p > 0.05$；尾字为少笔画字时，两种不同笔画数首字之间的差异显著，$p < 0.05$，这与多次注视中的平均首次注视位置结果一致，表明当尾字为多笔画汉字时，首字笔画数不影响向前的平均注视位置，当尾字为少笔画汉字时，向前的平均注视位置受首字笔画数的影响。

对落在每个区域的百分比进行 2（首字笔画数：多和少）× 2（尾字笔画数：多和少）× 4（区域：1，2，3，4）的重复测量方差分析。结果显示，区域主效应显著，$F(3, 177) = 7.56$，$p < 0.001$，$\eta^2 = 0.11$。经过进一步分析发现，落在区域 4 中的所有向前的注视的百分比（21%）明显小于落在区域 1（27%）、区域 2（25%）和区域 3（27%）中的百分比，p 值分别为 0.000，0.003 和 0.000，表明落在词的结尾部分的向前的注视点明显少于落在词的开始部分和中心部分的。

首字笔画数和区域的交互作用显著，$F(3, 177) = 8.04$，$p < 0.001$，$\eta^2 = 0.12$。当首字为多笔画字时，落在区域 4 中的所有向前的注视百分比（19%）明显小于区域 1（27%）[$t(59) = -4.01$，$p = 0.000$]、区域 2（28%）[$t(59) = -5.13$，$p = 0.000$] 和区域 3（26%）[$t(59) = -3.90$，$p = 0.000$] 中的百分比。当首字为少笔画字时，落在区域 1 中的所有向前的注视百分比（27%）大于区域 2（22%）[$t(59) = 2.85$，$p = 0.006$] 和区域 4（23%）[$t(59) = 2.40$，$p = 0.020$]；区域 3（28%）中的百分比大于区域 2（22%）[$t(59) = 3.30$，$p = 0.002$] 和区域 4（23%）[$t(59) = 2.89$，$p = 0.005$]。

尾字笔画数和区域的交互作用显著，$F(3, 177) = 3.12$，$p < 0.05$，$\eta^2 = 0.05$。当尾字为多笔画字时，落在区域 1 中的所有向前的注视百分比（27%）大于区域 2（23%）[$t(59) = 1.91$，$p = 0.062$] 和区域 4（23%）[$t(59) = 2.39$，$p = 0.020$]；区域 3 的百分比（27%）大于区域 2（23%）[$t(59) = 2.52$，$p =$

0.015］和区域 4 的百分比（23%）［$t(59)=3.49$，$p=0.001$］。当尾字为少笔画字时，落在区域 4 中的所有向前的注视百分比（20%）明显小于区域 1（27%）［$t(59)=-4.26$，$p=0.000$］、区域 2（27%）［$t(59)=-4.41$，$p=0.000$］和区域 3（26%）［$t(59)=-3.28$，$p=0.002$］中的百分比。表明当尾字为少笔画字时，所有向前的注视百分比较少落在词尾。其他主效应和交互作用均不显著。

（五）首次注视位置上的再注视概率

有关拼音文字的眼动研究发现，当首次注视落在最佳注视位置上时，再注视该词的概率最低。这个指标是衡量最佳注视位置的一个有效指标。为了考察笔画数是否影响最佳注视位置，对首次注视位置上的再注视概率进行了统计（见表 6–3 和图 6–6）。

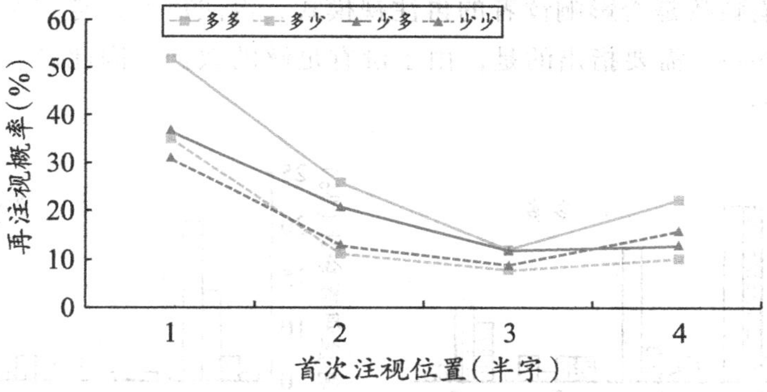

图 6–6　四种条件下的词内再注视概率与首次注视位置的关系

对首次注视位置上的再注视概率进行重复测量的方差分析，结果显示，首字笔画数的主效应显著，$F_1(1, 59)=7.25$，$p<0.01$，$\eta^2=0.11$；$F_2(1, 47)=5.23$，$p<0.05$，$\eta^2=0.10$。尾字笔画数的主效应显著，$F_1(1, 59)=16.83$，$p<0.01$，$\eta^2=0.22$；$F_2(1, 47)=25.58$，$p<0.01$，$\eta^2=0.35$。首字和尾字笔画数的交互作用显著，$F_1(1, 59)=6.41$，$p<0.05$，$\eta^2=0.10$；$F_2(1, 47)=4.61$，$p<0.05$，$\eta^2=0.09$，表明目标词的首字和尾字的笔画数共同影响读者对该目标词的再注视概率。简单效应分析表明，当尾字为多笔画字时，两种不同笔画数的首字之间的差异显著，$p<0.05$；当尾字为少笔画字时，两种不同笔画数的首字之间的差异不显著，$p>0.05$。

对落在每个区域的百分比进行 2（首字笔画数：多和少）× 2（尾字笔画数：多和少）× 4（区域：1，2，3，4）的重复测量方差分析。结果显示，首字笔画数、尾字笔画数和区域的主效应都显著，分别是 $F(1, 59) = 5.11$，$p < 0.05$，$\eta^2 = 0.08$；$F(1, 59) = 12.45$，$p < 0.05$，$\eta^2 = 0.17$；$F(3, 177) = 37.31$，$p < 0.001$，$\eta^2 = 0.39$。对区域的主效应进一步分析发现，首次注视落在区域 1 中再注视的概率（34%）明显大于首次注视落在区域 2（15%）、区域 3（11%）和区域 4（13%）的概率，p 值均为 0.000，表明当首次注视落在词的开始部分时，再注视该词的概率最高。其他交互作用均不显著。

（六）再注视位置与首次注视位置的关系

再注视位置与首次注视位置的关系，可以很好地说明读者的再注视模式。为了考察笔画数是否影响读者的再注视模式，再注视位置与首次注视位置的关系见图 6–7。需要指出的是，由于没有足够的数据，因此没有进行进一步的统计分析。

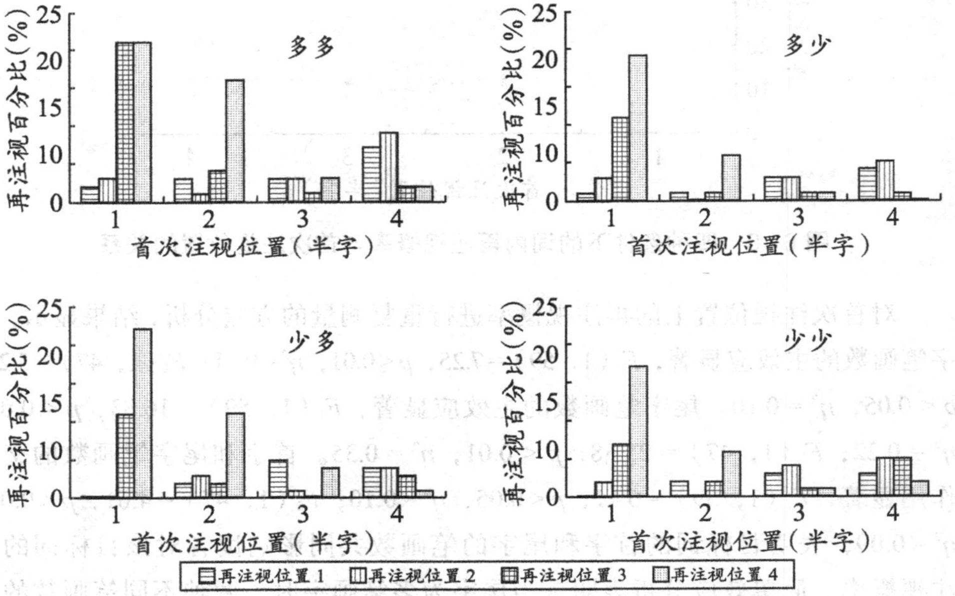

图 6–7　四种条件下再注视位置与首次注视位置之间的关系

从图6-7可以看出，四种条件下的再注视模式非常相似，而且都比较清晰、有规律，具体表现为首次注视一个词的开头，然后再注视这个词的结尾，或者首次注视一个词的结尾，接着注视这个词的开头。图6-7表明，汉字笔画数并不影响读者的再注视模式。

四、讨论

（一）中文阅读过程中是否存在偏向注视位置

关于中文阅读过程中是否存在偏向注视位置和最佳注视位置，一直存在争论和分歧。本实验考察中文阅读过程中是否存在偏向注视位置和最佳注视位置，以及眼跳选择的目标是什么。结果发现，中文阅读过程中首次注视位置的分布存在分离的现象，即在单次注视条件下，读者对目标词的首次注视更倾向于落在词的中心位置，首次注视位置的分布呈倒“U”形曲线；多次注视条件下首次注视更多地落在词的开始部分，首次注视位置的分布呈负向的线性趋势。这与前人的研究结果比较一致（白学军等，2012；白学军等，2011；Li et al.，2011；Shu et al.，2011；Yan et al.，2010；Zang et al.，2012）。此外，本实验统计了所有向前的平均注视位置及其分布。结果发现，所有向前的注视位置并非均匀分布在双字词的四个区域，而是在最后一个区域有明显的下降趋势，与白学军等人（2011）的结果比较一致。因此，本实验认为在单次注视条件下，首次注视更多地落在词的中心位置。本实验还发现，当首次注视落在词的开始部分时，读者需要进行一次词内再注视，即首次注视落在词的开始部分时，读者的再注视概率最高；当首次注视落在词的结尾部分时，再注视该词的概率最低。这也与前人的研究结果比较一致（白学军等，2012；白学军等，2011；Li et al.，2011；Shu et al.，2011；Yan et al.，Zang et al.，2012）。

关于眼跳目标选择是基于字还是基于词，Yang 和 McConkie（1999）以及 Tsai 和 McConkie（2003）都认为，中文阅读过程中眼跳目标的选择不是基于词，即中文读者眼跳选择的目标不是词。Yan 等人（2010）在严格控制实验材料的词切分的模糊性后认为，中文读者眼跳选择的目标是词。随后，Li 等人（2011）在实验数据和计算模拟的基础上认为，中文阅读过程中眼跳目标的选择是以“字”“词”相结合的方式为基础。根据本实验发现的单次和多次注视条件下被试的首次注视位置分布的特征，以及所有向前的注视位置的分布，本实验结果支持中文阅读过程中眼跳选择的目标是基于词。

关于阅读过程中读者的眼跳策略，O'Regan 和 Jacobs（1992）提出一种“战略—战术”模型。该模型认为读者在阅读过程中采用的是一种词间眼跳战略（strategy），该策略会引导读者注视每个词的最佳注视位置。但是这种策略具有一定的冒险性，由于眼跳误差的存在，眼跳经常未落在计划注视的目标上。为了补偿这种冒险的后果，读者此时可以使用词内战术（tactic）：如果眼睛没有跳到最佳注视位置附近，那它就会立即移向此单词的另一端，对该单词进行再注视。该策略确保了每个单词都将会在最佳注视位置（一次注视时）被注视或者从两个不同的位置被注视（再次注视时）。本研究发现，中文阅读过程中注视位置分布存在分离的现象，单次注视事件中，读者的首次注视往往落在词的中间位置，只需要一次注视就可以完成对目标词的识别，较少需要再注视；当首次注视落在词首位置时，会计划一次再注视。

（二）首字笔画数对首次注视位置的影响

本实验的另外一个重要目的是考察汉字笔画数是否影响读者对目标词的首次注视位置。结果发现，无论是平均首次注视位置，单次注视中的平均首次注视位置，多次注视中的平均首次注视位置，还是所有向前的平均注视位置指标上，首字笔画数都表现出了显著的主效应。这与 Yang 和 McConkie（1999）的结果不一致。Yang 和 McConkie（1999）发现，读者对四种目标词的首次注视位置没有显著差异，表明汉字笔画数不影响读者对目标词的首次注视位置。这种不一致可能来自于以下几个方面：

第一，Yang 和 McConkie（1999）研究中每个汉字的像素大小为 16 × 16 像素，词与词之间和词内汉字之间的空格大小为 8 × 8 像素，即空格为半个汉字的大小。Yang 和 McConkie（1999）研究中的所有实验句都是采用上述格式，这与中文读者正常阅读的呈现方式完全不同。而本实验采用的是正常的中文书写形式，汉字与汉字之间的空格大小为 1 像素。

第二，两个研究中对于多笔画字和少笔画字的定义不同。本研究将小于或等于 5 笔的汉字定义为少笔画字，大于或等于 11 笔的汉字定义为多笔画字。Yang 和 McConkie（1999）的研究中，只是给出了少笔画汉字和多笔画汉字的范围，分别是少于 10 笔和大于 13 笔，未详细给出每组目标词的平均笔画数。从 Yang 和 McConkie（1999）的研究中给出的少笔画汉字和多笔画汉字的范围可以看出，少笔画汉字和多笔画汉字的差异相对本实验的差异要小。此外，Yang 和 McConkie（1999）的研究中未严格控制实验材料的词切分的一致性，而本实验对实验材料的词切分一致性进行了严格的控制。

关于首字笔画数对首次注视位置的影响，本研究认为可能与阅读过程中的副中央凹预视效应有关。白学军等人（2009）探讨了非注视词的笔画数对注视词加工的作用。结果发现，非注视词的笔画数影响读者对注视词的加工，即当非注视词为多笔画字时，读者对注视词的加工速度变慢，表明读者可以从副中央凹获得非注视词的笔画数信息。本研究发现首字笔画数影响读者对目标词的首次注视位置，可能就是由于读者在阅读过程中从副中央凹区域获得了双字词首字的笔画数信息，此信息引导着读者的眼跳行为。

另外，由于汉字笔画数和汉字频率存在共变关系，本研究中四种条件下的字频主效应均显著，具体表现为首字为少笔画汉字的频率高于多笔画汉字。关于本研究中得到的结果是否受字频的影响，研究者认为，首先有研究发现词频不影响读者的首次注视位置（郭晓峰，2012；吴捷等，2011），即无论是高频词还是低频词，单次注视中读者对目标词的首次注视往往落在词的中心位置。其次，关于汉语双字词的加工模型，其中有代表性的是多层聚类表征模型（the Multi-Level Cluster Representation Model，Zhou，Marslen-Wilson，Taft，& Shu，1999；Zhou & Marslen-Wilson，2009）。该模型认为心理词典包含一个正字法表征水平、一个语音表征水平和一个语义表征水平，其中整词和词素在一个水平上，即语义表征水平上。正字法表征水平直接与相应的语音和语义水平表征相联系，所有的整词和词素都与正字法、语音和语义水平相关联。整词的表征不是独立存在的，与词素表征重叠。不同水平的表征相互关联，一个水平的激活会同时在两两之间扩散。整词和词素均在语义表征水平上，前人研究发现整词的词频不影响注视位置效应，那么词素（即汉字）的频率是否影响注视位置效应呢？这有待于我们做进一步的研究和探索。

（三）首字和尾字笔画数对再注视概率的影响

本研究还发现，首字笔画数和尾字笔画数共同影响读者对目标词的再注视概率，具体表现为，当首字和尾字均为多笔画汉字时，读者再注视目标词的概率最高，而当首字和尾字均为少笔画汉字时，读者再注视目标词的概率最低。这与前人发现的笔画数效应比较一致（Yang & McConkie，1999；张仙峰，闫国利，2005），即笔画数越少，读者的识别效率越高；笔画数越多，读者一次完全识别该词的概率就降低，需要进行再注视，才能完成对该词的识别。

关于首字和尾字笔画数共同影响再注视概率，同样可能与读者在阅读过程中的副中央凹预视过程有关。当首字和尾字均为少笔画汉字时，读者从副中央凹区域就能获得有关该双字词的信息，对该词的副中央凹加工深度就比较深；而当首字和尾字均为多笔画汉字时，读者较难从副中央凹区域获得该词的信息，获得的信息较少，对该词的副中央凹加工深度较浅，因此在读者的眼睛注视该词时，可能就需要较多的加工时间，甚至一次较难完全识别该词，而要进行一次再注视，以达到对该词的完全识别。

五、结论

本研究条件下，可得出如下结论。

（1）中文阅读过程中，首次注视位置分布存在分离的现象，即在单次注视条件下，读者的首次注视更多地落在词的中心位置，存在偏向注视位置；在多次注视条件下，读者对目标词的首次注视更多地落在词的开始部分。表明中文阅读过程中单次注视条件下存在偏向注视位置。

（2）当读者的首次注视落在词的开始部分时，再注视该词的概率最高。

（3）首字笔画数影响读者在阅读过程中对目标词的首次注视位置；首字和尾字笔画数共同影响读者对目标词的再注视概率。

第二节　汉字结构对注视位置效应的影响

一、实验目的

第一节的实验 1 考察了汉字笔画数对注视位置效应的影响，结果发现汉字笔画数的确影响读者的首次注视位置和再注视概率，尤其是构成双字词的首字笔画数的影响更大。但是，汉字在视觉复杂性方面的差异，除了体现在笔画数方面，还体现在汉字结构方面。因此，第二节在第一节实验 1 的基础上，进一步考察汉字的另一个独特特性——汉字结构是否影响中文阅读过程中的注视位置效应。

作为中文基本书写单位的汉字主要包含以下 5 种结构：独体结构（例如汉字“生”）、上下结构（例如汉字“岩”）、左右结构（例如汉字“词”）、包容结构（例如汉字“国”）和嵌套结构（例如汉字“裹”）。其中左右和上下结构的汉字个数分别占汉字总数的大约 65%和 21%（汉字信息字典，1988）。虽然汉语中关于什么是词还没有一致的结论，但是根据汉语汇总一个词包含的汉字个数，可以将词分成以下几种类型：单字词、双字词、三字词和其他词。根据对使用频率最高的现代汉语 8000 个常用词的统计，其中双字词大约占 71%，单字词占 26%，三字和其他词只占 3%（《现代汉语频率词典》）。因此，本实验主要以左右结构和上下结构的单字词和双字词为实验材料，考察汉字结构对注视位置效应的影响。

有研究发现汉字结构影响汉字识别过程，主要表现为读者对左右结构的汉字的识别速度快于上下结构的汉字，而且心理切分上下结构的汉字要难于左右结构的汉字（毕鸿燕，翁旭初，2005，2007；龚雨玲，陈新良，1996；李力红，刘宏艳，刘秀丽，2005；彭瑞祥，喻柏林，1983；肖少北，许晓艺，1996）。但是，上述研究大都采用的是传统的快速反应时方法，和正常的文本阅读存在很大差异。因此，有必要采用生态效度更高的眼动记录法研究中文阅读过程中汉字结构对读者眼睛运动行为的影响。

Liu（1984）在研究中采用对称的上下结构汉字，将汉字按像素平均分成左上角、右上角、左下角和右下角四部分。实验过程中，给被试呈现删除四部分中某一部分的汉字，要求被试识别汉字。结果发现，被试识别对称的上下结构汉字时，删除下半部分（左下角或右下角）的识别速度慢于删除上半部分（左上角或右上角），删除左半部分（左上角或左下角）的识别错误多于删除右半部分（右上角或右下角），表明在汉字识别过程中，汉字的下半部分和左半部分扮演很重要的角色。然而，也有研究发现了不太一致的结果。Yan 等人（2011）运用眼动追踪技术，考察了笔画编码在汉字识别过程中的作用。实验过程中，给被试呈现删除部分笔画的汉字，要求被试识别。结果发现，保留汉字本身的框架后识别最容易，而删除汉字开始部分的笔画识别最困难。实验结果表明，中文汉字的结构以及不同笔画所在位置在汉字识别过程中起着重要作用。

综上所述，前人的研究发现，汉字结构影响读者的词汇识别过程，尽管采用的是比较传统的反应时方法。而且有研究发现，汉字的不同部位在汉字识别过程中所起的作用不同，尽管还存在一定争论。因此，在第一节实验 1 的基础上，实验 2 采用生态效度较高的眼动记录法，要求被试阅读包含目标词的实验句，进一步探讨中文阅读过程中是否存在偏向注视位置和最佳注视位置，以及汉字结构是否影响阅读过程中读者的首次注视位置和再注视概率，即读者注视左右结构和上下结构的单字词与双字词时，眼跳模式是否存在差异。

二、实验方法

（一）被试

来自天津师范大学的 56 名大学生参加了本实验（平均年龄 20.3 岁，其中 6 名男生，50 名女生）。母语均为汉语，视力或矫正视力正常，所有被试均不知道实验目的。

（二）实验设计

本实验采用单因素（汉字结构）两水平（左右结构和上下结构）的被试内实验设计。

（三）实验材料

第一步：根据多功能现代汉字应用字典（http：//bbs.pcbeta.com/thread 627884－1－1.html，索福德工作室制作）确定每个汉字的结构以及笔画数，然后根据《现代汉语频率词典》确定词频信息，最后初步筛选出左右结构的单字词 257 个，上下结构的单字词 199 个。

第二步：选取 15 名被试，对 257 个左右和 199 个上下结构单字词的左右两部分和上下两部分是否对称进行评定（1 = 不对称，2 = 对称），选取出左右和上下结构的单字词各 43 个，评定结果为 1.82。控制了左右和上下结构单字词的词频和总笔画数，具体见表 6－4。同时还控制了左右结构左右两部分的笔画数，以及上下结构上下两部分的笔画数，具体见表 6－5。

第三步：在 86 个左右和上下结构单字词基础上，挑选出左右和上下结构双字词各 27 个，保证左右结构双字词中的两个字都是左右结构，上下结构双字词中的两个字都是上下结构。同样控制了左右和上下结构双字词的总笔画数和词频，以及双字词中两种结构目标词的首字笔画数，具体见表 6－4。另外，还控制了左右结构左右两部分的笔画数，以及上下结构上下两部分的笔画数，具体见表 6－5。

表 6－4　目标词的词频、总笔画数和首字笔画数的平均数和标准差

	结构	词频(次/百万)	总笔画数(笔画)	首字笔画数(笔画)
单字词	左右结构	53.01（96.21）	9.81（2.79）	
	上下结构	57.28（74.30）	8.98（2.36）	
双字词	左右结构	27.45（74.42）	17.74（4.89）	8.52（3.00）
	上下结构	5.81（17.90）	16.85（3.50）	7.93（2.88）

*对单字词和双字词的词频和笔画数进行 t 检验发现，不同结构单字词的词频和笔画数都没有显著差异［$t(42)=0.220$，$p>0.05$；$t(42)=1.347$，

$p > 0.05$]，同样不同结构双字词的词频和总笔画数之间也不存在显著差异[$t(26) = 1.976$，$p > 0.05$；$t(26) = 0.840$，$p > 0.05$]，不同结构双字词的首字笔画数之间差异不显著[$t(52) = 0.740$，$p > 0.05$]。

表 6–5 目标词左右两部分和上下两部分笔画数的平均数和标准差

结构			笔画数(笔画)
单字词	左右结构	左半部分	4.90（1.48）
		右半部分	4.91（1.70）
	上下结构	上半部分	4.56（1.31）
		下半部分	4.42（1.26）
双字词	左右结构	左半部分	4.57（1.77）
		右半部分	4.30（1.63）
	上下结构	上半部分	4.41（1.89）
		下半部分	4.02（1.07）

*对不同结构单字词两部分之间的笔画数进行 t 检验发现，左右结构左右两部分和上下结构两部分之间的笔画数不存在显著差异[$t(42) = 0.000$，$p > 0.05$；$t(42) = 0.924$，$p > 0.05$]。同样对不同结构双字词两部分的笔画数进行 t 检验发现，左右结构左右两部分和上下结构两部分之间的笔画数也都不存在显著差异[$t(53) = 1.495$，$p > 0.05$；$t(53) = 1.611$，$p > 0.05$]。

第四步：用 140 个目标词造句。一个句子中包含一个、两个或三个目标词，每个目标词在所有句子中出现两次，但是同一目标词不会在同一个句子中出现。选取 20 名被试对句子的通顺性进行评定，评定结果为 6.11（1 = 非常不通顺，7 = 非常通顺），最后确定 203 个实验句。实验句句长范围为 17 ~ 25 个汉字（$M = 20.81$）。

实验材料举例如下。

表 6–6 实验材料举例

一向认真的小王**忘**了在信封上**贴**邮票了。
管理员不能把**杂志**被偷的原因**解释**得清清楚楚。

注：其中加黑的“忘”“贴”“杂志”和“解释”为目标词。

正式实验前，有12个练习句。由于实验句数较多，将203个实验句分成两部分（第一部分102个实验句，第二部分101个实验句），28名被试阅读第一部分，另外28名阅读第二部分，按拉丁方顺序分配被试。每部分实验句设置了10个阅读理解问题，要求被试做出“是”“否”的回答。其中5题答案为“是”，5题答案为“否”。

（四）仪器

同第一节的实验仪器。

（五）实验程序

（1）每个被试单独施测。

（2）被试进入实验室，熟悉环境，然后坐在椅子上，眼睛距眼动仪大约70 cm，告知被试实验过程中尽量保持不动。

（3）眼校准，采用9点对被试的眼睛进行校准，以保证被试眼动轨迹记录的精确性。

（4）眼校准成功后，开始实验。向被试呈现指导语：“下面你将要阅读一些句子，请你按照平时的阅读习惯认真阅读，并尽可能理解句子的意思。有些句子呈现之后会随机出现一个阅读理解题，要求根据句子的意思做出判断，并按相应的反应键。”被试理解了指导语后，按手柄键上的按钮翻页。在屏幕中央左侧（提示下一句呈现的位置）出现一个黑色圆点，要求被试注视黑色圆点的同时按手柄键继续下一句阅读。

（5）正式实验前，先进行练习，以便被试熟悉实验过程和要求。

（6）练习结束后进入正式实验。实验大约持续40分钟。

（六）数据分析和指标

用SPSS 16.0对四种条件下的数据结果进行重复测量的方差分析，并以被试（F_1）和项目（F_2）作为随机效应。基于以往的研究（白学军等，2011；Li et al.，2011），本研究采用以下指标：①平均首次注视位置（在词上的第一次注视，但不管在该词上总共有多少次注视）及首次注视位置分布；②单次注视中的平均首次注视位置及首次注视位置分布；③多次注视中的平均首次注视位置及首次注视位置分布；④向前注视的平均注视位置及注视位置分布；⑤首次注视位置上的再注视概率，即首次注视在词的不同位置上发生再注视的概率有多大；⑥首次注视位置上的再注视位置，当在词的不同位置上发生再注视时，第二次注视位置与第一次注视位置的关系。

三、实验结果

56名被试阅读理解题的回答正确率都在93%以上，表明被试在实验过程中认真阅读并理解了每个句子。根据以下标准（White & Liversedge，2006）对数据进行筛选：①注视时间小于80 ms或大于1200 ms；②被试在阅读目标词前一个词和目标词时发生了眨眼行为。剔除的数据占总数据的0.49%。

结果分析过程中，研究者采用了三种不同的分析方式：①纵向切分，将一个汉字纵向切分为两部分。因此，一个单字词就包含两个区域，区域1和区域2，一个双字词包含四个区域，区域1、区域2、区域3和区域4，注视位置分别编码为 0–0.5，0.5–1，1–1.5，1.5–2（具体见图 6–8）。②横向切分，将一个单字词或一个双字词横向切分为两部分，即无论是一个单字词还是一个双字词都包含两个区域，区域1和区域2，注视位置编码为−0.5～+0.5（具体见图6–9）。③十字切分。为了更详细深入地了解到底是一个汉字的哪个位置的信息在影响注视位置效应，研究者采用了十字切分方式。因此，一个单字词就包含4个区域，一个双字词就包含8个区域（具体见图6–10）。

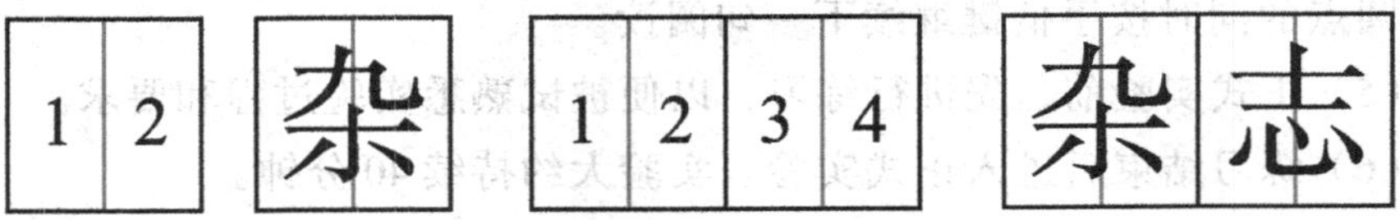

图6–8　纵向切分方式

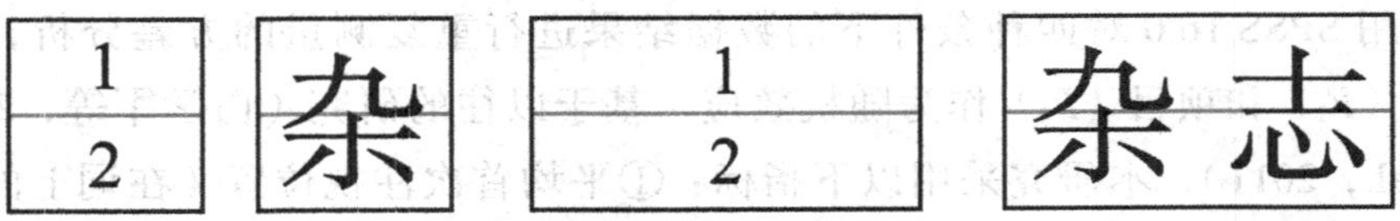

图6–9　横向切分方式

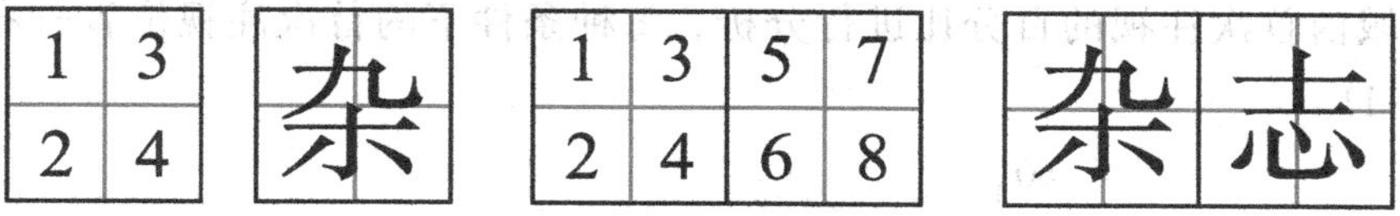

图 6-10　十字切分方式

（一）纵向切分

为了保证本研究结果的可靠性，首先与前人的拼音文字（Joseph et al，2009；Juhasz et al，2008；Rayner，1979）与中文（Li et al，2011；Tsai & McConkie，2003；Yan et al，2010；Yang & McConkie，1999；Zang et al，2011；）的研究结果进行比较，因此采用纵向方式对目标词进行切分。

被试阅读不同结构的单字词和双字词时的平均首次注视位置（在词上的第一次注视，但不管在该词上总共有多少次注视）、单次注视和多次注视中的平均首次注视位置，以及向前的平均注视位置和再注视概率，见表 6-7。

表 6-7　被试注视目标词时各个指标上的结果

结构	词长	平均首次注视位置	单次注视中的平均首次注视位置	两次注视中的平均首次注视位置	向前的平均注视位置	首次注视位置上的再注视概率
左右结构	单字词	0.74（0.05）	0.75（0.05）		0.74（0.04）	
	双字词	1.12（0.16）	1.24（0.16）	0.86（0.26）	1.50（0.09）	0.14（0.08）
上下结构	单字词	0.75（0.05）	0.76（0.05）		0.75（0.05）	
	双字词	1.12（0.14）	1.20（0.14）	0.90（0.35）	1.22（0.09）	0.12（0.07）

（1）平均首次注视位置及平均首次注视位置分布图

对平均首次注视位置进行方差分析，结果显示，单字词的结构主效应不显著，$F_1(1, 55) = 2.11$，$p > 0.05$，$F_2(1, 84) = 1.98$，$p > 0.05$，表明读者阅读左右结构和上下结构的单字词时的注视模式非常相似；双字词上的结构主效应也不显著，$F_1(1, 55) = 0.52$，$p > 0.05$，$F_2(1, 52) = 0.29$，$p > 0.05$，即被试注视不同结构的双字词时，平均首次注视位置没有差异。方差分析的结果表明，汉字结构并不影响读者对目标词的平均首次注视位置。对落在四个区域内首次注视的百分比进行分析，每种条件下的首次注视位置分布图见图 6–11。

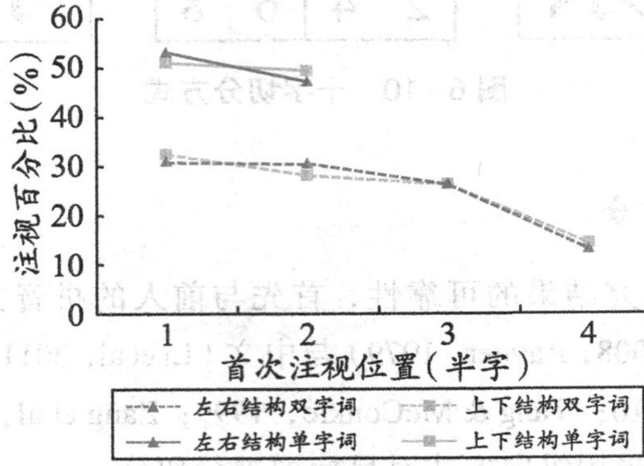

图 6–11　不同结构单字词和双字词的平均首次注视位置分布图

双字词条件下，对每一个区域内的注视百分比进行重复测量的方差分析（以下同），结果显示，汉字结构主效应在所有区域内［F_1（1，55）=0.11，p>0.05；F_1（1，55）= 1.93，p > 0.05；F_1（1，55）= 0.03，p > 0.05；F_1（1，55）= 1.89，p > 0.05］都不显著。这与平均首次注视位置的方差分析结果一致，都表明汉字结构不影响读者对目标词的平均首次注视位置。

（2）单次注视中的平均首次注视位置及首次注视位置分布图

如上所述，中文阅读过程中的首次注视位置存在分离现象，既包含单次注视中的首次注视，也包含多次注视中的首次注视。因此，对单次注视中的平均首次注视位置进行方差分析，结果发现，单字词上的结构主效应不显著，F_1（1，55）= 2.50，p > 0.05，F_2（1，84）= 1.53，p > 0.05；双字词上的结构主效应也不显著，F_1（1，55）= 0.81，p > 0.05，F_2（1，52）= 0.58，p > 0.05，即被试对目标词只有一次注视的条件下，汉字结构并没有影响读者对目标词的首次注视位置。对单次注视条件下，落在四个区域内首次注视的百分比进行分析，见图 6–12。

将区域作为一个自变量引入，对单字词数据进行 2（结构：上下和左右结构）× 2（区域：1 和 2）的重复测量的方差分析。结果发现，对单字词来说，所有效应均不显著，F_s<2.75，p_s>0.05。将区域作为一个自变量引入，对双字词数据进行 2（结构：上下和左右结构）× 4（区域 1、2、3 和 4）的重复测量方差分析。结果发现，汉字结构主效应不显著，$F(1, 54) = 3.14$，$p = 0.08$，区域主效应显著，$F(3, 162) = 32.70$，$p < 0.001$。对每个区域的首次注视的百分比进行事后检验发现，区域2（$M = 31\%$）和区域3（$M = 32\%$）的百分比相近（$p > 0.05$），区域2和区域3的百分比都明显大于区域1（$M = 22\%$）和区域4（$M = 16\%$）的百分比，而且区域4的百分比显著大于区域1的百分比。上述结果表明，当读者对目标词只有一个注视点时，读者的眼睛更多地落在一个双字词的中心位置，表明对中文读者来说，阅读双字词时存在偏向注视位置。汉字结构和区域的交互作用不显著，$F(3, 162) = 1.65$，$p > 0.05$，表明读者的眼跳模式不受汉字结构的影响。

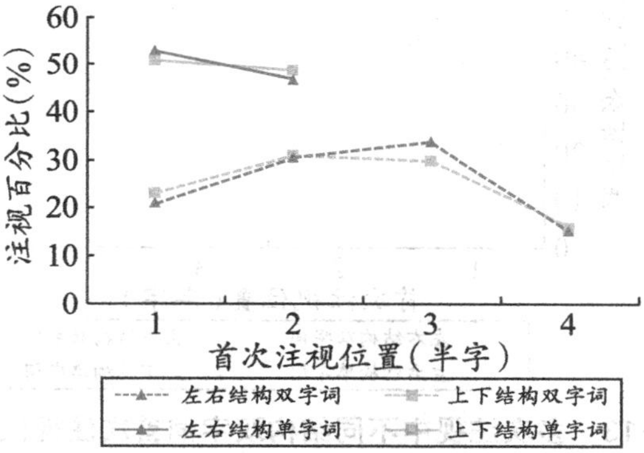

图 6-12　单次注视中不同结构单字词和双字词的首次注视位置分布图

双字词条件下，对每一个区域进行重复测量的方差分析，结果发现，汉字结构主效应在区域3内显著，$F_1(1, 55) = 4.15$，$p < 0.05$，表明单次注视条件下，相较于上下结构的双字词，读者对左右结构双字词的注视更倾向于落在词的中心位置。汉字结构的主效应在区域1 [$F_1(1, 55) = 1.79$，$p > 0.05$]、2 [$F_1(1, 55) = 0.01$，$p > 0.05$] 和4 [$F_1(1, 55) = 0.58$，$p > 0.05$] 内都不显著。

总之，在被试对目标词只有一次注视的情况下，即单次注视中，对左右和上下结构双字词的首次注视位置倾向于落在双字词的中心位置。这与前人的研究结果一致（Li et al.，2011；Yan et al.，2010；Zang et al.，2011）。而且汉字结构同样不影响单次注视中被试对目标词的首次注视位置。

（3）多次注视中的平均首次注视位置及首次注视位置分布图

对于多次注视中的平均首次注视位置，由于单字词的词长很短，被试再注视单字词的次数非常少，单字词条件下，多次注视中的第一次注视在所有首次注视中所占比例只有 5.60%，双字词条件下，多次注视中的第一次注视在所有首次注视中所占比例为25.17%，因此只对双字词的多次注视中的平均首次注视位置进行了分析，见表6–7。

对多次注视中的首次注视位置，方差分析结果显示，结构主效应不显著：F_1（1，55）=0.75，$p>0.05$，F_2（1，52）=0.04，$p>0.05$，表明两次注视中，被试注视不同结构双字词时的注视模式相似。对多次注视条件下，落在四个区域内首次注视的百分比进行分析，见图6–13。

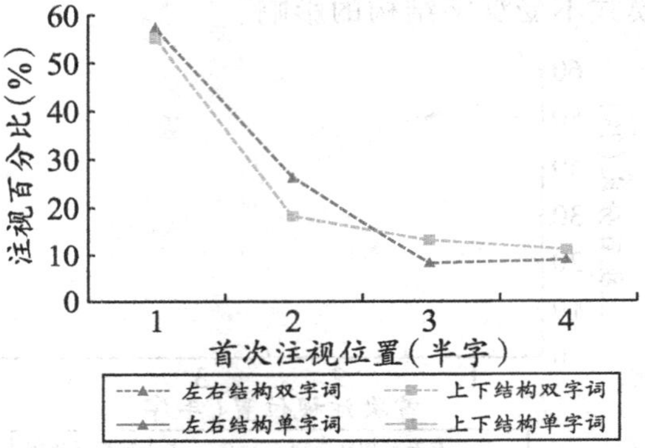

图6–13　多次注视中不同结构双字词首次注视位置分布

同样，将区域作为一个自变量引入，对双字词的数据进行2（结构：上下和左右结构）×4（区域1、2、3和4）的重复测量方差分析。结果发现，汉字结构主效应不显著，$F(1, 54)=2.00$，$p>0.05$。区域主效应显著，$F(3, 162)=76.69$，$p<0.001$。在多次注视条件下，读者更多地将首次注视落在区域1上（$M=56\%$），在区域2（$M=22\%$）、区域3（$M=11\%$）和区域4（$M=10\%$）上的首次注视百分比逐渐递减。汉字结构和区域的交互作用不显著，$F(3, 162)=1.79$，$p>0.05$。上述结果表明，读者在多次注视条件下的眼跳模式和单次注视条件下的眼跳模式明显不同，在单次注视条件下，首次注视位置分布呈二次曲线分布，多次注视条件下，首次注视位置分布呈负向曲线分布。在多次注视条件下，读者的首次注视更多地落在词首位置，而且不受汉字结构的影响。

双字词条件下，对每一个汉字区域进行重复测量的方差分析，结果显示，汉字结构的主效应在区域 2 内显著，$F_1(1, 55) = 5.96$，$p < 0.05$，表明多次注视中，相较于上下结构的双字词，读者阅读左右结构的双字词时，更多地将首次注视落在词首位置。汉字结构的主效应在区域 1 [$F_1(1, 55) = 0.18$，$p > 0.05$]、3 [$F_1(1, 55) = 2.83$，$p > 0.05$] 和 4 [$F_1(1, 55) = 0.40$，$p > 0.05$] 内都未达到显著水平。上述结果表明，多次注视中，被试对左右和上下结构目标词的首次注视位置倾向于落在双字词的开始部分，结构不影响多次注视中的首次注视位置。

（4）向前的平均注视位置及注视位置分布

对每种条件下向前的平均注视位置进行统计分析，见表 6-7。

对向前的平均注视位置进行方差分析，结果显示，单字词的结构主效应不显著，$F_1(1, 55) = 0.99$，$p > 0.05$，$F_2(1, 84) = 0.81$，$p > 0.05$，表明读者阅读左右结构和上下结构的单字词时的注视模式相似；双字词上的结构主效应也不显著，$F_1(1, 55) = 3.37$，$p > 0.05$，$F_2(1, 52) = 1.63$，$p > 0.05$，即被试注视不同结构的双字词时，向前的平均注视位置没有差异。对落在四个区域内向前的注视的百分比进行分析，见图 6-14。

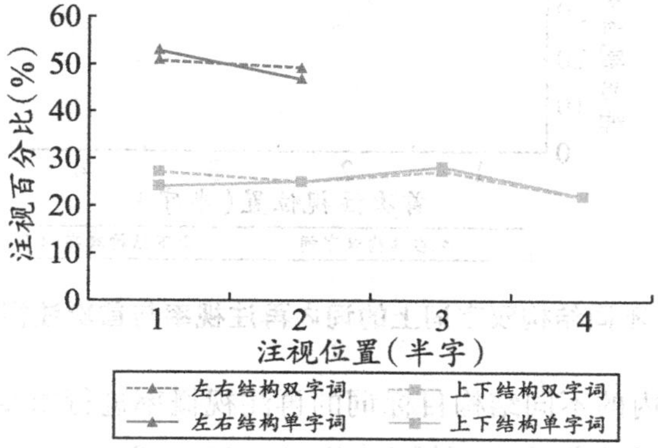

图 6-14　每种条件下向前的注视位置分布

双字词条件下，对每一个汉字区域进行重复测量的方差分析，结果显示，汉字结构的主效应在区域 1 内显著，$F_1(1, 55) = 4.03$，$p = 0.050$，表明相较于左右结构的双字词，读者阅读上下结构的双字词时，向前的注视更多地落在词首位置。汉字结构的主效应在区域 2 [$F_1(1, 55) = 0.07$，$p > 0.05$]、3 [$F_1(1, 55) = 1.24$，$p > 0.05$] 和 4 [$F_1(1, 55) = 0.18$，$p > 0.05$] 内都未达到显著水平。将区域作为被试内自变量引入，对双字词条件下的数据进行 2 × 4 的重复测量方差分析，结果发现，区域的主效应显著，$F_1(3, 165) = 6.62$，$p < 0.01$，表明双字词条件下，所有向前的注视并非均匀分布在每个区域内。

（5）首次注视位置上的再注视概率

为了考察汉字结构是否影响读者的再注视模式，对首次注视位置上的再注视概率进行统计。同样由于读者对单字词的再注视的比例非常少，因此只统计双字词的再注视概率，见表 6–7。

对双字词上的再注视概率进行方差分析，结构主效应显著，$F_1(1, 55) = 5.37$，$p < 0.05$，$F_2(1, 52) = 3.63$，$p = 0.062$，即相对于上下结构的双字词来说，被试再注视左右结构双字词的概率更高。对落在四个区域内再注视概率的百分比进行分析，见图 6–15。

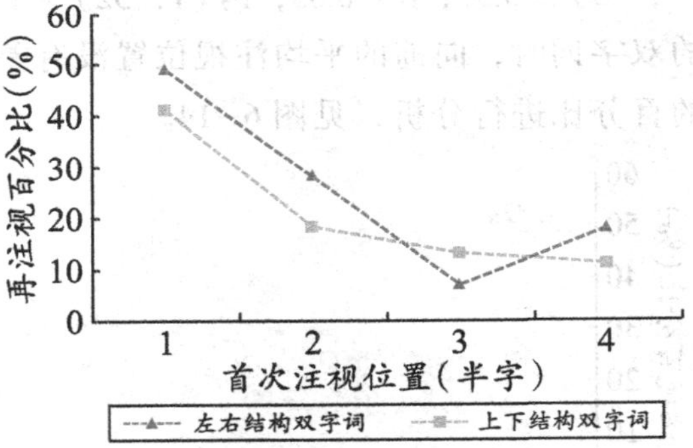

图 6–15　不同结构双字词上的词内再注视率与首次注视位置的关系

对同一区域内的不同结构目标词的再注视概率进行重复测量的方差分析，结果显示，结构的主效应在区域 1 [$F_1(1, 55) = 9.19$，$p < 0.01$] 和 2 [$F_1(1, 55) = 10.27$，$p < 0.01$] 内显著，表明在区域 1 和 2 内，被试再注视左右结构目标词的概率高于上下结构。在区域 3 内达到边缘显著水平，$F_1(1, 55) = 3.90$，$p = 0.053$，表明在区域 3 内，读者对上下结构双字词的再注视率高于左右结构。在区域 4 内，结构主效应不显著，$F_1(1, 55) = 2.15$，$p > 0.05$。

（6）首次注视位置上的再注视位置

关于再注视模式的考察，除了首次注视位置上的再注视概率这个指标外，还有一个比较直观的指标，即首次注视位置上的再注视位置，见图 6–16。由于没有足够的数据，因此没有进一步统计分析。

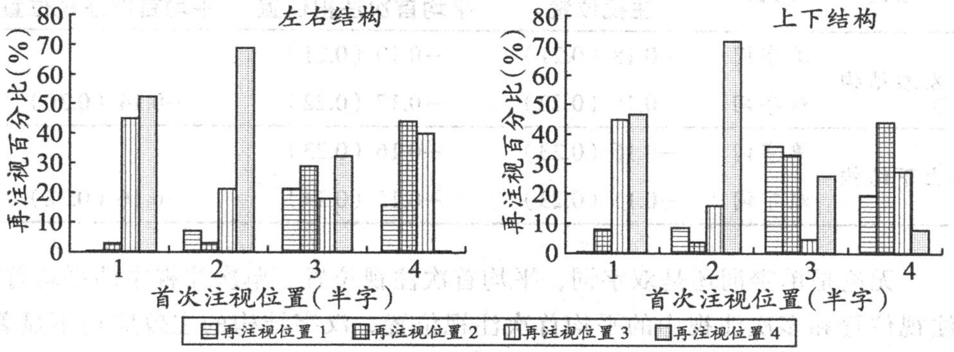

图 6–16　不同结构双字词上再注视位置与首次注视位置的关系

从图 6–16 可以看出，对于不同结构的双字词，再注视位置与第一次注视位置之间的关系模式非常相似。而且两种条件下的再注视模式都比较清晰，有规律，即首次注视落在词首，再注视倾向于落在词尾位置。

从上述结果可以看出，本实验结果与第一节实验 1 的研究结果基本一致。即阅读过程中，中文读者的首次注视位置分布出现分离的现象：在单次注视中，被试对双字词的首次注视倾向于落在词的中心位置；而在多次注视中，被试的首次注视倾向于落在词的开始部分。当首次注视落在词首时，被试再注视该词的概率最高，而且再注视倾向于落在词尾部分。此外，本研究的另外一个重要发现是，汉字结构不影响读者对目标词的首次注视位置，即读者阅读左右结构和上下结构的目标词时，对两种目标词的首次注视位置分布没有差异。但是，汉字结构影响读者对目标词的再注视概率，具体表现为，相较于上下结构，被试阅读左右结构目标词时再注视概率更高。

（二）横向切分

为了了解到底是汉字的上半部分还是下半部分更吸引读者的眼睛，采用横向切分方式分析。被试阅读不同结构的单字词和双字词时的平均首次注视位置、单次注视和多次注视中的平均首次注视位置，见表 6–8 和图 6–17。

表 6-8 被试注视目标词时各个指标上的结果

结构	词长	平均首次注视位置	单次注视中的平均首次注视位置	多次注视中的平均首次注视位置
左右结构	单字词	−0.18（0.21）	−0.19（0.21）	
	双字词	−0.16（0.22）	−0.17（0.22）	−0.14（0.30）
上下结构	单字词	−0.16（0.23）	−0.16（0.23）	
	双字词	−0.15（0.23）	−0.15（0.24）	−0.16（0.32）

无论是单字词还是双字词，平均首次注视位置、单次注视中的平均首次注视位置和多次注视中的平均首次注视位置，汉字结构的主效应均不显著，$F_s < 2.78$，$p_s > 0.10$。但是，在单次注视条件下，单字词上的平均首次注视位置表现出边缘显著效应，$F_2(1, 84) = 3.29$，$p = 0.07$。

读者的平均首次注视位置分布［图 6-17（a）］、单次注视条件下的首次注视位置分布［图 6-17（b）］和多次注视条件下的首次注视位置分布［图 6-17（c）］，相较于目标词的上半部分，读者的首次注视都更多地落在目标词的下半部分，$F_s > 16.30$，$p_s < 0.001$。造成上述结果的原因可能是，首次注视的平均横向位置（mean = 1.27 像素，$SD = 8.02$ 像素）和阅读一个实验句时所有汉字的所有横向注视位置（mean = 1.09 像素，$SD = 7.73$ 像素）存在差异，因为一个句子中一个汉字的中间部分代表 0。

首次注视位置上的再注视概率［图 6-17（d）］，结果发现，汉字结构的主效应呈边缘显著，$F(1, 54) = 3.78$，$p = 0.06$。区域的主效应不显著，$F(1, 54) = 1.09$，$p > 0.05$，表明在横向切分条件下，读者的再注视不受首次注视位置的影响。

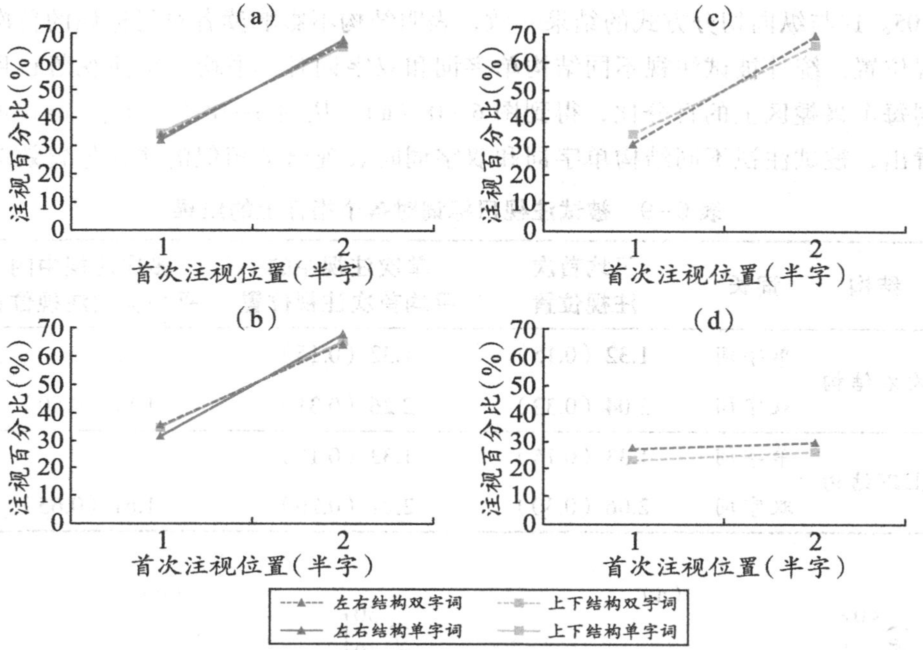

图 6-17 被试阅读不同结构的目标词时不同指标上的注视位置分布

（三）十字切分

前人研究发现，一个汉字的不同部分在汉字识别过程中的作用存在差异，因此，为了更详细地了解中文读者在阅读过程中到底是汉字的哪部分的信息在吸引读者的注意力和眼睛，研究者采用了十字切分方式。在这种切分方式下，只统计以下几个指标：①平均首次注视位置及首次注视位置分布；②单次注视中的平均首次注视位置及首次注视位置分布；③多次注视中的平均首次注视位置及首次注视位置分布；④首次注视位置上的再注视概率。被试阅读不同结构单字词和双字词时的平均首次注视位置、单次注视和多次注视中的平均首次注视位置，见表 6-9 和图 6-18。

（1）不同结构单字词和双字词平均首次注视位置分布

对平均首次注视位置进行方差分析，结果显示，单字词上的结构主效应不显著，F_1（1，55）= 0.45，$p > 0.05$，F_2（1，84）= 0.48，$p > 0.05$；双字词上的结构主效应也不显著，F_1（1，55）= 0.33，$p > 0.05$，F_2（1，52）= 0.16，$p >$

0.05。这与纵向切分方式的结果一致，表明结构不影响读者对目标词的首次注视位置。统计被试注视不同结构单字词和双字词时，平均首次注视落在目标词每个兴趣区上的百分比，得到图 6−18（a）。从图 6−18（a）可以很直观地看出，被试注视不同结构单字词和双字词时表现出了相似的注视位置效应。

表 6−9　被试注视目标词时各个指标上的结果

结构	词长	平均首次注视位置	单次注视中的平均首次注视位置	多次注视中的平均首次注视位置
左右结构	单字词	1.32（0.15）	1.32（0.15）	
	双字词	2.04（0.32）	2.26（0.31）	1.51（0.50）
上下结构	单字词	1.33（0.15）	1.33（0.15）	
	双字词	2.06（0.30）	2.21（0.26）	1.61（0.65）

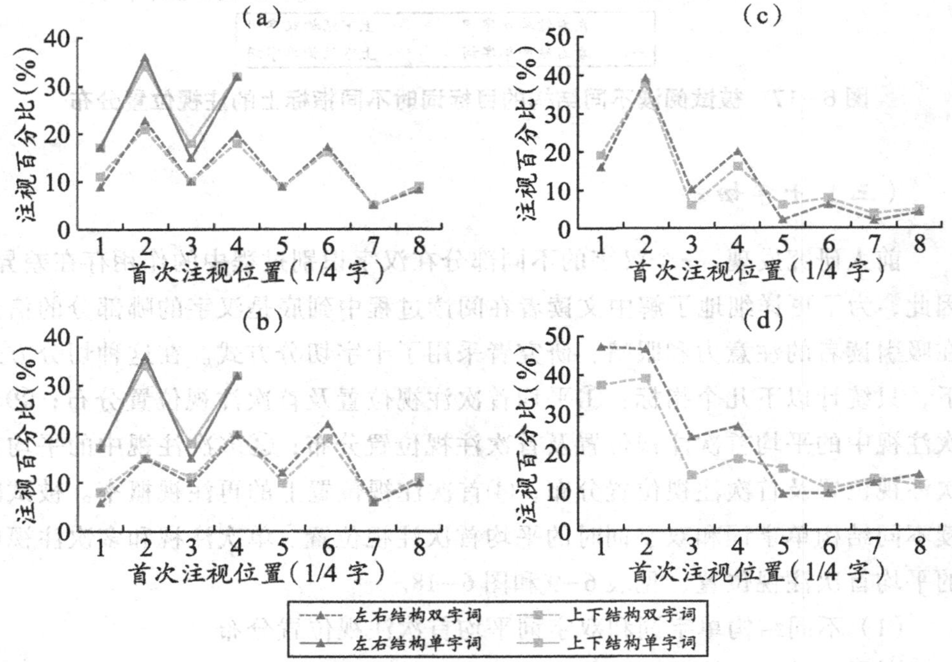

图 6−18　被试阅读不同结构的目标词时不同指标上的注视位置分布

（2）单次注视中的平均首次注视位置及首次注视位置分布图

对单次注视中的平均首次注视位置进行方差分析，结果显示，单字词上的结构主效应不显著，$F_1(1, 55)=0.54$，$p>0.05$，$F_2(1, 84)=0.25$，$p>0.05$；双字词上的结构主效应亦不显著，$F_1(1, 55)=1.15$，$p>0.05$，$F_2(1, 52)=0.69$，$p>0.05$。与纵向切分方式下的结果一致，汉字结构不影响单次注视中读者的首次注视的落点位置。统计单次注视中，被试注视不同结构的单字词和双字词时，首次注视落在每个兴趣区上的百分比，得到 6–18（b）。从图 6–18（b）可以直观地看出，单次注视条件下，被试对不同结构的单字词的注视模式非常相似，对不同结构双字词的注视模式也非常相似。

（3）多次注视中的平均首次注视位置及首次注视位置分布图

对多次注视中的平均首次注视位置（因为被试很少对单字词进行再注视，所以只统计了双字词多次注视中的首次注视位置）进行方差分析，结果显示，结构主效应不显著，$F_1(1, 55)=0.86$，$p>0.05$，$F_2(1, 52)=0.00$，$p>0.05$。表明多次注视条件中，左右和上下结构的双字词上表现出相似的注视位置效应。统计多次注视中，被试注视不同结构双字词时，首次注视落在每个兴趣区上的百分比，得到图 6–18（c）。

（4）首次注视位置上的再注视概率

同样在这个指标上，只统计双字词上的再注视概率。对被试注视两种不同结构双字词时的词内再注视率与首次注视位置的关系进行分析。从图 6–18（d）可以看出，当被试注视在两种结构双字词的开始部分时，再注视概率都很高，达到或超过 50%；而当被试注视在两种结构双字词的结尾部分时，再注视的比率都非常低，这与前人的研究结果比较一致。Yan 等人（2011）通过研究发现，当给被试呈现删除开始部分的笔画的汉字时，被试识别汉字最困难。结合前人的研究结果，研究者认为，一个汉字的开始部分在汉字识别和眼跳目标选择过程中起着很重要的作用。

四、讨论

在第一节实验 1 的基础上，本实验进一步考察了被试在阅读不同汉字结构（左右结构和上下结构）的单字词和双字词时，其注视位置效应是否存在差异。选取 56 名大学生为被试，记录被试阅读时的眼动轨迹。实验结果发现，在纵向切分方式下，被试在阅读不同结构的单字词和双字词时，具有相似的注视模式。本研究中双字词的实验结果与第一节实验 1 的结果和前人的研究结果（Yan et al.，2010；Zang et al.，2011）基本一致。具体表现为，在单次注视中，被试对双字词的首次注视倾向于落在词的中心部分；在多次注视中，被试对双字词的首次注视倾向于落在词的开头部分；当首次注视在双字词的开头部分时，对该词的词内再注视概率会增加。研究结果表明，被试在阅读双字词时，在单次注视条件下存在偏向注视位置，进一步验证了第一节实验 1 的结果，即中文阅读过程中的确存在偏向注视位置。

实验结果还发现，在横向切分方式下，被试注视不同结构的单字词和双字词时，无论是平均首次注视位置，还是单次注视中的平均首次注视位置，都倾向定位于目标词的下半部分。这些实验结果都表明，汉字结构并不影响中文阅读过程中读者对目标词的首次注视位置。同样，在十字切分方式下，本研究发现，汉字结构不影响读者对目标词的首次注视位置。

本研究结果发现，无论在哪种切分方式下，汉字结构都不影响读者对目标词的首次注视位置。这可能是由于，在本实验过程中，被试阅读句子并没有时间限制，要求被试按照平常的阅读习惯阅读。而前人研究中发现汉字结构对汉字识别过程产生影响，采用的大都是速示任务。曾捷英和喻柏林（1999）的研究发现，在速示实验中有结构主效应，在非速示实验中，没有发现结构主效应，这些实验结果表明，汉字的结构效应值可能随着视觉条件的改善（没有时间限制）而减少。在本实验中，读者的视觉条件非常好，非常有利于读者的阅读活动。如果在被试阅读句子的过程中限制时间，是否还会出现同样的结果，这可能是今后要研究的问题。而且实验过程中，除了目标词的汉字结构有差异，研究者对实验材料进行了严格的控制，尤其是笔画数、词频等变量，导致读者对处在副中央凹区域的不同汉字结构目标词的加工深度基本相同，因此汉字结构不影响读者对目标词的首次注视位置。

Yan 等人（2011）采用眼动追踪技术，探讨了删除汉字的部分笔画对句子阅读的影响，结果发现汉字的不同笔画在汉字识别过程中存在不同影响，具体为开始笔画的作用大于结尾笔画。而本研究并未发现类似结果。在横向切分条件下，本研究发现读者更多地注视汉字的下半部分，而结尾笔画大多位于汉字的下半部分，开始笔画位于汉字的上半部分。这可能是由于两个实验的材料不同所导致。Yan 等人研究中的汉字都是删除部分笔画后的汉字，与正常阅读有比较大的差异。在 Yan 等人的研究中，被试识别汉字的难度远远大于正常阅读。因此，可能在 Yan 等人研究中发现的结果在正常阅读过程中，由于上下文的作用，被削弱甚至消失了，当然这还需要进一步的研究来验证。

本研究虽然没有发现汉字结构影响被试的首次注视位置，但是我们却发现，被试在阅读左右和上下结构的单字词和双字词时，倾向于注视目标词的下半部分。表面上看，本研究结果可能与前人的研究结果（一个汉字的起始部分即左上角部分的重要性要大于右下角部分的重要性，在注视一个汉字时读者应该注视重要的左上角部分）相冲突。但是彭瑞祥（1982）通过对小学语文课本中三千个印刷体汉字的统计分析发现，汉字左上角的子模式的组字能力的确比右下角的强。但左上角子模式的形状较复杂，除构成子模式的部首的笔画外，总带有其他笔画。而右下角子模式的形状较简单，除它本身的笔画外，没有其他多余的笔画，并且右下角子模式中的交点、折点和歧点较少。在匹配过程中如规定扫描或搜索方式为从下到上从右到左，则对输入字的右下角的子模式能迅速做出决定，可以节省匹配的时间。因此，被试在阅读不同结构的单字词和双字词时，可能也是按照上述匹配或搜索模式来对目标词进行识别的，所以，才会出现被试对目标词的注视点基本上落在了目标词的下半部分这种现象。

本研究还发现，汉字结构影响读者对目标词的再注视概率。具体表现为，相较于上下结构，读者对左右结构目标词的再注视概率更高。这与前人的研究结果相反，前人研究发现，读者在识别左右结构的汉字时快于上下结构的汉字。本研究结果和前人结果出现不一致的原因可能是，前人研究得出的结果大都采用的是快速反应时实验，采用的实验任务是快速命名任务等，而本研究采用的是生态效度更高的眼动追踪记录法，并且本研究采用的是句子阅读，更接近于正常阅读。因此，实验方法和实验材料的差异可能是导致实验结果出现不一致的原因之一。而且前人的研究发现的结构主效应，更多反映的是汉字识别的一种早期结果。而在本实验中，再注视概率更多反映的是一个后期指标。因此，关于汉字结构对读者汉字识别和再注视概率的影响还需要更多的实证数据的支持。

五、结论

本研究条件下，可得出如下结论：①中文阅读过程中，单次注视条件下存在偏向注视位置；②汉字结构不影响读者在阅读过程中对目标词的首次注视位置；③汉字结构影响读者对目标词的再注视概率，具体表现为相较于上下结构的目标词，读者对左右结构目标词的再注视概率更高。

第三节　词边界信息对歧义短语注视位置效应的影响

一、实验目的

第一节和第二节分别探讨了汉字笔画数和汉字结构对注视位置效应的影响，结果发现，双字词中首字笔画数影响首次注视的落点位置，汉字结构不影响首次注视位置。正如上文介绍中文书写文本的特点时提到，中文文本与有空格的拼音文字之间的一个最明显的视觉特征差异是，中文文本没有明显的词边界信息。关于词边界信息在拼音文字阅读过程中的重要性，已经通过大量研究得到了验证（Morris et al.，1990；Pollatsek & Rayner，1982；Rayner et al.，1998；Rayner & Pollatsek，1996）。而且，更重要的是，词边界信息引导着读者在阅读过程中的眼跳策略（Rayner et al.，1998）。以拼音文字为材料的眼动研究发现，删除词间空格后，干扰了读者的眼跳目标选择。那么在中文文本中引入词边界信息（插入词间空格），是否也会影响读者的眼跳目标选择呢？如果存在影响，那么这种影响是促进还是干扰呢？

为了回答上述问题，Zang 等人（2013a）将词边界信息（词间空格）引入到中文正常文本中，比较大学生在阅读正常文本和有词间空格的文本两种条件下的眼跳模式。结果发现，相较于正常文本，读者在有词间空格的条件下，多次注视中的首次注视更接近词的中心位置；而且在有词间空格的条件下，读者对词的再注视概率降低，提高了读者的阅读效率。因此，词间空格的引入在一定程度上促进了读者的阅读过程。白学军等人（2012）选取了韩国、美国、日本和泰国四国留学生各 20 名，邀请他们在正常无空格和有词间空格两种呈现方式下阅读中文语句。结果发现，与 Zang 等人（2013a）的研究结果一致，词边界信息能够有效地引导中文二语学习者的眼动行为和眼跳计划。具体表现为，相较于正常无空格条件，中文二语学习者在有词间空格的条件下的首次注视更多地落在词的中间部分。因此，前人的研究一致发现，词边界信息的引入可以在一定程度上促进读者的眼跳目标选择过程。

有研究者认为，词切分一致性是影响注视位置效应的一个很重要的因素（Yan et al.，2010）。分析上述研究发现，实验材料无任何歧义（我们称之为普通文本），词切分一致性较高（95.7%）。然而，汉语中还存在这样一些特殊短语，如“集体力量”，“集体”是一个词，“力量”是一个词，“体力”又是一个词，研究者把这类短语称为“歧义短语”（spatially ambiguous words）。Inhoff 和 Wu（2005）考察了读者阅读歧义短语（如“专科学生”）、“开端相同”（如“专科毕业”）和“末尾相同”（如“外地学生”）短语时的首次注视位置，结果发现读者在阅读上述三种目标词时的首次注视位置不存在显著差异。Wu，Slattery，Pollatsek 和 Rayner（2008）通过研究发现，歧义短语歧义性的影响主要出现在词汇识别过程（即“when”）的晚期阶段，但是他们在研究中并未分析歧义性对注视位置效应的影响。Ma，Li 和 Rayner（2014））考察了读者阅读三个汉字构成的歧义短语（如“按时装”）时的词切分和词汇识别过程，即“when”的决定。结果发现，知觉广度范围内的所有汉字能够构成的任何一个词都被激活，而只有激活程度较高的词才能胜出。

前人通过研究发现，词边界信息的引入对读者阅读时的眼跳目标选择有一定的促进作用（白学军等，2012；臧传丽，2010；Zang et al.，2013a）。如果将词边界信息引入到歧义短语中，是否也会对读者的眼跳目标选择产生一定的促进作用呢？分析前人的研究发现，Zang 等人（2013a）只分析了非歧义文本正常呈现和词间空格文本两种条件，本研究增加了两种条件 [字间阴影条件和歧义阴影条件]。根据 Bai，Yan，Liversedge，Zang 和 Rayner（2008）的研究，阴影与词间空格有同等的词切分效果，全面考察词边界信息是否影响读者阅读歧义短语时的眼跳策略。根据 Zang 等人（2013a）的研究结果，词边界信息对读者的多次注视条件中的首次注视位置和再注视概率产生了影响，那么其是否影响读者阅读歧义短语时的首次注视位置和再注视模式？假如词边界信息影响读者阅读歧义短语时的注视位置效应，我们推测在词间阴影条件下，多次注视事件中，读者对目标词的首次注视位置更接近词的中心位置，并且读者对歧义短语的再注视概率最低。

二、实验方法

（一）被试

来自天津师范大学的56名大学生参加本实验（平均年龄20.6岁，其中6名男生，50名女生）。母语均为汉语，视力或矫正视力正常，所有被试均不知道实验目的。

（二）实验材料和设计

挑选出60个歧义短语，并造句。如“微小区别”短语。在这个短语中，“微小”是一个双字词，“区别”是一个双字词，“小区”也可以构成一个双字词。但是只有“微小”和“区别”两个词符合句子的语境，详见表6-10。句子长度范围在17～27个汉字之间（平均21.45个汉字）。邀请21名不参加正式实验的大学生对句子的通顺性进行五点量表评定，评定结果为4.48（“1”：非常不通顺，“5”：非常通顺），表明所有实验句都较通顺。实验设置了四种词边界信息条件：正常无阴影、词间阴影、歧义阴影、字间阴影（见表6−10）。

表6−10　四种词边界信息条件举例

词边界信息条件	句　子
正常无阴影	排量大小的微小区别可能会影响汽车的销售价格。
词间阴影	排量大小的微小区别可能会影响汽车的销售价格。
歧义阴影	排量大小的微小区别可能会影响汽车的销售价格。
字间阴影	排量大小的微小区别可能会影响汽车的销售价格。

注：“微小区别”为歧义短语，实验材料中的阴影采用的是黄色阴影。

参考Yan等人（2010）的评定方法，由21名不参加正式实验的被试对实验句的词边界的划分进行评定。结果发现词切分一致性百分比为94.8%，范围在83%～100%之间。正式实验之前，有12个句子供被试练习，所有被试阅读同一组练习句子。在实验条件间按照拉丁方顺序进行轮组后形成4组实验材料，每个被试只阅读其中的一组。每一组包含60个句子，每种条件下15个句子，在每一组内句子随机呈现。另外，根据实验句子的内容设置了16个阅读理解问题，要求被试做“是”“否”的按键反应，其中“是”“否”的反应各占一半。

本实验采用单因素（词边界信息条件）四水平（正常无阴影、词间阴影、歧义阴影和字间阴影）的被试内设计。

（三）仪器

同第一节的实验仪器。

（四）实验程序

（1）被试进入实验室，邀请其坐在椅子上，告知被试实验进行中尽量保持不动。

（2）采用9点校准被试的眼睛。

（3）向被试呈现指导语：“下面你将要阅读一些句子，有些句子会有黄色阴影，有些句子没有，请你按照平时的阅读习惯认真阅读，并理解每句话的含义。有些句子之后会出现一个阅读理解题，请你根据句子的含义做出判断，并按相应的反应键。”

（4）正式实验前，先进行练习。

（5）练习结束，进入正式实验。整个实验大约持续30分钟。

（五）数据分析和指标

参考前人研究（Inhoff & Wu，2005；Li et al.，2011），歧义短语为分析目标，每个汉字为一个兴趣区，具体见图6–19。用SPSS 16.0对四种条件下的实验数据进行重复测量的方差分析，以被试（F_1）和项目（F_2）作为随机效应。

微 | 小 | 区 | 别　　1 | 2 | 3 | 4

图 6-19　目标区域兴趣区的划分示意图

注：对于分别落在区域 1，2，3，4 中的注视，注视位置分别编码为 0-1，1-2，2-3，3-4。

根据前人研究（孟红霞等，2014；Zang et al.，2013b），采用以下分析指标：①平均首次注视位置（在词上的首次注视，不管总共有多少次注视）及首次注视位置分布；②单次注视条件下的平均首次注视位置及首次注视位置分布；③多次注视事件中的平均首次注视位置及首次注视位置分布；④所有向前的注视的平均注视位置及注视位置分布；⑤首次注视位置上的再注视概率。

三、实验结果

所有被试阅读理解题的平均正确率为 96.9%，表明被试在实验过程中认真阅读并理解了实验句。参照以下标准对数据进行筛选（白学军等，2011；孟红霞等，2014）：①被试跟踪丢失；②注视时间小于 80 ms 或大于 1200 ms；③平均数大于或小于三个标准差。最后删除了 3.77%的数据。被试在四种呈现条件下每个指标上的结果，见表 6-11。

表 6-11　被试注视目标词各个指标上的结果

呈现条件	平均首次注视位置	单次注视中的平均首次注视位置	多次注视中的平均首次注视位置	向前的平均注视位置	首次注视位置上的再注视概率
正常无阴影	1.60（0.23）	1.94（0.60）	1.48（0.27）	2.32（0.20）	0.68（0.19）
词间阴影	1.60（0.23）	1.77（0.45）	1.51（0.24）	2.33（0.15）	0.69（0.18）
歧义阴影	1.56（0.27）	1.76（0.57）	1.46（0.22）	2.30（0.17）	0.72（0.14）
字间阴影	1.58（0.28）	1.88（0.56）	1.46（0.23）	2.34（0.16）	0.76（0.15）

（一）平均首次注视位置及首次注视位置分布

首先考察词边界信息是否影响读者对歧义短语的平均首次注视位置，对目标区域上的平均首次注视位置进行统计（见表 6-11）。对四种词边界信息条件下的平均首次注视位置进行重复测量的方差分析，结果显示，词边界信息条件的主效应不显著，$F_1(3, 165)=0.54$，$p_1>0.05$，$F_2(3, 177)=0.72$，$p_2>0.05$，表明词边界信息的引入不影响读者对歧义短语的首次注视位置。对落在四个区域内的首次注视的百分比进行统计，见图 6-20。

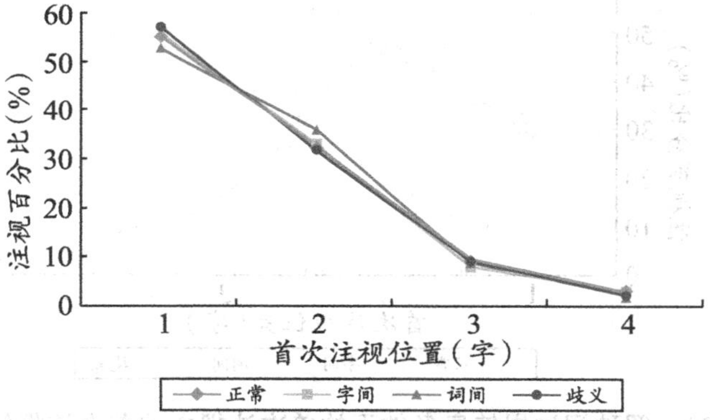

图 6-20　四种呈现条件下的首次注视位置分布

注：正常即正常无阴影条件，字间即字间阴影条件，词间即词间阴影条件，歧义即歧义阴影条件。以下同。

对落在每一个汉字区域内的每种词边界信息条件下的首次注视的百分比进行重复测量的方差分析，结果发现，词边界信息条件的主效应在四个区域内都不显著，$F_1(3, 165)=1.24$，$p>0.05$；$F_1(3, 165)=1.27$，$p>0.05$；$F_1(3, 165)=0.17$，$p>0.05$；$F_1(3, 165)=1.16$，$p>0.05$，表明无论在哪种词边界信息条件下，被试对歧义短语的首次注视都更多地落在开头位置。与平均首次注视位置的分析结果一致，都表明词边界信息的引入不影响读者对歧义短语的首次注视的落点位置。

（二）单次注视中的平均首次注视位置及首次注视位置分布

如上所述，平均首次注视位置既包含单次注视中的首次注视位置，也包含多次注视中的首次注视位置，而且两种情况下的首次注视位置的分布有差异。因此，对单次注视中的平均首次注视位置进行统计（见表 6-11）。对单次注视中的平均首次注视位置进行重复测量的方差分析，结果发现，词边界信息的主效应不显著，$F_1(3,\ 165)=1.44$，$p_1>0.05$；$F_2(3,\ 177)=2.33$，$p_2>0.05$，表明在单次注视中，词边界信息仍然不影响读者对歧义短语的首次注视位置。对单次注视中，落在四个区域内的首次注视的百分比进行统计分析，见图 6-21。

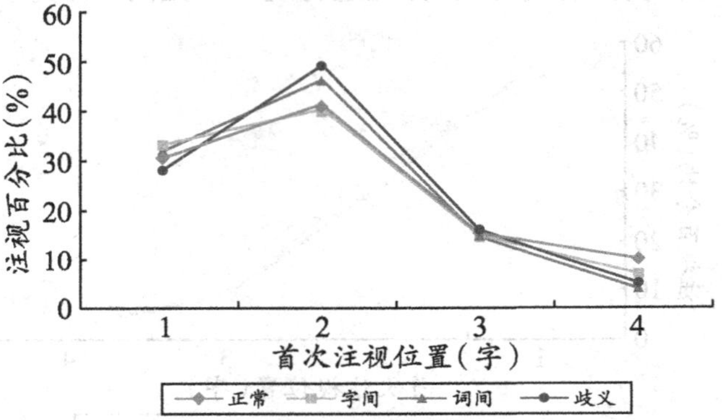

图 6-21　四种词边界信息条件下的单次注视中的首次注视位置分布

对落在每个区域的百分比进行 4（词边界信息）× 4（区域）的重复测量方差分析。结果发现，区域的主效应显著，$F(3,\ 165)=58.95$，$p<0.001$，$\eta^2=0.52$，进一步分析发现，落在区域 2 中的百分比（43%）明显大于落在区域 1（31%）、区域 3（16%）和区域 4（6%）中的百分比，p 值分别为 0.007，0.000，0.000。结合图 6-22，表明单次注视中，读者对歧义短语的首次注视更多地落在中心位置。呈现条件主效应不显著，$F(3,\ 165)=1.00$，$p>0.05$，呈现条件和区域的交互作用不显著，$F(9,\ 495)=0.94$，$p>0.05$。与单次注视中平均首次注视位置的结果一致，表明单次注视中，词边界信息不影响读者对目标区域首次注视的落点位置。从图 6-22 可以看出，单次注视中，读者对目标区域的首次注视更多地落在区域的中心位置，与前人的研究结果基本一致（Li et al.，2011）。

（三）多次注视中的平均首次注视位置及首次注视位置分布

多次注视中的首次注视在所有首次注视中所占的比例为71.2%，其中正常无阴影条件下占68.1%，字间阴影条件下占75.7%，词间阴影条件下占69.5%，模糊条件下占 71.8%。为了考察四种词边界信息条件下，多次注视中的首次注视位置及其分布，对四种条件下在多次注视中的平均首次注视位置进行统计（见表6－11和图6－22）。

对多次注视中的平均首次注视位置进行重复测量的方差分析，结果显示，词边界信息条件的主效应不显著，F_1（3，165）=0.55，p_1>0.05；F_2（3，177）=1.21，p_2 > 0.05，表明多次注视中，词边界信息不影响读者对歧义短语的首次注视位置，而且首次注视位置倾向于落在目标区域的开始位置。

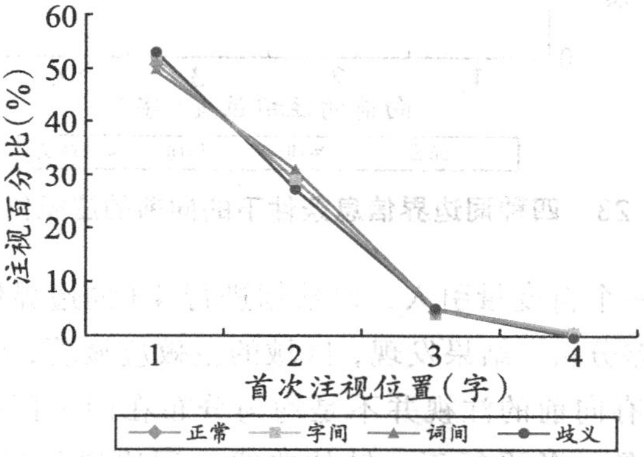

图6－22　四种词边界信息条件下多次注视中的首次注视位置分布

对多次注视中的首次注视的百分比进行重复测量的方差分析，结果显示，词边界信息的主效应在四个区域内均不显著，F_1（3，165）= 0.77，p > 0.05；F_1（3，165）=0.54，p > 0.05；F_1（3，165）=0.61，p > 0.05；F_1（3，165）= 0.19，p > 0.05，表明在多次注视中，词边界信息同样不影响读者对歧义短语的首次注视位置。从图 6－22 可以看出，多次注视中，无论在哪种词边界信息条件下，读者对歧义短语的首次注视更多地落在开始位置。

（四）向前的平均注视位置及注视位置分布

为了考察词边界信息是否影响读者对歧义短语的向前的平均注视位置及

其分布，对四种条件下的向前的平均注视位置进行统计（见表6-11）。

对向前的平均注视位置进行重复测量的方差分析，结果显示，词边界信息的主效应不显著，F_1（3，165）=1.40，p_1>0.05；F_2（3，177）=0.46，p_2>0.05，表明四种词边界信息条件下向前的平均注视位置几乎是相同的，即词边界信息不影响向前的平均注视位置。对落在四个区域内的向前的注视的百分比进行统计，见图6-23。

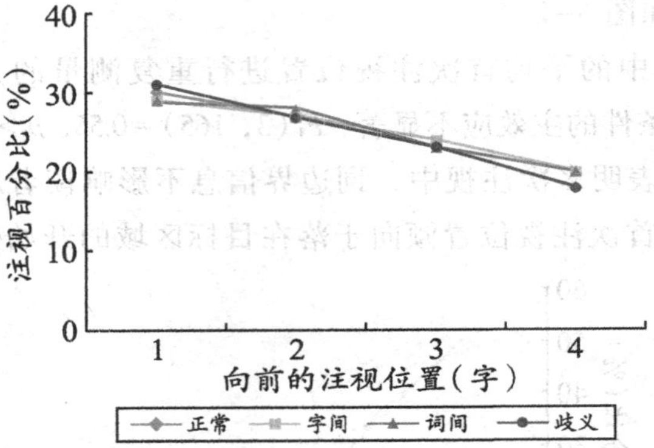

图6-23　四种词边界信息条件下的向前的注视位置分布

将区域作为一个自变量引入，对数据进行4（词边界信息）×4（区域）的重复测量的方差分析，结果发现，区域的主效应显著，F_1（3，165）=73.73，p<0.01，表明所有向前的注视并不是均匀分布在四个区域内，即向前的注视位置分布并非是一条平行于x轴的曲线。词边界信息的主效应不显著，F_1（3，165）=2.17，p>0.05。词边界信息和区域的交互作用不显著，F_1（9，522）=0.71，p>0.05。

对四个区域内向前注视的百分比进行重复测量的方差分析，结果显示，词边界信息的主效应在1［F_1（3，165）=0.87，p>0.05］、2［F_1（3，165）=0.39，p>0.05］、3［F_1（3，165）=0.55，p>0.05］和4［F_1（3，165）=1.14，p>0.05］内均不显著，与向前的平均注视位置的分析结果一致，表明词边界信息不影响向前的注视位置分布。

（五）首次注视位置上的再注视概率

Zang等人（2011）的研究发现，词边界信息影响读者对双字词的再注视概率。那么词边界信息是否影响读者对歧义短语的再注视概率呢？为了回答这一问题，对四种词边界信息条件下的首次注视位置上的再注视概率进行统计，见表 6-11。

对首次注视位置上的再注视概率进行重复测量的方差分析，结果发现，词边界信息的主效应显著，$F_1(3, 165) = 4.91$，$p_1 < 0.01$，$\eta^2 = 0.08$，$F_2(3, 177) = 3.86$，$p_2 < 0.05$，$\eta^2 = 0.06$，表明词边界信息影响读者对歧义短语的再注视概率。对数据进行配对 t 检验，结果发现，正常无阴影条件与字间阴影条件、字间阴影与词间阴影条件之间的再注视率差异显著，$t = 3.41$，$p < 0.01$；$t = 3.06$，$p < 0.01$，表明字间阴影条件妨碍了读者的再注视模式。其他两两条件之间的再注视率差异不显著，$t = 0.82$，$p > 0.05$；$t = 1.68$，$p > 0.05$；$t = 1.79$，$p > 0.05$；$t = 1.14$，$p > 0.05$。统计落在四个区域内每种条件下的再注视百分比，见图 6-24。

对百分比数据进行 4（词边界信息）× 4（区域）的重复测量的方差分析发现，区域主效应显著，$F(3, 165) = 437.17$，$p < 0.01$，$\eta^2 = 0.89$。进一步分析发现，落在区域 1 中的百分比（59%）明显大于落在区域 2（34%）、区域 3（6%）和区域 4（1%）中的百分比，p 值均为 0.000，表明当首次注视落在区域 1 上时，读者再注视歧义短语的概率最高。

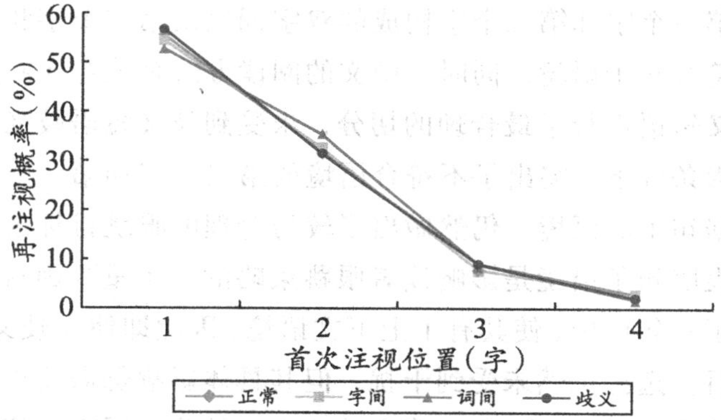

图 6-24　四种词边界信息条件下词内再注视概率与首次注视位置的关系

四、讨论

本研究探讨词边界信息的引入对读者阅读歧义短语时的注视位置效应的影响。结果发现，单次注视条件下，首次注视通常落在歧义短语第一个词的第二个汉字上；多次注视条件下更多地落在歧义短语第一个词的第一个汉字上。与前人的研究结果比较一致（白学军等，2012；白学军等，2011；Li et al.，2011；Shu et al.，2011）。进一步验证了前面两个实验的结果，即单次注视条件下存在偏向注视位置。本研究还发现，所有向前的注视位置在最后一个区域有明显的下降趋势，与白学军等人（2011）和前两个实验的结果一致。最后，本实验发现当首次注视落在歧义短语的开始部分时，再注视概率最高。

本研究重点考察词边界信息的引入是否影响读者阅读歧义短语时的注视位置效应。结果发现，无论是单次注视情况中还是多次注视情况中，词边界信息都不影响读者的首次注视位置。这与前人的研究结果不太一致（白学军等人，2012；Zang et al.，2013a）。这可能是由于本研究和前人研究所采用的实验材料不同。本研究采用的是歧义短语，前人研究分析的是双字词。实验材料的差异可能导致实验结果的差异。而且，本研究中的歧义短语，虽然第二个汉字和第三个汉字也构成一个双字词，但是该词不符合整个句子的语境，而歧义短语第一个字和第二个字构成的双字词以及第三个字和第四个字构成的双字词都符合句子语境。同时，中文的阅读方式是从左向右，因此读者很自然地对歧义短语进行了最合理的切分，未受到歧义短语歧义性的影响。甚至在歧义阴影条件下，突出了不符合语境的第二个字和第三个字构成的双字词，读者根据句子的语境，仍然做出了较为合理的眼跳目标选择。这在一定程度上可能表明句子语境是影响读者眼跳策略的一个重要因素，研究者将歧义短语放在了一句话中，使其有了上下文语境，因此即使在歧义阴影条件下，读者的眼跳目标选择仍然未受到干扰，但其具体影响仍需要进一步的研究。

白学军等人（2012）和 Zang 等人（2013a）认为，词边界信息在一定程度上可以促进读者的眼跳目标选择，即词间空格条件下，多次注视中的首次注视更多地落在词的中心位置。但本研究发现，词边界信息既未产生促进作用，也未发现阻碍作用。可能原因是：①实验材料不同。Zang 等人（2013a）研究中的被试有小学生，为了比较大学生和小学生的阅读模式，研究者选用了小学生能够理解的语句，但对于大学生来说可能会由于过于简单而出现天花板效应。本研究选取的是歧义短语，用歧义短语来造句。相较于本研究的实验材料，Zang 等人（2013a）的实验材料对于大学生而言可能会过于简单。②白学军等人（2012）和 Zang 等人（2013a）采用的是词间空格标记，本研究采用的是词间阴影标记。虽然 Bai 等人（2008）发现，词间阴影与词间空格对阅读的时间方面产生了相同的作用，但是还没有直接的证据表明词间空格和词间阴影对注视位置也具有相同的作用，这还需要进一步的研究。

本研究发现正常条件和词间阴影条件下，读者的再注视概率显著低于字间阴影和歧义阴影条件，表明当引入不合适的词边界信息时，干扰了读者的加工过程。但是读者在正常条件和词间阴影条件下的再注视概率没有显著差异，可能是由于文本呈现方式的熟悉性与有无词边界信息所产生的促进和干扰作用存在权衡。此外，虽然中文书写系统中没有明显的词边界信息，但是有研究发现中文词中的词素的位置信息在一定程度上能够对读者的词切分过程起促进作用（梁菲菲，2013）。

本研究发现词边界信息影响读者对歧义短语的再注视概率（“where” 方面的结果），表明词边界信息的影响主要出现在读者眼跳行动和眼跳计划的后期阶段。虽然 Inhoff 和 Wu（2005）发现，在正常呈现条件下，读者对歧义短语的首次注视位置与控制条件下无任何差异，但是他们发现，读者阅读歧义短语时需要更多的凝视时间和总注视时间［凝视时间和总注视时间可以看作是词汇识别过程（即 “when”）的后期加工指标］。Wu 等人（2008）通过研究发现，歧义短语的歧义性的影响主要出现在歧义短语识别过程（即 “when”）的晚期阶段。由此可以看出，词边界信息的作用主要表现在歧义短语加工的晚期阶段。

五、结论

本研究条件下，可得出如下结论：

（1）汉语阅读过程中，单次注视条件下，存在偏向注视位置。

（2）词边界信息不影响读者对歧义短语的首次注视位置。

（3）词边界信息影响读者对歧义短语的再注视概率，具体为字间阴影条件下再注视概率最高，其次是歧义阴影条件。

第四节　综合讨论

关于在问题提出中提到的第一个问题，即中文阅读过程中是否存在偏向注视位置。本研究的三个实验都发现，中文读者在阅读过程中的首次注视呈现分离的现象，即在单次注视条件下，读者对目标词的首次注视倾向于落在词的中心位置，首次注视位置的分布呈倒“U”形曲线；在多次注视条件下，读者对目标词的首次注视更多地落在词的开始部分，首次注视位置的分布呈负向的线性趋势。这与前人的研究结果一致（白学军等，2011；Li et al.，2011；Yan et al.，2010），表明中文阅读过程中，单次注视条件下的确存在偏向注视位置，中文读者的眼跳是有计划、有目的的，而不是随机的。

关于最佳注视位置，前人研究的一致结果是，当首次注视落在词首时，读者再注视该词的概率最高。本研究中的三个实验的结果都进一步验证了此结果，而且三个实验还发现，当首次注视落在词首位置时，再注视更多地落在词尾，读者的再注视模式都比较清晰，有规律。

关于在问题提出中提到的第二个问题，即中文阅读过程中眼跳选择的目标是“词”，还是“字”，抑或是“字”“词”相结合的方式。Rayner（2009）认为，在拼音文字阅读过程中发现的偏向注视位置和最佳注视位置，表明了拼音文字阅读过程中读者眼跳选择的目标是“词”，而非“字母”。本研究的三个实验同样发现了偏向注视位置，那么是不是就可以推论，与拼音文字一样，中文阅读过程中眼跳选择的目标是“词”，而不是“汉字”呢？关于这一问题，Li 等人（2011）提出了不同的看法，他们认为，中文阅读过程中发现偏向注视位置，并不能直接就得出中文阅读过程中眼跳选择的目标是“词”这一结论。Li 等人（2009）在实验研究和数据模拟的基础上，曾提出一个理论模型——词切分和词汇识别模型。根据此理论模型，Li 等人（2011）同样模拟出了偏向注视位置。另外，Li 等人（2011）认为，偏向注视位置只是包含了读者对目标词的首次注视的落点位置，并未将词内再注视的位置包含在内，偏向注视位置的这种计算方法不合理，因此他们提出了一个新的指标，即向前的注视位置及其分布，结果发现先前的注视位置分布是一条平行于 x 轴的曲线，因此在实验和模拟的基础上，Li 等人认为中文阅读过程中眼跳的基础是"字""词"相结合的方式。为了验证 Li 等人的观点，本研究中的三个实验都分别统计了向前的注视位置及分布。结果发现三个实验的结果都不支持 Li 等人的观点，三个实验一致发现，读者的向前的注视位置分布在词尾部分有一个很明显的下降趋势。因此，三个实验的结果都表明中文阅读过程中眼跳选择的目标是"词"，进一步说明了"词"在中文阅读中的重要的心理实在性（Bai et al.，2008）

大量拼音文字的眼动研究表明，单词的低水平视觉因素（例如词长和词间空格）是眼睛移向何处（where）的主要决定因素。由于中文和拼音文字的相似性和差异，本研究还重点考察了中文中"词"的低水平视觉线索是否影响注视位置效应。第一节考察了汉字笔画数对注视位置效应的影响，第二节和第三节分别考察了汉字结构和词边界信息对注视位置效应的影响。结果发现：①双字词的首字笔画数影响读者对目标词的首次注视位置。具体表现为，当首字为多笔画字时，首次注视更倾向于落在词首；当首字为少笔画字时，首次注视更多地落在词尾。②汉字结构不影响读者对目标词的首次注视的落点位置，但是影响读者对目标词的再注视概率，即相较于上下结构的目标词，读者再注视左右结构目标词的概率更高。③词边界信息不影响读者阅读歧义短语时的注视位置效应，而且更有趣的是，当凸显出不符合句子语境的双字词时，亦未对读者的首次注视位置产生干扰。但是，词边界信息影响读者对目标词的再注视概率。因此，结合三个实验的结果我们认为，汉字笔画数，尤其是双字词的第一个汉字的笔画数是影响读者的首次注视位置的一个很重要的因素，而汉字结构和词边界信息不影响读者对目标词的首次注视位置，但是影响对目标词的再注视概率。即汉字笔画数在眼跳目标选择的初期阶段起作用，汉字结构和词边界信息在眼跳目标选择的后期阶段起作用。

本研究结果与拼音文字的结果比较一致，拼音文字的研究结果表明，词长是眼睛移向何处（where）的一个很重要的决定因素，本研究结果发现，汉字笔画数是影响首次注视位置的一个很重要的因素。而且，Yang 和 McConkie（1999）认为，词长和汉字笔画数在各自的语言系统中发挥的作用比较类似。

因此，与拼音文字相似，汉语中的词的低水平视觉因素——汉字笔画数，是影响读者首次注视位置的决定因素。

但是，本研究发现，与拼音文字不同，词边界信息的引入并未对首次注视位置产生任何促进作用，这与前人的研究结果也不一致。产生这种不一致的原因可能是：①被试不同。前人研究中选取的被试都是阅读水平较低的被试，包括中文二语学习者和小学生，本研究中的被试都是阅读水平较高的被试，都是母语为汉语的大学生和研究生。因此，词边界信息的引入可能在一定程度上有助于阅读水平较低的读者的眼跳目标选择和眼跳计划，但是对于阅读水平较高的被试来说，因为其是非常熟练的读者，因此词边界信息的引入的促进作用可能就不明显，甚至就消失了。②实验材料不同。前人研究中的实验材料采用的是一些非常简单的句子。本研究中第三节的实验材料采用的是中文中的一种特殊短语，即歧义短语，相较于前人的实验材料的难度，本研究中的实验材料的难度较大。因此，由于上述两种可能的原因，导致在实验3中并未发现词边界信息的引入对读者的首次注视位置的促进作用。

在该研究条件下，得出以下结论：①中文阅读过程中，单次注视条件下存在偏向注视位置；②中文阅读过程中眼跳选择的目标是“词”；③低水平视觉因素——汉字笔画数影响中文阅读的注视位置效应，具体表现为，当首字为多笔画字时，首次注视更倾向于落在词首位置，当首字为少笔画字时，首次注视更多地落在词尾位置，这可能与读者对副中央凹词的预加工深度有关；④汉字结构和词边界信息不影响首次注视位置，但是汉字结构和词边界信息的引入影响读者对目标词的再注视概率。

第七章 高水平语言因素对注视位置效应的影响

第六章探讨了低水平视觉因素对中文阅读过程中注视位置效应的影响，结果发现，双字词中的首字笔画数影响首次注视的落点位置，当首字为多笔画字时，首次注视倾向于落在词首，而当首字为少笔画字时，首次注视往往落在词中或词尾。汉字结构不影响中文阅读过程中的首次注视位置；词边界信息不影响读者阅读歧义短语时的首次注视位置，更有趣的是，在模糊条件下，凸显出了不符合语境的目标词，仍然未对首次注视的落点位置产生影响。但是，汉字结构和词边界信息都影响读者对目标词的再注视概率。以拼音文字为实验材料的眼动研究发现，词的低水平视觉因素是影响读者跳向何处的主要决定因素，但是也不能完全排除词的高水平语言因素的影响。因此，在第六章的基础上，第七章进一步探讨高水平语言因素是否影响中文阅读过程中的注视位置效应。本章中的高水平语言因素，即一些非视觉信息，这些信息主要来自大脑，是词汇的认知加工的语言学信息，不局限于词的词汇表征，例如词频和可预测性等（蔡旭东，2002；Reichle et al.，2003）。

以拼音文字为材料的眼动研究发现，高水平语言因素（如词频和预测性等）不影响读者的眼跳目标选择，但是词频和可预测性都影响读者对目标词的跳读率。正是由于中文与拼音文字在眼动结果方面的相似性和差异性，研究者必须回答以下问题，即词频和预测性是否会影响中文阅读过程中的注视位置效应？关于词频和预测性对中文读者注视位置效应的影响，有研究做了初步的探索（郭晓峰，2012；吴捷等人，2011；Yang & McConkie，1999）。结果发现，中文阅读过程中，词频和可预测性不影响读者对目标词的首次注视的落点位置和跳读率，但是词频影响读者对目标词的再注视概率，而可预测性不影响再注视概率。这与拼音文字的结果比较一致。

除了词频和可预测性之外，中文作为一种表意文字，有其独特的特点。虽然关于什么是词，仍然存在争论，但是语言学家一致认为，中文中的词可以根据其包含的语素的个数，分为单纯词和合成词，其中合成词占绝大多数。单纯词即只有一个语素构成的词，合成词即两个或两个以上的语素构成的词（符淮青，2004；张良斌，2008）。合成词又根据词语中语素之间的关系，分为并列结构和偏正结构等，其中并列结构和偏正结构占绝大多数。并列结构的合成词，即词语中语素之间是一种并列的关系，如词“主次”，“主”和“次”之间是一种并列的关系。偏正结构的合成词，即词语中的前语素修饰后语素，以后语素为主，如词“才女”，“才”用来修饰“女”，“女”是“才女”这个词的中心语素。中文中，还有一种特殊词语，即两个不同结构的合成词分享共同的语素，如“尘垢”和“尘肺”，“尘垢”属于并列结构的合成词，“尘肺”属于偏正结构的合成词，它们共享同一个语素“尘”，我们把这种合成词称为“同首词素异结构的合成词”。

已有研究发现，双字合成词结构影响词汇识别过程（冯丽萍，2003；干红梅，2009；徐彩华，张必隐，2000；张必隐，1993），具体表现为，相较于并列结构的合成词，被试识别偏正结构的合成词的速度更快。但是，分析前人的研究发现，前人的研究大都采用的是传统的反应时实验法，很难将结果扩展到正常的文本阅读。而且，有研究表明，阅读过程中读者做出何时移动眼睛和眼睛移向何处的决定是两个相互独立的过程（Rayner & Pollatsek，1981）。因此，第七章的研究目的是探讨并列结构和偏正结构双字合成词上的注视位置效应是否存在差异，即双字合成词结构是否影响注视位置效应。如果双字合成词结构影响注视位置效应，就表明中文阅读过程中的眼跳目标选择过程与拼音文字（尤其是英文）存在差异。

在第一节中，选取并列和偏正两种结构的双字合成词，以考察中文阅读过程中是否存在偏向和最佳注视位置，重点考察并列结构和偏正结构双字合成词的注视位置效应是否有差异。并列结构双字合成词的两个语素具有同等地位，即没有核心语素（如“报刊”）；偏正结构双字合成词的两个语素不具有同等地位，即有核心语素（如“民警”，其核心语素是“警”，“民”用来修饰“警”）。关于语素在双字合成词识别过程中的作用，有研究发现合成词在心理词典中是以分解的语素方式表征的（张必隐，1993），有研究者认为是以整词形式表征的（zhou & Marslen-Wilson，1994，1995），还有研究者认为，既存在语素表征，也存在整词表征，词汇识别是语素与整词激活相互作用的结果（彭聃龄，丁国盛，王春茂，Taft，朱晓平，1999；王文斌，2001）。如果双字合成词结构影响注视位置效应，那么并列和偏正结构双字合成词上的注视模式将不同，具体表现为读者更多地注视偏正结构双字合成词的第二个语素；反之，并列和偏正结构双字合成词上具有相似的注视位置效应。另外，有研究（Yan et al.，2006）发现当双字词的频率为低频时，其首语素的频率影响读者对双字词的识别。在第二节中，我们选取同首语素不同结构的双字合成词作为目标词，如“歌舞”和“歌声”。其中“歌舞”是并列结构，“歌声”是偏正结构。这样做的另一个优点是控制了副中央凹预视对实验结果可能产生的影响，确保实验结果更加可靠。

第一节　合成词结构对注视位置效应的影响

一、实验目的

第六章的三个实验发现，与拼音文字相似，汉字笔画数是影响读者首次注视位置落点的一个很重要的因素。并且，以拼音文字为实验材料的眼动研究发现，目前还不能完全排除词的高水平语言因素对偏向注视位置和最佳注视位置的影响（Rayner，2009）。结合中文自身的独特特点，中文中词的高水平语言因素是否影响读者对目标词的首次注视位置呢？因此，本实验以大学生为被试，操纵了合成词的结构类型：并列结构和偏正结构，探讨中文独有的合成词结构因素是否影响阅读过程中的注视位置效应。如果合成词结构影响注视位置效应，那么我们预测读者阅读偏正结构的目标词时，更多地将首次注视落在词尾，因为后一个语素是中心语素；如果合成词结构不影响注视位置效应，那么我们预测读者阅读不同合成词结构的目标词时，将表现出相似的注视模式。

二、实验方法

（一）被试

来自天津师范大学的32名大学生参加本实验（平均年龄22.1岁，其中5名男生，27 名女生）。母语均为汉语，视力或矫正视力正常，所有被试均不知道实验目的。

（二）实验设计

本实验采用单因素（合成词结构）两水平（并列结构和偏正结构）的被试内实验设计。

（三）实验材料

根据《现代汉语词典》，挑选并列结构和偏正结构的复合词各70个，构成70对目标词。控制70对合成词的词性，所有目标词都为名词。同时所有目标词都为双字词。此外，还控制了目标词的词频（《现代汉语频率词典》，1986）、首字字频（《现代汉语频率词典》，1986）总笔画数、首字笔画数和尾字笔画数。具体目标词信息见表7–1。

表7–1 目标词信息

结构	词频（次/百万）	首字字频（次/百万）	总笔画数	首字笔画数	尾字笔画数
并列结构	11.01（16.58）	151.28（244.94）	16.53（4.56）	7.64（2.86）	8.89（3.05）
偏正结构	11.26（17.19）	267.48（549.57）	16.49（6.94）	8.33（4.59）	8.16（5.14）

对两组目标词的词频、首字字频、总笔画数、首字笔画数和尾字笔画数

进行独立样本的 t 检验，结果发现，在上述五个变量上，并列结构和偏正结构之间都不存在显著差异，p 值分别为 0.930，0.108，0.966，0.291 和 0.309，表明上述无关变量得到了很好的控制。

用 70 对目标词造句，句子长度在 17~27 个汉字之间（20.84 ± 2.43），保证目标词不出现在句首和句尾位置。其中，并列结构的句子长度为，M = 20.64，SD = 2.24，偏正结构的句子长度为，M = 21.03，SD = 2.40。对并列结构和偏正结构的句子长度进行 t 检验发现，$t(138) = -0.98$，$p > 0.05$，表明并列结构和偏正结构的句子长度之间不存在显著差异。每对目标词的句子框架基本相同，即句子中每对目标词之前的内容完全相同，之后的内容有所不同。具体见表 7–2。

对 70 对句子进行通顺性评定，请不参加正式实验的 38 名本科生采用七点量表对实验句进行通顺性评定，"1" 代表非常不通顺，"7" 代表非常通顺，结果显示 M = 5.87，SD = 0.60，表明所有实验句都比较通顺。

参考白学军等人（2012）和 Yan 等人（2009）的评定方法，对本实验材料的词切分一致性进行评定。第一步，根据《现代汉语词典》（2005）进行词切分，并编码；第二步，请未参加正式实验的 20 名大学生判断是否认可此种切分方式，若不认可，则标记出自己认为合理的切分方式，并进行编码；最后，计算两次编码的一致性百分比为 95.8%，一致性范围在 81%~100% 之间。另外，请上述 20 名本科生对目标词的预测性进行评定。评定时给 20 名本科生呈现目标词之前的实验句子，如"市委书记表示政府将鼓励各地＿＿＿"，要求被试在该未完成的句子后面填上他们能想到的词。结果发现目标词的填写率为 0%。

表 7–2　实验材料举例

双字合成词结构	句　子
并列结构	市委书记表示政府将鼓励各地**报刊**开展良性竞争。
偏正结构	市委书记表示政府将鼓励各地**民警**开展专业体能竞赛。

注：加粗的"报刊"和"民警"为目标词，"报刊"为并列结构，"民警"为偏正结构。正式实验中，目标词并不加粗显示。

正式实验前，有 12 个句子供被试练习，所有被试都阅读同一组练习句子。在实验条件间按照拉丁方顺序进行轮组后形成2组实验材料，每个被试只阅读其中的一组。每一组包含70个句子，每种条件下35个句子，在每一组内句子随机呈现。另外，根据实验句子的内容设置了18个阅读理解问题，要求被试做“是”“否”的按键反应。

（四）实验仪器

利用SR Research EyeLink II eyetracker记录被试的眼动轨迹。采样率为500 Hz。显示器大小为19英寸，分辨率为1024 × 768像素。被试眼睛与屏幕之间的距离大约为75cm。句子以宋体呈现，每个汉字的大小为30 × 30像素。每个汉字约成0.90°视角。

（五）实验程序

（1）每个被试单独施测。

（2）被试进入实验室，熟悉环境，然后坐在椅子上，眼睛距眼动仪大约75 cm，告知被试实验过程中尽量保持不动。

（3）眼校准，采用9点对被试的眼睛进行校准，以保证被试眼动轨迹记录的精确性。

（4）眼校准成功后，开始实验。向被试呈现指导语：“下面你将要阅读一些句子，请你按照平时的阅读习惯认真阅读，并尽可能理解句子的意思。有些句子呈现之后会随机出现一个阅读理解题，要求根据句子的意思做出判断，并按相应的反应键”。被试理解了指导语后，按手柄键上的按钮翻页。在屏幕中央左侧（提示下一句呈现的位置）出现一个黑色圆点，要求被试注视黑色圆点的同时按手柄键继续下一句阅读。

（5）正式实验前，先进行练习，以便被试熟悉实验过程和要求。

（6）练习结束后进入正式实验。实验大约持续35分钟。

（六）数据分析和指标

根据前人的研究（白学军等，2011），在分析眼动数据时，将每个目标词划分为四个区域（见图7－1）。对于分别落在区域1，2，3，4中的注视点，注视位置分别编码为0－0.5，0.5－1，1－1.5，1.5－2。根据前人的研究（白学军等，2012），区域 1 为目标词的开端部分，区域 2 和 3 为目标词的中心位置，区域 4 为目标词的结尾部分。用 SPSS 16.0 对四种条件下的数据结果进行重复测量的方差分析，并以被试（F_1）和项目（F_2）作为随机效应。

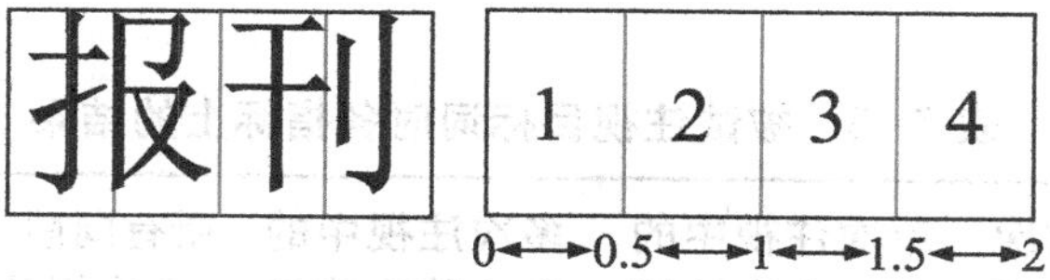

图 7-1　目标词兴趣区的切分方式

基于以往的研究（白学军等，2011；Li et al.，2011），本研究采用以下指标：①平均首次注视位置（在词上的第一次注视，但不管在该词上总共有多少次注视）及首次注视位置分布；②单次注视中的平均首次注视位置及首次注视位置分布；③多次注视中的平均首次注视位置及首次注视位置分布；④向前注视的平均注视位置及注视位置分布；⑤首次注视位置上的再注视概率，即首次注视在词的不同位置上发生再注视的概率有多大；⑥首次注视位置上的再注视位置，当在词的不同位置上发生再注视时，第二次注视位置与第一次注视位置的关系。

三、实验结果

32 名被试在阅读理解题中的平均正确率为 97.4%，表明被试认真阅读并理解了实验句子。根据实验 1 中的数据筛选标准对数据进行筛选。最后剔除的数据占总数据的 5.5%。

两种合成词结构目标词上的平均首次注视位置，单次注视中的平均首次注视位置，多次注视中的平均首次注视位置，以及所有向前的平均注视位置和首次注视位置上的再注视概率，见表 7-3。

（一）平均首次注视位置及首次注视位置分布

为了考察被试阅读不同双字合成词结构目标词过程中的偏向注视位置，统计了被试在不同结构类型下的平均首次注视位置，见表 7-3。对平均首次注视位置进行重复测量的方差分析，结果发现，双字合成词结构类型的主效应不显著，$F_1(1, 31)=0.36$，$p_1>0.05$；$F_2(1, 69)=0.61$，$p_2>0.05$，表明双字合成词结构类型不影响阅读过程中的平均首次注视位置。对落在四个区域内首次注视的百分比进行分析，不同结构类型条件下的首次注视位置分布见图 7–2。

表 7–3　被试注视目标词时各指标上的结果

双字合成词结构类型	平均首次注视位置（整字）	单次注视中的平均首次注视位置(整字)	多次注视中的平均首次注视位置(整字)	所有向前的平均注视位置（整字）	首次注视位置上的再注视概率(%)
并列	1.16(0.14)	1.20（0.12）	1.00（0.37）	1.21（0.09）	16（11）
偏正	1.16(0.11)	1.21（0.11）	0.95（0.38）	1.22（0.09）	15（9）

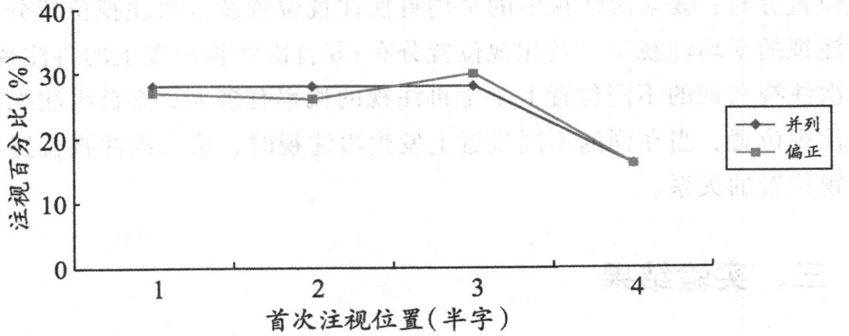

图 7–2　不同结构类型目标词上的首次注视位置分布

将区域作为一个自变量引入，对每种双字合成词结构每个区域中的注视百分比进行重复测量的方差分析。结果显示，双字合成词结构的主效应不显著，$F(1, 31)=0.33$，$p>0.05$，表明双字合成词结构类型不影响首次注视的落点位置。区域主效应显著，$F(3, 93)=19.74$，$p<0.05$。为了更详细地比较被试的首次注视更多地落在哪个区域，对四个区域中首次注视的百分比进行比较发现，落在区域 4 中的首次注视的比例（16%）明显小于落在区域 1（28%）、区域 2（27%）和区域 3（29%）中的，$p_s<0.001$，表明被试对目标词的首次注视较少地落在词尾部分。双字合成词结构与区域的交互作用不显著，$F(3, 93)=0.67$，$p>0.05$。

（二）单次注视中的平均首次注视位置及首次注视位置分布

由于平均首次注视位置，既包含单次注视中的首次注视，也包含多次注视中的首次注视，而且单次注视和多次注视中的首次注视分布存在差异，因此，对不同合成词结构目标词上的单次注视中的平均首次注视位置进行统计，见表7–3。

对单次注视中的平均首次注视位置进行重复测量的方差分析，结果发现，双字合成词结构类型的主效应不显著，F_1（1，31）=0.16，$p_1 > 0.05$；F_2（1，69）=0.33，$p_2 > 0.05$，表明两种双字合成词结构上的注视位置几乎是完全相同的。同样，对落在四个区域内单次注视中的首次注视的百分比进行分析，不同双字合成词结构类型目标词上单次注视中的首次注视位置分布见图7–3。

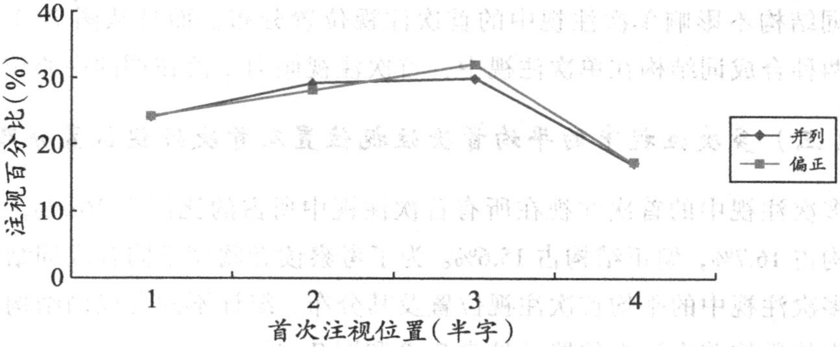

图7–3　两种合成词结构上单次注视中的首次注视位置分布

将区域作为一个自变量引入，对数据进行2（合成词结构）×4（区域）的重复测量的方差分析，结果发现，合成词结构的主效应不显著，F_1（1，31）=0.16，$p>0.05$。区域的主效应非常显著，F_1（3，93）=18.80，$p<0.01$。合成词结构和区域的交互作用不显著，F_1（3，93）=0.35，$p>0.05$。对并列结构条件下4个区域内的首次注视的百分比进行配对 t 检验，结果发现区域1（24%）和区域3（30%）内首次注视的百分比差异显著，$p < 0.05$，区域1（24%）和区域4（16%）内首次注视的百分比差异显著，$p < 0.01$，区域2（29%）和区域4（16%）内首次注视的百分比差异显著，$p < 0.01$，区域3（30%）和区域

4（16%）内首次注视的百分比差异显著，$p<0.01$。对偏正结构条件下4个区域内首次注视的百分比进行配对 t 检验，结果发现，区域1（24%）和区域3（32%）内首次注视的百分比差异显著，$p<0.01$，区域1（24%）和区域4（17%）内首次注视的百分比差异显著，$p<0.01$，区域2（28%）和区域4（17%）内首次注视的百分比差异显著，$p<0.01$，区域3（32%）和区域4（17%）内首次注视的百分比差异显著，$p<0.01$。从上述结果可以看出，单次注视中，并列结构和偏正结构两种条件下，首次注视更多地落在区域2和3内。

对单次注视中的首次注视落在不同区域上的百分比进行方差分析，结果发现，合成词结构类型的主效应在四个区域内都不显著，$F_1(1, 31)=0.03$，$p>0.05$；$F_1(1, 31)=0.45$，$p>0.05$；$F_1(1, 31)=1.16$，$p>0.05$；$F_1(1, 31)=0.01$，$p>0.05$，这与单次注视中的平均首次注视位置的分析结果一致，表明合成词结构不影响单次注视中的首次注视位置分布。而且从图7–3可以看出，两种合成词结构在单次注视中，首次注视倾向于落在词的中心位置。

（三）多次注视中的平均首次注视位置及首次注视位置分布

多次注视中的首次注视在所有首次注视中所占的比例为16.2%，其中并列结构占16.7%，偏正结构占15.6%。为了考察读者阅读不同合成词结构目标词时多次注视中的平均首次注视位置及其分布，统计不同合成词结构在多次注视中的平均首次注视位置（见表7–3和图7–4）。

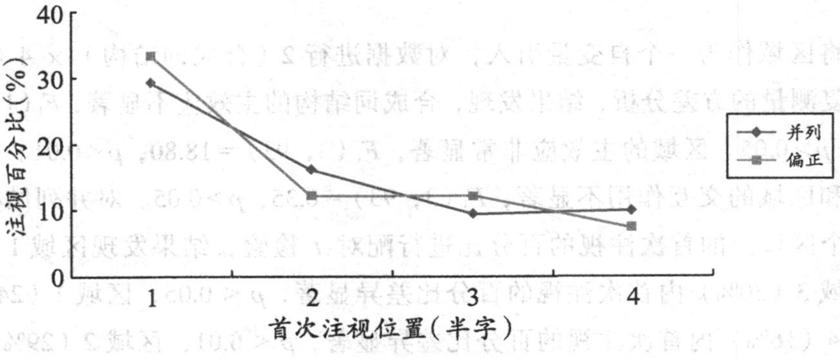

图7–4　两种合成词结构多次注视中的首次注视位置分布

对多次注视中的平均首次注视位置进行重复测量的方差分析，结果发现，双字合成词结构类型的主效应不显著，$F_1(1, 31)=0.27$，$p_1>0.05$；$F_2(1, 69)=0.29$，$p_2>0.05$，表明两种双字合成词结构在多次注视中的首次注视位置几乎是完全相同的，即两种双字合成词结构目标词上的多次注视中的首次注视模式非常相似。

将区域作为一个自变量引入，对数据进行2（双字合成词结构）×4（区域）的重复测量的方差分析，结果发现，双字合成词结构的主效应不显著，$F(1, 31)=0.002$，$p>0.05$。区域的主效应显著，$F(3, 93)=14.24$，$p<0.01$。为了更详细地比较被试在多次注视中的首次注视更多地落在哪个区域，对四个区域中首次注视的百分比进行比较发现，落在区域1中的百分比（47%）明显大于落在区域2（22%）、区域3（16%）和区域4（13%）中的，$p_s<0.01$；落在区域2（22%）中的百分比与落在区域3（16%）和区域4（13%）中的百分比没有显著差异，$p_s>0.05$；落在区域3（16%）和区域4（13%）中的百分比亦没有显著差异，$p>0.05$。表明多次注视中，读者对目标词的首次注视更多地落在词的开端部分，与前人的研究结果一致（白学军等，2011；Li et al.，2011；Shu et al.，2011；Yan et al.，2010）。双字合成词结构和区域的交互作用不显著，$F(3, 93)=0.67$，$p>0.05$。

（四）向前的平均注视位置及注视位置分布

上述三个指标只是对首次注视进行了统计分析，我们不仅要分析首次注视的落点位置，而且还要分析目标词上所有向前的注视的落点位置，即向前的平均注视位置，见表7-3。

对向前的平均注视位置进行重复测量的方差分析，结果发现，双字合成词结构的主效应同样不显著，$F_1(1, 31)=0.29$，$p_1>0.05$；$F_2(1, 69)=0.20$，$p_2>0.05$，表明并列结构和偏正结构目标词上的向前的注视模式亦非常地相似，双字合成词结构不影响向前的平均注视位置。对落在四个区域内的向前的注视的百分比进行分析，两种双字合成词结构目标词上的向前的注视位置分布见图7-5。

将区域作为一个自变量引入，对数据进行2（合成词结构）×4（区域）的重复测量的方差分析，结果发现，合成词结构的主效应不显著，$F_1(1, 31)=$

0.33，$p>0.05$。区域的主效应非常显著，$F_1(3, 93)=9.17$，$p<0.01$。对并列结构条件下4个区域内向前注视的百分比进行配对 t 检验，结果发现，区域4（21%）内向前注视的百分比与区域1（26%）、2（26%）和3（27%）内的百分比差异显著，p 值分别是0.008，0.004，0.001。对偏正结构条件下4个区域内向前注视的百分比进行配对 t 检验，结果同样发现，区域4内（20%）向前注视的百分比与区域1（26%）、2（24%）和3（30%）内的百分比的差异显著，p 值分别是0.004，0.025，0.000。上述结果表明读者对目标词的向前的注视并不是均匀分布在四个区域内，在区域4内有一个明显的下降趋势。合成词结构和区域的交互作用不显著，$F_1(3, 93)=1.58$，$p>0.05$。

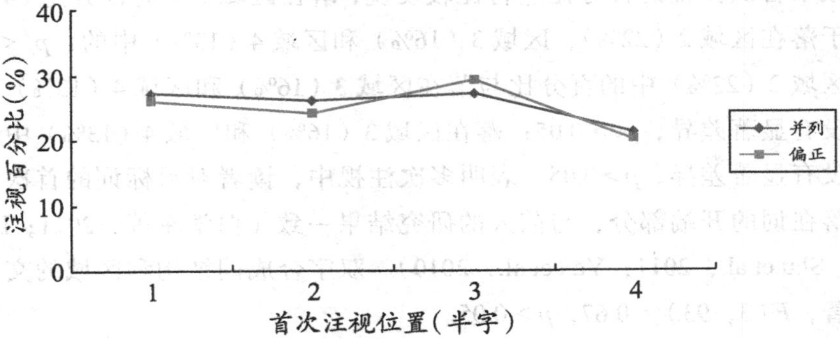

图7−5　两种合成词结构向前的注视位置分布

对每个区域内向前的注视的百分比进行方差分析，结果发现，合成词结构的主效应在区域1［$F_1(1, 31)=0.03$，$p>0.05$］、2［$F_1(1, 31)=1.77$，$p>0.05$］和4［$F_1(1, 31)=0.28$，$p>0.05$］内都未达到显著水平，但在区域3内，合成词结构的主效应非常显著，$F_1(1, 31)=5.81$，$p<0.05$，表明在区域3内，相较于并列结构的合成词（27%），读者阅读偏正结构的合成词时（30%），更多的向前的注视落在此区域内。

（五）首次注视位置上的再注视概率

为了考察双字合成词结构是否影响读者的再注视概率，对首次注视位置上的再注视概率进行统计，见表7−3。对首次注视位置上的再注视概率进行重复测量的方差分析，结果发现，双字合成词结构的主效应不显著，$F_1(1, 31)=$

0.66，$p_1 > 0.05$；$F_2(1, 69) = 0.27$，$p_2 > 0.05$，表明双字合成词结构不影响读者对目标词的再注视概率。对两种双字合成词结构目标词上的词内再注视概率与首次注视位置的关系进行分析，见图 7-6。

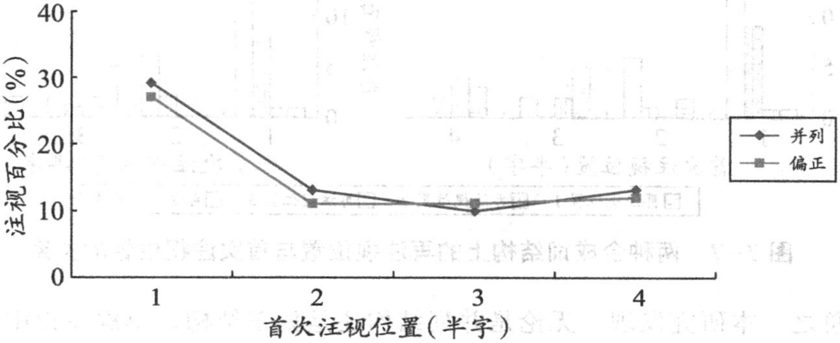

图 7-6　两种合成词结构上的词内再注视概率与首次注视位置的关系

将区域作为一个自变量引入，对数据进行 2（双字合成词结构）× 4（区域）的重复测量的方差分析，结果发现，双字合成词结构的主效应不显著，$F(1, 31) = 0.08$，$p > 0.05$。区域的主效应显著，$F(3, 93) = 9.91$，$p < 0.01$。为了更详细地比较被试首次注视落在哪个区域中再注视概率更高，对四个区域中的再注视概率进行比较发现，首次注视落在区域 1（25%）中再注视的概率明显大于落在区域 2（11%）、区域 3（11%）和区域 4（13%）中的，$p_s < 0.01$。表明当首次注视落在词的开端部分时，再注视该词的概率最高，与白学军等人（2011）的结果一致。双字合成词结构和区域的交互作用不显著，$F(3, 93) = 0.72$，$p > 0.05$。

（六）再注视位置与首次注视位置的关系

为了考察合成词结构是否影响读者在阅读过程中的再注视模式，对再注视位置与首次注视位置之间的关系进行分析（见图 7-7）。需要指出的是，由于没有足够的数据，因此没有进行进一步的统计分析。

从图 7-7 可以看出，并列结构和偏正结构上的再注视位置与首次注视位置之间的关系非常相似，具体都表现为，当首次注视落在词首时，再注视倾向于落在词尾。

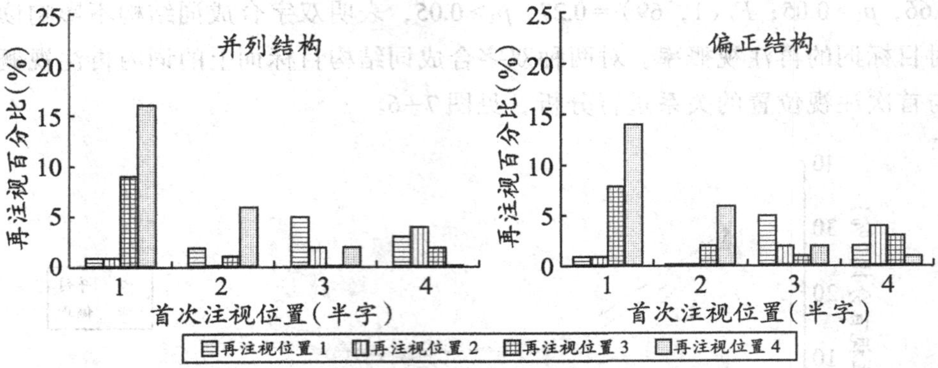

图 7–7　两种合成词结构上的再注视位置与首次注视位置的关系

总之，本研究发现，无论是并列结构还是偏正结构，单次注视中，首次注视倾向于落在词的中心位置，多次注视中，首次注视倾向于落在词首；当首次注视落在词首时，再注视该词的概率最高，再注视的位置倾向于落在词尾。而且很重要的，本研究还发现，合成词结构不影响读者的首次注视的落点位置，同样不影响读者对目标词的再注视概率和再注视位置。本研究发现的单次注视中首次注视位置的分布，支持中文阅读过程中眼跳选择的目标是“词”。

四、讨论

关于中文阅读过程中是否存在偏向注视位置，本实验通过进一步研究发现，中文阅读过程中，读者的首次注视出现分离的现象，即单次注视条件下，读者对目标词的首次注视更倾向于落在词的中心位置；在多次注视条件下，读者的首次注视往往落在词的开始部分。本实验还发现，读者对目标词的所有向前的注视位置分布并不是一条平行于 x 轴的曲线，而是在区域4上有明显的下降趋势，即读者所有向前的注视更少地落在词的结尾部分。上述结果表明，中文阅读过程中，单次注视条件下的确存在偏向注视位置，而且中文读者的眼跳选择的目标是“词”，不是“字”，也不是“字”“词”结合的方式。本实验还发现，当读者的首次注视落在词的开始部分时，读者再注视该词的概率最高。这与第六章三个实验的结果和前人的结果都比较一致。

另外，本实验一个很重要的目的是考察合成词结构是否影响读者对目标词的首次注视位置和再注视概率。从上述结果可以看出，双字词的高水平语言因素——合成词结构不影响阅读过程中的注视位置效应，具体表现为，合成词结构既不影响读者对目标词的首次注视位置（无论是单次注视中的首次注视还是多次注视中的首次），也不影响读者对目标词的再注视概率和再注视位置。

大量以拼音文字为实验材料的眼动研究表明，阅读过程中眼睛移向何处（where）主要取决于低水平视觉因素（例如词长和词间空格），而高水平语言因素（例如词频和预测性等）不影响“where”的决定（Rayner & Liversedge，2011）。中文关于注视位置效应的研究仍处于起步阶段，研究结果较少，而且结果之间存在争论。有研究探讨了词频和预测性，以及合理性对首次注视位置的影响，与拼音文字的结果一致，词频、预测性和合理性均不影响读者对目标词的首次注视位置。本研究在前人研究的基础上，结合中文文本的特点，进一步考察了中文独有的合成词结构特点对阅读过程中的注视位置效应的影响。结果发现，与词频、预测性和合理性的结果一致，合成词结构亦不影响阅读过程中的首次注视的落点位置，而且对再注视概率和再注视位置也没有影响。

虽然有研究发现，中文阅读过程中，读者能够从副中央凹区域获得一定的语义信息（Yan et al.，2010；Yang et al.，2009），但是从目前的研究结果来看，读者从副中央凹获得的语义信息只影响读者何时（when）移动眼睛，还不足以影响读者的眼睛移向何处（where），进一步验证了 Rayner 和 Pollatsek（1981）的结果，即“when”和“where”是两个相对独立的过程，高水平语言因素只对“when”决定产生影响，但不影响“where”决定。

五、结论

本研究条件下，可得出如下结论：

（1）汉语阅读过程中，单次注视条件下，存在偏向注视位置。

（2）合成词结构不影响读者对目标词的首次注视位置和再注视概率。

第二节 同首词素异结构对注视位置效应的影响

一、实验目的

第一节考察了合成词结构对中文阅读过程中眼跳目标选择的影响，结果发现合成词结构不影响中文阅读中的注视位置效应。但是，中文中还有一种特殊词语，本实验称之为同首词素异结构的合成词，即两个不属于同一结构的合成词分享同一个首词素，如“尘垢”和“尘肺”等。因此，本实验选取一些特殊的同首词素异结构的合成词，进一步验证第一节的结果。根据第一节的结果，可以预测本实验中的同首词素异结构不影响注视位置效应。

二、实验方法

（一）被试

来自天津师范大学的28名大学生和研究生参加本实验（平均年龄24岁，其中7名男生，21名女生）。母语均为汉语，视力或矫正视力正常，所有被试均不知道实验目的。

（二）实验设计

本实验采用单因素（合成词结构）两水平（并列结构和偏正结构）的被试内实验设计。

（三）实验材料

根据《现代汉语词典》，挑选同首词素异结构（并列结构和偏正结构）的合成词各70个，构成70对目标词。控制70对目标词的词性，都为名词。此外还控制了目标词的词频（《现代汉语频率词典》，1986）、总笔画数和尾字笔画数。具体目标词信息见表7–4。

表7–4　目标词的信息

结构	词频（次/百万）	总笔画数	尾字笔画数
并列结构	7.91（14.77）	16.89（4.82）	8.63（3.05）
偏正结构	8.16（15.65）	16.37（4.51）	8.11（3.69）

对两组目标词的词频、总笔画数和尾字笔画数进行 t 检验，结果发现，在上述三个变量上，并列结构和偏正结构之间都不存在显著差异，$|t_s| < 0.90$，$p_s > 0.05$，表明上述无关变量得到了很好的控制。

用70对目标词造句，句子长度在17~28个汉字之间（21.11 ± 2.27）。其中并列结构的句子长度为，$M = 20.96$，$SD = 2.13$；偏正结构的句子长度为，$M = 21.26$，$SD = 2.42$。对并列结构和偏正结构的句子长度进行 t 检验发现，$t(138) = -0.78$，$p > 0.05$，表明并列结构和偏正结构的句子长度之间不存在显著差异。目标词处于句子的中间位置。每对句子中目标词之前的内容完全相同，之后的内容有所不同。具体见表7-5。

对70对句子进行通顺性评定，请不参加正式实验的33名本科生采用七点量表对实验句进行通顺性评定，"1"代表非常不通顺，"7"代表非常通顺，结果显示 $M = 5.86$，$SD = 0.56$，表明实验句都比较通顺。对70对句子进行词切分一致性评定，请不参加正式实验的另外20名本科生对70对句子词边界的划分进行评定，结果显示一致性达到95.8%。同时要求这20名大学生对目标词在句子中的预测性进行评定，结果发现目标词的预测性仅为1.09%。

表7–5　实验材料举例

结构类型	句　子
并列结构	少数民族群众善于用**歌舞**表达自己真挚的情感。
偏正结构	少数民族群众善于用**歌声**表达自己真挚的情感。

注：加粗的"歌舞"和"歌声"为目标词，"歌舞"为并列结构，"歌声"为偏正结构。正式实验中，目标词并不加粗显示。

正式实验前，有 12 个句子供被试练习，所有被试都阅读同一组练习句子。在实验条件间按照拉丁方顺序进行轮组后形成 2 组实验材料，每个被试只阅读其中一组。每一组包含 70 个句子，每种条件下 35 个句子，每一组内句子随机呈现。另外，根据实验句子的内容设置了 18 个阅读理解问题，要求被试做“是”、“否”的按键反应，“是”“否”反应各占一半。

（四）实验仪器

同第一节的实验仪器。

（五）实验程序

（1）被试进入实验室，邀请其坐在椅子上，告知被试实验进行中尽量保持不动。

（2）采用 9 点校准被试的眼睛。

（3）向被试呈现指导语：“下面你将要阅读一些句子，有些句子会有黄色阴影，有些句子没有，请你按照平时的阅读习惯认真阅读，并理解每句话的含义。有些句子之后会出现一个阅读理解题，请你根据句子的含义做出判断，并按相应的反应键。”

（4）正式实验前，先进行练习。

（5）练习结束，进入正式实验。整个实验大约持续 30 分钟。

（六）数据分析和指标

根据前人的研究（白学军等，2011），在分析眼动数据时，将每个目标词划分为四个区域，同第一节。对于分别落在区域 1，2，3，4 中的注视点，注视位置分别编码为 0–0.5，0.5–1，1–1.5，1.5–2。根据前人的研究（白学军等，2012），区域 1 为目标词的开端部分，区域 2 和 3 为目标词的中心位置，区域 4 为目标词的结尾部分。用 SPSS 16.0 对四种条件下的数据结果进行重复测量的方差分析，并以被试（F_1）和项目（F_2）作为随机效应。

基于以往的研究（白学军等，2011；Li et al.，2011），本研究采用以下指标：①平均首次注视位置（在词上的第一次注视，但不管在该词上总共有多少次注视）及首次注视位置分布；②单次注视中的平均首次注视位置及首次注视位置分布；③多次注视中的平均首次注视位置及首次注视位置分布；④向前注视的平均注视位置及注视位置分布；⑤首次注视位置上的再注视概率，即首次注视在词的不同位置上发生再注视的概率有多大；⑥首次注视位置上的再注视位置，当在词的不同位置上发生再注视时，第二次注视位置与第一次注视位置的关系。

三、实验结果

28 名被试在阅读理解题中的平均正确率为 94.9%，表明被试认真阅读并理解了实验句子。根据实验 1 中的数据筛选标准对数据进行筛选，最后剔除的数据占总数据的 5.4%。

两种同首词素异结构目标词上的平均首次注视位置，单次注视中的平均首次注视位置，多次注视中的平均首次注视位置，以及所有向前的平均注视位置和首次注视位置上的再注视概率，见表 7–6。

表 7–6　被试注视目标词各个指标上的结果

结构类型	平均首次注视位置	单次注视中的平均首次注视位置	多次注视中的平均首次注视位置	所有向前的平均注视位置	首次注视位置上的再注视概率(%)
并列	1.14(0.12)	1.16（0.10）	1.03（0.37）	1.18（0.08）	17（12）
偏正	1.13(0.17)	1.15（0.25）	1.04（0.40）	1.19（0.12）	19（14）

（一）平均首次注视位置及首次注视位置分布

为了考察读者阅读同首词素异结构目标词时的偏向注视位置，首先对两种目标词上的平均首次注视位置进行了统计，见表 7–6。对平均首次注视位置进行重复测量的方差分析，结果发现，合成词结构的主效应不显著，F_1（1, 27）= 0.15，$p > 0.05$；F_2（1，69）= 0.19，$p > 0.05$，表明即使在分享首词素的情况下，合成词结构仍然不影响阅读过程中的平均首次注视位置，验证了第一节的结果。对落在四个区域内首次注视的百分比进行分析，不同合成词结构类型条件下的首次注视位置分布见图 7–8。

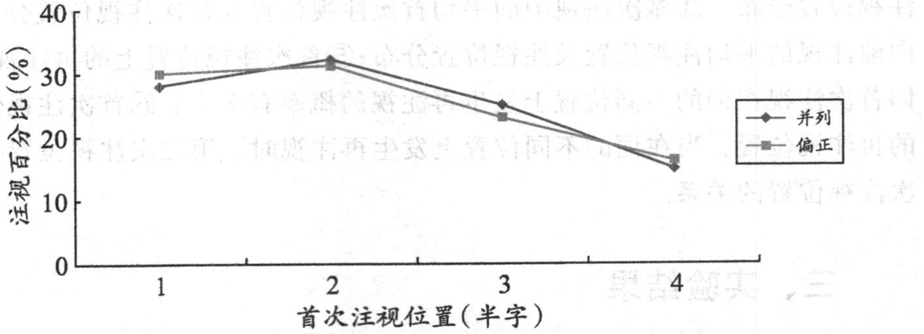

图 7-8　同首词素异结构目标词上的首次注视位置分布

对四个区域内的首次注视的百分比进行重复测量的方差分析,结果显示,合成词结构的主效应在所有区域内都不显著,$F_1(1, 27)=1.10$,$p>0.05$;$F_1(1, 27)=0.52$,$p>0.05$;$F_1(1, 27)=0.84$,$p>0.05$;$F_1(1, 27)=0.74$,$p>0.05$,与平均首次注视位置的结果一致,与实验4的结果一致,表明合成词结构不影响阅读过程中的首次注视位置分布。

(二)单次注视中的平均首次注视位置及首次注视位置分布

对单次注视中的平均首次注视位置进行统计,见表 7-6。对单次注视中的平均首次注视位置进行重复测量的方差分析,结果发现,合成词结构的主效应不显著,$F_1(1, 27)=0.03$,$p>0.05$;$F_2(1, 69)=0.01$,$p>0.05$,表明单次注视中,合成词结构不影响读者对目标词的首次注视位置,与第一节的结果一致。对落在四个区域内的单次注视中的首次注视的百分比进行分析,见图 7-9。

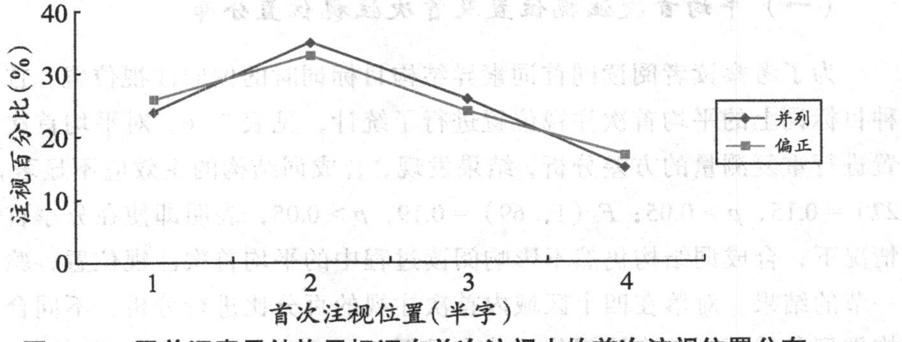

图 7-9　同首词素异结构目标词在单次注视中的首次注视位置分布

将区域作为一个自变量引入，对数据进行 2（合成词结构）× 4（区域）的重复测量的方差分析，结果发现，合成词结构的主效应不显著，$F_1(1, 27) = 1.33$，$p > 0.05$。区域的主效应非常显著，$F_1(3, 81) = 23.91$，$p < 0.01$。合成词结构和区域的交互作用不显著，$F_1(3, 81) = 0.43$，$p > 0.05$。对并列结构条件下 4 个区域内的首次注视的百分比进行配对 t 检验，结果发现区域 1（24%）和区域 2（35%）内首次注视的百分比差异显著，$p < 0.01$，区域 1（24%）和区域 4（15%）内首次注视的百分比差异显著，$p < 0.01$，区域 2（35%）和区域 3（26%）内首次注视的百分比差异显著，$p < 0.05$，区域 2（35%）和区域 4（15%）内首次注视的百分比差异显著，$p < 0.01$，区域 3（26%）和区域 4（15%）内首次注视的百分比差异显著，$p < 0.01$。对偏正结构条件下 4 个区域内首次注视的百分比进行配对 t 检验，结果发现，区域 1（26%）和区域 2（33%）内首次注视的百分比差异显著，$p < 0.05$，区域 1（26%）和区域 4（16%）内首次注视的百分比差异显著，$p < 0.01$，区域 2（33%）和区域 3（24%）内首次注视的百分比差异显著，$p < 0.05$，区域 2（33%）和区域 4（16%）内首次注视的百分比差异显著，$p < 0.01$，区域 3（24%）和区域 4（16%）内首次注视的百分比差异显著，$p < 0.01$。上述结果可以看出，无论在并列结构还是在偏正结构条件下，单次注视中，读者的首次注视更多地落在区域 2 内。

对单次注视中落在四个区域内的百分比进行重复测量的方差分析，结果发现，合成词结构的主效应在四个区域内都不显著，$F_1(1, 27) = 1.00$，$p > 0.05$；$F_1(1, 27) = 0.52$，$p > 0.05$；$F_1(1, 27) = 0.47$，$p > 0.05$；$F_1(1, 27) = 0.63$，$p > 0.05$，与第一节的结果一致，进一步验证了实验 4 的结果，即合成词结构不影响单次注视中的首次注视位置。从图 7–2 可以看出，单次注视中，读者对目标词的首次注视倾向于落在词的中间位置。

（三）多次注视中的平均首次注视位置及首次注视位置分布

统计多次注视中，两种合成词结构的目标词上的平均首次注视位置，见表 7–6。对多次注视中的平均首次注视位置进行重复测量的方差分析，结果显示，合成词结构的主效应不显著，$F_1(1, 27) = 0.05$，$p > 0.05$；$F_2(1, 69) = 0.08$，$p > 0.05$，表明多次注视条件下，合成词结构不影响首次注视位置，与第一节的结果一致。对多次注视中，落在四个区域内的首次注视的百分比进行统计，见图 7-10。

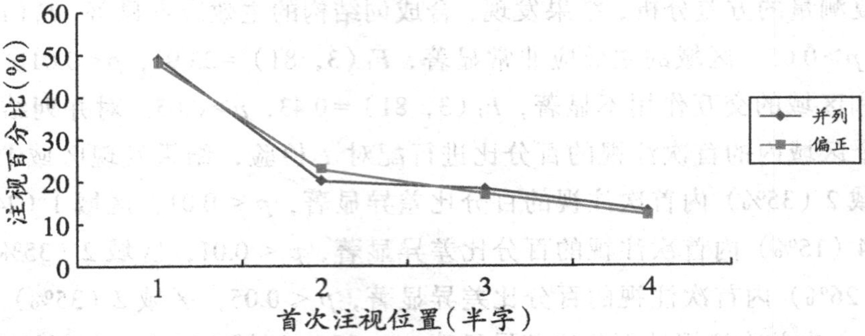

图 7-10　同首词素异结构目标词上的多次注视中的首次注视位置分布

将区域作为一个自变量引入，对数据进行 2（双字合成词结构）×4（区域）的重复测量的方差分析，结果发现，双字合成词结构的主效应不显著，$F(1, 27)=0.33$，$p>0.05$。区域的主效应显著，$F(3, 81)=9.86$，$p<0.01$。为了更详细地比较被试在多次注视中的首次注视更多地落在哪个区域，对四个区域中首次注视的百分比进行比较发现，落在区域 1 中的百分比（44%）明显大于落在区域 2（16%）、区域 3（20%）和区域 4（15%）中的，$p_s<0.01$。表明多次注视中，读者对目标词的首次注视更多地落在词的开端部分，与第一节的结果一致。双字合成词结构和区域的交互作用不显著，$F(3, 81)=0.26$，$p>0.05$。

（四）向前的平均注视位置及注视位置分布

对两种合成词结构目标词上的所有向前的注视的平均注视位置进行统计，见表 7-6。对所有向前的平均注视位置进行重复测量的方差分析，结果显示，合成词结构的主效应不显著，$F_1(1, 27)=0.05$，$p>0.05$；$F_2(1, 69)=0.15$，$p>0.05$，表明合成词结构不影响向前的注视位置，与第一节的结果一致。对落在四个区域内的两种结构上的向前的注视的百分比进行统计，见图 7-11。

同样将区域作为一个自变量引入，对数据进行 2（合成词结构）×4（区域）的重复测量的方差分析，结果发现，区域的主效应显著，$F_1(3, 81)=11.07$，$p<0.01$。对并列结构条件下 4 个区域内向前注视的百分比进行配对 t 检验，结果发现，区域 4（18%）内向前注视的百分比与区域 1（26%）、

2（30%）和 3（25%）内的百分比差异显著，p 值分别是 0.000，0.000，0.004。对偏正结构条件下 4 个区域内向前注视的百分比进行配对 t 检验，结果同样发现，区域 4 内（21%）向前注视的百分比与区域 1（26%）和 2（28%）内的百分比的差异显著，p 值分别是 0.018 和 0.001。上述结果表明读者对目标词的向前的注视并不是均匀分布在四个区域内，在区域 4 内有一个明显的下降趋势。合成词结构的主效应不显著，$F_1(1, 27)=0.66$，$p>0.05$，合成词结构和区域的交互作用不显著，$F_1(3, 81)=0.96$，$p>0.05$。

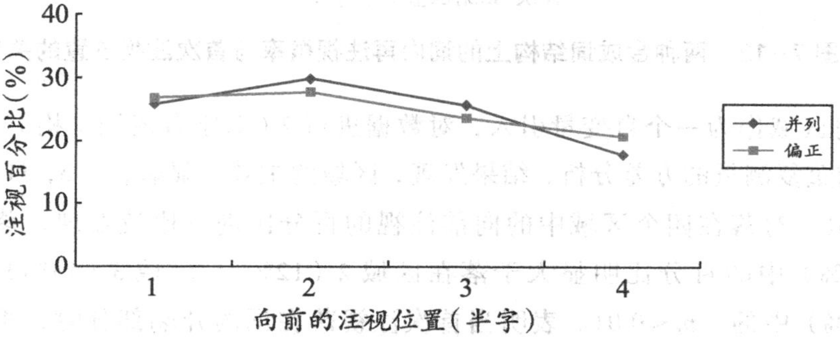

图 7–11　同首词素异结构目标词上的向前的注视位置分布

对落在四个区域内的向前的注视的百分比进行重复测量的方差分析，结果显示，合成词结构的主效应在四个区域内均不显著，$F_1(1, 27)=0.25$，$p>0.05$；$F_1(1, 27)=0.93$，$p>0.05$；$F_1(1, 27)=0.74$，$p>0.05$；$F_1(1, 27)=3.42$，$p>0.05$，表明在每个区域内，合成词结构都不影响向前的注视位置。与第一节的结果基本一致，进一步验证了第一节的结果。

（五）首次注视位置上的再注视概率

为了进一步验证同首词素异结构是否影响读者在阅读过程中的再注视模式，对两种双字合成词结构目标词上的再注视概率进行统计，见表 7–6。对两种双字合成词结构上的首次注视位置上的再注视概率进行重复测量的方差分析，结果发现，双字合成词结构的主效应不显著，$F_1(1, 27)=2.30$，$p_1>0.05$；$F_2(1, 69)=1.69$，$p_2>0.05$，表明在同首词素异结构这种实验条件下，双字合成词结构仍然不影响读者对目标词的再注视概率，进一步验证了第一节的结果。对首次注视落在四个区域上的再注视概率的百分比进行统计，见图 7–12。

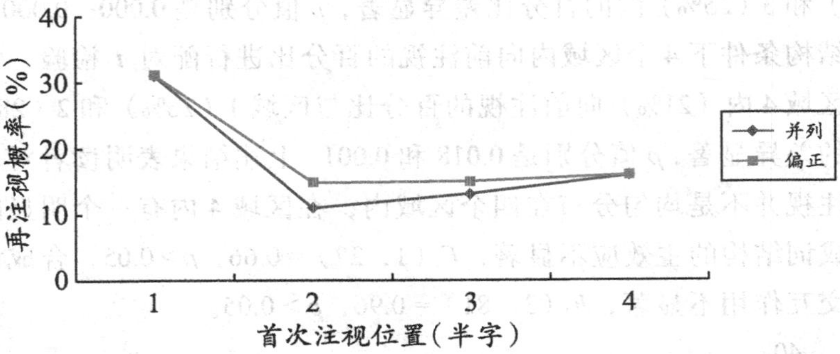

图 7-12　两种合成词结构上的词内再注视概率与首次注视位置的关系

将区域作为一个自变量引入，对数据进行 2（双字合成词结构）× 4（区域）的重复测量的方差分析，结果发现，区域的主效应显著，$F(3, 81)=9.20$，$p<0.01$。对落在四个区域中的向前注视的百分比进行比较发现，落在区域 1（28%）中的百分比明显大于落在区域 2（12%）、区域 3（14%）和区域 4（13%）中的，$p_s<0.01$。表明当首次注视落在词的开端部分时，再注视该词的概率最高，与第一节的结果一致。双字合成词结构的主效应不显著，$F(1, 27)=0.001$，$p>0.05$，双字合成词结构和区域的交互作用不显著，$F(3, 81)=0.36$，$p>0.05$。

（六）再注视位置与首次注视位置的关系

上述结果表明合成词结构不影响读者对目标词的再注视的概率，那么合成词结构是否影响读者对目标词的再注视位置？为了回答这一问题，对再注视位置与首次注视位置之间的关系进行分析（见图 7-13）。同样需要指出的是，由于没有足够的数据，因此没有进行进一步的统计分析。

从图 7-13 可以看出，两种合成词结构上的再注视位置与首次注视位置的关系非常相似，都表现为当首次注视落在词首时，再注视更倾向于落在词尾，当首次注视落在词尾时，再注视更倾向于落在词首。与第一节中的结果比较发现，本实验中的首次注视位置与再注视位置的关系进一步验证了第一节的结果。

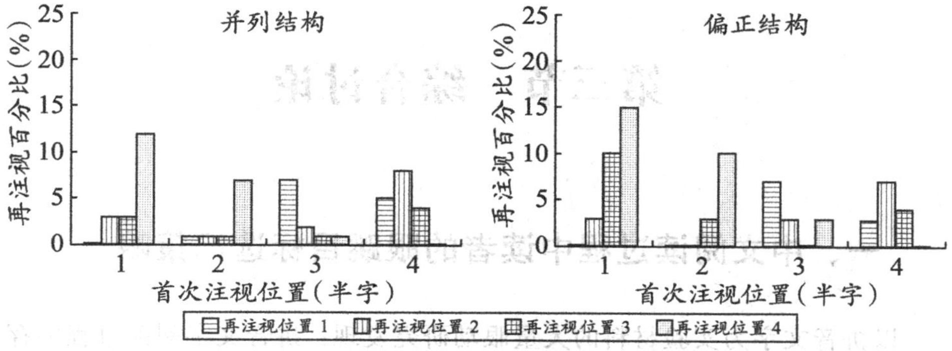

图 7-13　两种合成词结构上的再注视位置与首次注视位置的关系

四、讨论

为了进一步控制副中央凹预视对实验结果的影响，确保实验结果的可靠性，第二节采用同首词素异结构的目标词为实验材料，进一步考察合成词结构是否影响读者对目标词的首次注视位置和再注视模式。结果发现，与第一节的结果一致，发现合成词结构同样不影响读者在阅读过程中对目标词的首次注视的落点位置，即在并列结构和偏正结构两种条件下，读者在阅读过程中表现出相似的注视位置效应：单次注视中，读者的首次注视更多地落在词的中心位置，多次注视中，首次注视更倾向于落在词首；当首次注视落在词首时，再注视该词的概率最高，而且再注视的位置更多地落在词尾；目标词上所有向前的注视并非均匀分布在每个区域内。上述结果表明，中文阅读过程中，单次注视条件下的确存在偏向注视位置，中文读者眼跳选择的目标是"词"，合成词结构不影响读者对目标词的首次注视位置和再注视模式。

分析第一节和第二节的结果发现，第一节中单次注视条件下，读者对目标词的首次注视更多地落在区域 2 和 3 内，而第二节中，单次注视中的首次注视更倾向于落在区域 2 内。虽然两个实验在单次注视中，结果稍微有差别，可能是由于两个实验的材料和被试不同，但是两个实验在上述六个结果分析指标上的总的趋势都非常一致。与拼音文字的结果比较一致，即高水平语言因素（词频、可预测性和合成词结构）不影响阅读过程中的注视位置效应。

第三节　综合讨论

一、中文阅读过程中读者的眼跳目标选择策略

以拼音文字为实验材料的大量眼动研究发现：拼音文字阅读过程中存在偏向注视位置和最佳注视位置，表明拼音文字阅读过程中读者眼跳选择的目标是“词”，而不是“字母”（Rayner，2009；Rayner & Liversedge，2011）。关于中文阅读过程中是否存在偏向注视位置和最佳注视位置，一直存在争论和分歧（Li et al.，2011；Tsai & McConkie，2003；Yan et al.，2010）。本书在前人研究的基础上，进一步考察中文阅读过程中是否存在偏向注视位置和最佳注视位置，以及眼跳选择的目标是什么，为中文阅读过程中眼动控制的第二个问题提供证据。

本研究的两个实验都比较一致地发现，中文阅读过程中首次注视位置的分布存在分离的现象，即在单次注视条件下，读者对目标词的首次注视更多地落在词的中心位置，首次注视位置在四个区域中的分布呈倒“U”形分布；多次注视条件下首次注视更多地落在词的开端部分，首次注视位置在区域1、2、3、4中的分布呈逐步下降的趋势。这与前人的研究结果和第六章的研究结果都比较一致（白学军等，2012；白学军等，2011；Li et al.，2011；Shu et al.，2011；Zang et al.，2012），与拼音文字的研究结果亦比较一致（Rayner & Liversedge，2011）。结果表明，在中文和拼音文字的阅读过程中，读者在一个词上注视一次还是注视多次是预先计划好的。当读者的首次注视落在词的中心位置时，即最佳注视位置时，往往只需要一次注视就可以识别该词，不需要进行再注视。但是由于眼跳存在一定的误差，读者的首次注视可能偏离了最佳注视位置，即落在词的开端部分时，在这种情况下读者就需要再进行一次再注视，进而完成对该词的识别，增加识别该词的成功率。

本研究的两个实验还发现，当首次注视落在词的开端部分时，读者需要进行一次词内再注视，即首次注视落在词的开端部分时，再注视概率最高；

当首次注视落在词的结尾部分时，再注视该词的概率最低，与前人的研究结果比较一致（白学军等，2012；白学军等，2011；Li et al.，2011；Shu et al.，2011；Zang et al.，2012）。但是，与拼音文字的研究结果存在差异。以拼音文字为材料的眼动研究发现，当首次注视落在词的中心位置时，再注视该词的概率最低（Nuthmann et al.，2005；Rayner et al.，1996；Vitu et al.，2001）。中文与拼音文字之间关于最佳注视位置结果的差异，可能是由两种文字系统的特性造成的。中文是一种表意文字，汉字结尾部分携带的信息量比开端部分携带的信息量少（Yan，Bai，Zang，Bian，Cui，Qi，et al.，2011）。这还需要进一步的研究和探讨。关于再注视模式，本研究发现当首次注视落在词的开端部分时，再注视更倾向于落在词的结尾部分，与前人的研究结果一致（白学军等，2012；白学军等，2011；Zang et al.，2012）。

按照 Li 等人（2011）的观点，上述结果不能说明在中文阅读过程中存在偏向注视位置。因此，根据 Li 等人（2011）的观点，本研究的实验 1 统计了所有向前的注视位置及其分布。结果发现，读者对目标词所有向前的注视位置分布并非是一条平行于 x 轴的直线，所有向前的注视并非均匀分布在双字词的四个区域，而是在最后一个区域有明显的下降趋势，与 Li 等人（2011）的结果不一致，与白学军等人（2011）的结果一致。这可能是由于 Li 等人（2011）的研究中，在分析四字词条件下的实验结果时，将四字词作为目标区域；但是在分析双字词条件时，除了将双字词作为目标区域之外，还将双字词之后的两个汉字也作为分析的对象，使得双字词条件下可能包含 2 个或 3 个词，而四字词条件下只有四字词一个词。而白学军等人（2011）以及本研究在分析结果时，无论哪种条件下都只包含一个词。对于此问题还需要更多的实验证据来进一步验证。

关于眼跳目标选择是基于字还是基于词，Yang 和 McConkie（1999）以及 Tsai 和 McConkie（2003）发现，读者对词的首次注视位置分布是一条平滑的曲线。他们认为，中文阅读过程中眼跳目标的选择不是基于词。随后，Li 等人（2011）在实验数据和计算模拟的基础上认为，中文阅读过程中眼跳目标的选择以“字”“词”相结合的方式为基础。本研究实验 1 的结果不支持上述观点。根据两个实验中发现的单次和多次注视条件下首次注视位置分布的特征，以及实验 1 中所有向前的注视位置的分布，本研究结果支持中文阅读过程中眼跳选择的目标是基于词，这与前人的一些研究结果一致（白学军等，2012；白学军等，2011；Yan et al.，2010；Zang et al.，2012）。

二、双字合成词结构不影响中文阅读过程中的注视位置效应

如上所述，本章发现中文阅读过程中眼跳目标的选择是基于词。第六章发现词的低水平视觉因素，尤其是汉字笔画数是影响读者的首次注视位置的一个很重要的因素。已有研究发现，词的一些高水平语言（或认知）因素（如词频、语境的预测性和合理性等）不影响中文阅读过程中的首次注视位置（郭晓峰，2012；吴捷等，2011）。中文文本书写系统中大多数词是双字词，构成双字词的两个语素的字义与整个词的词义之间主要存在两种关系。整词的词义与构成整词的语素的字义之间的关系是否影响阅读中的注视位置效应。中文文本书写系统中的并列结构和偏正结构的双字合成词正好符合上述两种关系，因此本书的第二个研究目的是考察并列结构和偏正结构双字合成词上的注视位置效应是否存在差异。

本研究的两个实验都比较一致地发现，双字合成词结构既不影响单次和多次注视中的平均首次注视位置，也不影响再注视概率，表明双字合成词结构不影响中文阅读过程中的注视位置效应。甚至在并列结构和偏正结构的目标词共享第一个语素的情况下，双字合成词结构亦不影响阅读过程中的注视位置效应。按照拼音文字的眼动模型的观点，尤其是E-Z读者模型和SWIFT模型的观点，阅读过程中读者在一个词（词n）上注视一次还是注视多次是预先计划好的。预先计划是读者在加工词n-1时，通过副中央凹区域对词n进行了预加工。根据本书的研究结果，读者对目标词的双字合成词结构类型的预加工并没有达到可影响随后的眼跳选择目标环节的水平。或者还有另外一个可能，即由于双字合成词结构加工水平较高，读者对词n的预加工还没有达到此水平，而可能只是一些低水平的加工，如对词n的笔画数的加工，因此才会出现双字合成词结构不影响中文阅读过程中的注视位置效应。

前人研究发现双字合成词结构影响读者的词汇识别过程（冯丽萍，2003；干红梅，2009；徐彩华，张必隐，2000；张必隐，1993），而本研究发现双字

合成词结构不影响中文阅读过程中的注视位置效应。其可能原因是：

前人的研究考察的是双字合成词结构对词汇识别过程的影响，而本书重点考察的是双字合成词结构是否影响读者对两种结构双字合成词的首次注视位置和再注视概率，这是两个不同的研究内容，前人的研究考察的是何时移动眼睛，而本研究考察的是眼睛移向何处。而且有研究表明有两个独立的系统分别决定着何时移动眼睛和眼睛移向何处（Rayner & Pollatsek，1981）。Rayner 和 Pollatsek（1981）在实验一中采用移动窗口范式，随机改变窗口大小。结果发现眼跳距离随窗口大小的变化而变化；但注视时间不受影响。实验二，研究者操纵当前注视词的呈现时间。当一次注视开始的时候，屏幕出现掩蔽刺激使中央凹视觉中文本信息出现时间延迟。结果发现注视时间随延迟时间的变化而变化，但眼跳距离不受影响。这表明眼睛移向何处和眼睛何时移动是两个独立的过程。

关于双字合成词结构是否影响读者何时移动眼睛，孟红霞、白学军和闫国利（2015）通过研究发现，双字合成词结构不影响读者对目标词的首次注视时间，但是影响读者对目标词的总注视时间。因此，结合前人的研究（冯丽萍，2003；干红梅，2009；徐彩华，张必隐，2000；张必隐，1993），我们倾向于认为，双字合成词结构影响读者对目标词的识别过程，而且这种影响更多的是发生在词汇识别过程的晚期阶段，但是合成词结构不影响读者对目标词的首次注视位置和再注视概率。

总之，中文阅读过程中，当在一个双字词上只有一次注视时，读者往往将首次注视定位于该词的中心；而在多次注视时，往往定位于词的开端部分。当首次注视落在词的开端部分时，再注视该词的概率增加，而且再注视往往落在词的结尾部分。此外，双字合成词结构不影响中文阅读过程中的注视位置效应。

与第六章的结论一致，在本研究条件下，可得出如下结论：①在中文阅读过程中，单次注视事件中，存在偏向注视位置；②并列结构和偏正结构双字合成词具有相似的注视位置效应，双字合成词结构不影响阅读过程中的注视位置效应。

第八章 总讨论

第一节 中文阅读过程中的注视位置效应

1879 年，自 Javal 首次采用眼动记录法研究阅读这一认知活动以来，该方法已经有了长足的改进和进步。随之采用眼动记录法研究阅读的研究结果也越来越丰富，使得人类对阅读行为背后的认知加工机制逐渐有了更多的认识，这种认识对人类的语言教学和学习有非常重要的实际指导意义。

眼动控制是目前采用眼动记录法研究阅读的一个热点问题，共包含两个子问题：一是什么因素决定读者的眼睛何时（when）移动；二是什么因素决定读者的眼睛移向何处（where）。

关于第一个子问题的研究，已经获得了比较丰富的研究结果。以中文为例，大量研究发现词的高水平语言因素（如词频和预测性等）是眼睛何时移动的一个重要因素（Rayner et al.，2005；Yan et al.，2006），当然这不排除一些低水平视觉线索对何时移动的影响。相反，有研究发现一些低水平视觉线索（如汉字笔画数）在读者何时移动眼睛的过程中起着调节作用（Yang & McConkie，1999）。

关于第二个子问题，以拼音文字为材料的眼动研究起步较早，研究结果也比较丰富和一致。大量研究发现拼音文字阅读过程中存在偏向注视位置和最佳注视位置现象，这两个位置的存在表明拼音文字阅读过程中眼跳选择的目标是单词，而非字母，或其他一些因素。国外的大多数研究者认为，单词的低水平视觉线索（如词长和词间空格等）对眼睛移向何处起决定作用，而单词的一些高水平语言因素（如词频和预测性等）不影响读者的首次注视位置（Rayner，2009；Rayner & Liversedge，2011）。相较于拼音文字，关于中文阅读过程中注视位置效应的研究起步较晚，研究结果也比较贫乏，并且一直存在冲突和分歧。因此，本论文在前人研究的基础上，设计了两项研究五个实验，对中文阅读过程中的注视位置效应进行了逐步深入地探讨。

一、中文阅读过程中是否存在偏向注视位置

较早对中文阅读过程中的注视位置效应进行研究的是 Yang 和 McConkie（1999）。他们通过研究发现，与拼音文字的结果不同，中文阅读过程中不存在偏向注视位置，中文读者的首次注视位置没有偏向某一个位置，首次注视位置分布是一条平行于 x 轴的平滑曲线。随后，Tsai 和 McConkie（2003）也得出了与 Yang 和 McConkie（1999）一致的结果。但是，Yan 等人（2010）认为之所以 Yang 和 McConkie（1999）以及 Tsai 和 McConkie（2003）没有发现中文阅读过程中存在偏向注视位置，是因为研究者在实验过程中并没有严格控制实验材料的词切分的一致性，即对于同一个句子，不同读者对哪几个汉字是一个词的看法，而词切分的一致性是影响读者首次注视位置落点的很重要影响因素。

因此，Yan 等人（2010）在实验过程中严格控制了实验材料的词切分的一致性，考察中文读者在阅读过程中首次注视的落点位置及其分布。结果发现，读者的首次注视位置分布存在分离的现象，即在对目标词只有一次注视的情况下，读者的首次注视更多地落在词的中心位置；在两次及以上注视条件下，首次注视更多地落在词首位置。随后的一些研究都得到了与 Yan 等人（2010）一致的结果（白学军等，2011；Li et al.，2011；Shu et al.，2011；Zang et al.，2011）。基于这一研究结果，研究者都普遍认为，中文阅读过程中，在单次注视条件下存在偏向注视位置。

基于前人的研究结果，本书进一步深入探讨了中文阅读过程中是否存在偏向注视位置。第六章以大学生为被试，严格控制了实验材料词切分的一致性，记录被试阅读实验材料时的眼动轨迹，探讨了大学生被试在阅读低水平视觉因素存在差异的目标词的过程中是否存在偏向注视位置。具体地，第一

个实验考察了大学生阅读首字和尾字笔画数存在差异的目标词过程中是否存在偏向注视位置，第二个实验考察了阅读不同汉字结构目标词时是否存在偏向注视位置，第三个考察了读者阅读不同词边界信息条件下歧义短语时是否存在偏向注视位置。结果发现，三个实验的结果比较一致，而且与前人的研究结果也比较一致（白学军等，2011；Li et al.，2011；Shu et al.，2011；Yan et al.，2010；Zang et al.，2011）。三个实验都发现，中文阅读过程中，读者对目标词的首次注视位置分布的确存在分离现象，即在单次注视条件下，读者对目标词的首次注视更多地落在词的中间位置，在两次及两次以上的注视情况下，首次注视更倾向于落在词首位置，表明在单次注视条件下存在偏向注视位置。第七章进一步考察了读者阅读不同合成词结构的目标词过程中是否同样存在偏向注视位置。结果显示，与第六章的结果一致，中文阅读过程中，单次注视条件下，读者的首次注视更倾向于落在词的中心位置，多次注视条件下，首次注视更多地落在词的开始部分。因此，结合第六章和第七章的研究结果，以及前人的研究结果，我们认为中文阅读过程中，单次注视条件下的确存在偏向注视位置，表明中文读者在阅读过程中的眼跳目标选择是有计划、有目的的，不是一种随机的过程。

二、中文阅读过程中眼跳选择的目标

大量拼音文字的研究结果发现，读者在阅读过程中不仅存在偏向注视位置，而且存在最佳注视位置，即当读者的首次注视落在词的中心位置时，读者再注视该词的概率最低。那么，中文阅读过程中是否也存在最佳注视位置呢？Yan 等人（2010）通过研究发现，与拼音文字相似，中文阅读过程中也存在最佳注视位置，但是这个最佳注视位置与拼音文字的最佳注视位置不同。Yan 等人发现，当中文读者的首次注视落在词的结尾位置时，读者再注视该词的概率最低；当首次注视落在词的开始部分时，读者再注视该词的概率最高。Yan 等人从副中央凹词切分的角度对中文阅读过程中的最佳注视位置进行了解释。随后，大多数研究都得到了与 Yan 等人一致的结果（白学军等，2011，2012；Li et al.，2011；Shu et al.，2011；Zang et al.，2011）。

拼音文字阅读过程中的偏向注视位置和最佳注视位置的发现，表明拼音文字阅读过程中读者的眼跳选择目标是“单词”，而非“字母”。但是，关于中文阅读过程中是否存在偏向注视位置存在不一致的结果，因此对于中文阅读过程中眼跳选择的目标，不同的研究者有不同的观点。

Yang 和 McConkie（1999）在研究中未发现偏向注视位置，首次注视位置的分布是一条平行于 *x* 轴的平滑曲线。根据这一结果，Yang 和 McConkie（1999）认为中文阅读过程中眼跳选择的目标不是“词”。虽然此结果亦不支持眼跳选择的目标是“汉字”这一结论，但是研究者认为实验结果不能排除这种可能性。Tsai 和 McConkie（2003）的观点同 Yang 和 McConkie（1999）的。Yan 等人（2010）通过严格控制词边界信息的模糊性发现，单次注视情况下，存在偏向注视位置，而且当首次注视落在词的开始部分时，读者再注视该词的概率最高。Yan 等人认为中文阅读过程中眼跳选择的目标是“词”，而非“汉字”。但是 Li 等人（2011）认为，在统计分析读者在阅读过程中的眼跳选择目标时，研究者只考虑了读者对目标词的首次注视的位置，并未将词内再注视的位置考虑进去，这样就很可能使得测量方法有失偏颇。因此 Li 等人提出了一种新的指标，即将词内再注视的位置包含进去，结果发现读者的向前的注视位置的分布是一条平行于 x 轴的曲线，均匀分布在目标词的每一个区域内。基于此结果，Li 等人认为中文阅读过程中眼跳选择的目标是“字”“词”相结合。白学军等人（2012）通过研究发现，小学生中文阅读过程中向前的注视位置分布在最后一个区域有明显的下降趋势，表明小学生中文阅读过程中眼跳的目标是“词”。

基于前人的研究，本书对中文阅读过程中眼跳选择的目标进行了进一步探索和验证。如上所述，本书中的 5 个实验都发现，单次注视条件下首次注视更倾向于落在词的中心位置，即单次注视条件下存在偏向注视位置。偏向注视位置的发现，表明本研究结果不支持 Yang 和 McConkie（1999）以及 Tsai 和 McConkie（2003）的观点。而且本书的 5 个实验都发现，当读者的首次注视落在词的开始部分时，读者再注视该词的概率最高。为了进一步探索中文阅读过程中眼跳选择的目标是“词”，还是“字”“词”相结合的方式，本书中的实验都根据 Li 等人的统计分析方法，统计了所有向前的注视位置分布。结果显示，5 个实验的结果比较一致，读者的所有向前的注视位置分布并非是一条平行于 *x* 轴的平滑曲线，向前的注视位置并非均匀地分布在目标词的每个区域内，而是在最后一个区域有明显的下降趋势，因此本书的研究结果不支持 Li 等人的观点。读者所有向前的注视位置之所以在最后一个区域明显下降，也可能是由于副中央凹预视的结果。即读者在并未真正注视词的结尾部分时，当读者注视词的开始部分和中心位置时，通过副中央凹预视已经获得了有关词的结尾部分的信息，因此不需要再对词的结尾部分进行一次直接的注视，最终导致读者所有向前的注视位置分布在词的结尾部分有非常明显的下降。因此，与白学军等人（2011）的结果一致，本书发现，中文阅读过程中眼跳选择的目标是“词”，进一步验证了词在中文阅读过程中的重要作用。

三、中文阅读过程中注视位置效应的影响因素

大多数研究者一致认为，拼音文字阅读过程中，单词的低水平视觉线索（如词长和词间空格等）是影响读者的眼睛跳向何处（where）的重要因素，而单词的高水平语言因素（如词频和预测性等）不影响读者的眼睛移向何处（Rayner，2009；Rayner & Liversedge，2011）。

与拼音文字的研究结果相似，本书的研究结果发现，中文阅读过程中读者的眼跳选择目标是“词”。那么，词的哪些因素影响中文读者的首次注视位置呢？前人的研究发现，字号大小影响读者的首次注视位置，随着汉字字号的增大，读者的眼跳距离显著缩短，导致读者对目标词的首次注视更多地落在词首部分（Shu et al.，2011）。此外，有研究发现词的高水平语言因素，如词频、预测性和合理性不影响读者的首次注视位置（郭晓峰，2012；吴捷等，2011）。还有研究发现，年龄和阅读能力水平同样不影响读者的首次注视位置（白学军等，2011；Zang et al.，2011）。但是，与拼音文字的结果不同，有研究发现词长不影响中文阅读过程中读者的首次注视位置（Li et al.，2011），这可能是由于中文中的词长比较固定，而且中文中的词长分布较窄，拼音文字中的词长分布较广。因此，综合前人的研究，关于词的哪些因素影响中文读者的首次注视位置这一问题，目前研究结果还比较少，而且这些研究都处于初步探索阶段。因此，这也是本书重点研究的一个问题。即是否与拼音文字的结果相似，中文中词的低水平视觉线索是重要的影响因素？本书的两项

研究共5个实验对此问题进行了逐步深入的研究和探索。

第六章重点考察了低水平视觉线索是否影响读者的首次注视位置和再注视模式。中文作为一种表意文字，其基本的书写单元是汉字。与拼音文字不同，每个汉字所占的空间相同，而且每个汉字携带的信息量比较丰富。每个汉字在视觉复杂性上存在很大差异，其中最明显的差异就是汉字的笔画数不同，从一笔到三十几笔。有研究发现，在汉字识别过程中存在笔画数效应，即相较于多笔画汉字，被试识别少笔画汉字的速度更快。那么汉字笔画数是否影响读者对目标词的首次注视位置和再注视模式呢？实验1考察了汉字笔画数是否影响读者的首次注视位置。结果发现，双字词的首字笔画数影响读者的首次注视位置。具体表现为，当首字为多笔画字时，首次注视更多的落在首字上，当首字为少笔画字时，首次注视更多地落在尾字上。尾字笔画数不影响读者的首次注视的落点位置。首字和尾字笔画数共同影响读者对目标词的再注视概率。具体表现为，当首字和尾字都为多笔画汉字时，读者再注视该词的概率最高；当首字和尾字都为少笔画汉字时，读者再注视该词的概率最低。因此，汉字笔画数是影响中文读者首次注视位置落点和再注视概率的一个很重要影响因素。

汉字除了在笔画数方面存在很大差异之外，每个汉字根据其部件的组合方式不同，在结构方面也存在一些差异，其中最常见的是左右结构和上下结构。实验1发现汉字笔画数影响读者的首次注视位置和再注视概率，在实验1的基础上，实验2进一步考察了汉字结构（左右结构和上下结构）是否影响读者的首次注视位置和再注视概率，即汉字中的哪部分信息或者哪个位置上的笔画更吸引读者的注意力和眼睛。结果发现，汉字结构不影响读者对目标词的首次注视的落点位置，读者阅读不同汉字结构的目标词时，表现出了比较一致的首次注视位置分布模式。但是，汉字结构影响读者对目标词的再注视概率，即相较于上下结构，读者阅读左右结构目标词时的再注视概率更高。

作为一种表意文字，中文书写文本除了具有笔画数和汉字结构这些独特特点外，还具有一个很重要的视觉特点，即中文书写文本没有明显的词边界信息，这与拼音文字有很大的区别。关于词边界信息在拼音文字阅读中的作用已经得到了一致的认可。但是，如果在没有词边界信息的中文书写文本中插入词边界信息，是否会影响读者的首次注视位置分布呢？有研究发现，插入明显的词边界信息有助于引导初学者对目标词的眼跳目标选择，即在词间空格条件下，读者对目标词的首次注视更倾向于落在词的中心位置（Zang et al., 2011）。汉语中存在一类特殊的词组——歧义短语。如果在这类词组中插入明显的词边界信息是否会有助于引导读者的眼跳行为？这正是实验 3 要探讨的问题。结果发现，插入的词边界信息不影响读者的首次注视位置，甚至当插入的词边界信息使得不符合语境的双字词凸显时，亦未对读者的首次注视的落点位置产生影响。但是，词边界信息影响读者对歧义短语的再注视概率。

因此，综合第六章的研究结果发现，汉字笔画数是中文阅读过程中首次注视位置的一个重要影响因素，并且汉字笔画数影响读者对目标词的再注视概率。汉字结构和词边界信息都不影响读者对目标词的首次注视位置，但是这两个因素都对眼跳的后期指标——再注视概率产生了影响。

以拼音文字为实验材料的眼动研究发现，高水平语言因素可能不影响读者的眼睛移向何处。关于中文阅读过程中词的高水平语言因素（例如词频和可预测性）是否影响读者的首次注视位置和再注视概率，前人通过研究得到了与拼音文字比较一致的结果，即词频和可预测性不影响读者对目标词的首次注视位置。但是，中文作为一种表意文字，词与词中由于构成的语素之间的关系不同，可以分为不同结构的合成词。第七章正是在第六章的基础上，进一步探讨了中文独有的高水平语言因素——合成词结构是否影响首次注视位置和再注视概率。第一节同样以大学生为被试，选取两种不同结构的合成词——并列结构和偏向结构为目标词。结果发现，读者在阅读不同结构的合成词时首次注视位置的分布非常相似，即合成词结构不影响读者的首次注视位置。同时，合成词结构不影响读者对目标词的再注视概率。第二节在第一节的基础上，为了进一步控制副中央凹预视对实验结果的影响，进一步探索了读者阅读同首词素异结构的目标词时其注视位置分布是否有差异。结果发现，第二节进一步验证了第一节的结果，即使在共同分享首词素的情况下，合成词结构亦不影响读者对目标词的首次注视的落点位置和再注视概率。

综上所述，结合前人和本论文的研究结果，我们认为与拼音文字的结果相似，中文阅读过程中低水平视觉线索（如汉字笔画数和汉字字号大小）是影响眼睛移向何处的重要因素，汉字结构和词边界信息影响读者眼跳目标选择的后期阶段；而高水平语言因素（如词频、预测性和合成词结构等）既不影响读者对目标词的首次注视位置，也不影响读者对目标词的再注视概率。

第二节　注视位置效应对建构中文眼动控制模型的启示

目前，世界各国所使用的文字多是拼音文字，英语就是其中的一种。它是一种以多个单音字母合并而成，拥有单音或多音节的语音文字。英语的基本书写单位是字母，共包含26个字母。单词则是由字母按照一定的正字法规则拼写而成。英语文本还具有一个很重要的视觉特点，即有明显的词边界信息——词间空格。通过词间空格，读者能够很快区分出哪几个字母构成一个有意义的单词。英语中单词的词长，即一个单词由几个字母构成，其分布较广，从一个字母到三十几个字母不等。

以拼音文字为实验材料的眼动研究起步相对较早，经过一百多年的发展，当前研究成果比较丰富，研究者对拼音文字阅读行为背后的认知机制的认识也比较深入。在现有研究成果的基础上，一些研究者尝试通过建立眼动控制模型，解释和预测拼音文字阅读过程中读者的眼动行为，探究阅读过程中眼动行为的本质。关于眼动行为的本质，目前比较一致的观点是，眼动行为不仅受认知加工因素的影响，而且受低水平的视觉因素的调节。其中比较有代表性的模型是E–Z读者模型和SWIFT模型。

E–Z读者模型认为，阅读过程中的眼跳总是指向单词的中心位置，即读者的眼跳计划指向单词的中心位置。读者的实际眼跳距离（actual saccade length）是计划眼跳距离（intended saccade length）与距离偏差（range bias，导致短的/长的眼跳未达到/越过它们的计划目标），以及随机眼球运动误差（random motor error）的三者之和。E–Z读者模型还认为，阅读过程中除了大部分主要眼跳（primary saccade，使得眼睛从一个单词移向下一个单词）之外，还有一些校正眼跳（corrective saccades）。校正眼跳发生于主要眼跳偏离计划目标时。

运用上述关于眼跳行为的假设，E–Z 读者模型可以很准确地模拟出拼音文字读者首次注视位置的分布——大致呈正态分布，并且首次注视更多地落在词的中心位置。由于眼跳偶尔会错过计划的眼跳目标，因此首次注视位置分布曲线的尾部缺失，而且随着眼跳距离的增加和起跳位置注视时间的减少，注视位置分布的变异性会更大。

SWIFT 模型和 E–Z 读者模型的最主要区别是，在直接被注视之前，副中央凹处词汇是否能够被读者完全识别。E–Z 读者模型认为单词的识别过程是系列的，读者一次只能加工一个单词，只有完全识别当前被注视的单词 W_n 后，读者才可能去加工下一个单词 W_{n+1}。但是，在直接被注视之前，副中央凹处词汇 W_{n+1} 仍然可以得到部分加工，即熟悉性验证。熟悉性验证对何时启动一个指向副中央凹处单词的眼跳来说，是一个关键的决定因素。当副中央凹词汇 W_{n+1} 是一个低复杂性、高频、高预测性的词时，眼跳系统会接收到一个新的眼跳信号，如果该眼跳信号发生在开始眼跳计划的可变阶段，那么开始的眼跳计划将被取消，直接执行新的眼跳计划，即计划跳到 W_{n+2}，从而导致读者跳读 W_{n+1}。如果该眼跳信号发生再开始眼跳计划的不可变阶段，那么读者仍然执行开始的眼跳计划，即计划跳到 W_{n+1}，此时不会跳读 W_{n+1}。

相反，SWIFT 模型引用词汇激活的假设认为，知觉广度范围内的每个单词在一次注视中都可以得到加工，即在一个注视点内，读者可以同时平行加工几个单词。知觉广度范围内每个单词的激活程度是不同的，在做出眼跳计划时，眼跳系统会考虑每个词汇被激活的情况。因此，SWIFT 模型认为，决定下一次眼跳落在何处（“where” 决定）与词汇加工紧密相关（吴俊，莫雷，2008）。

上述 E–Z 读者模型和 SWIFT 模型都是基于拼音文字（尤其是英文书写系统）的研究结果提出来的，而且两个模型都认为，拼音文字阅读过程中读者的基本加工单位是单词，而非字母。关于眼跳目标的选择，E–Z 读者模型和 SWIFT 模型在眼跳目标选择的实验结果的预测方面不存在差异，差异主要体现在对实验结果的解释方面。

与英文书写系统不同，作为世界上使用人数最多的文字，中文是一种表意文字。如上所述，中文文本的基本书写单位是汉字。虽然每个汉字在视觉复杂性上存在很大的差异，具体体现在笔画数、部件数、汉字结构等方面，但是每个汉字所占的空间基本相同。中文中，关于什么是词仍然存在很大的争议。目前，大多数语言学家普遍认可，大多数汉字可以作为一个单字词单独出现，也可以与其他汉字结合在一起，构成双字词、三字词和四字词等。中文与拼音文字一个最大的区别还表现在，中文书写系统没有明显的词边界信息。这就要求中文读者在阅读过程中格外进行一项认知活动——词切分。关于词切分，即对同一个句子，哪些汉字构成一个词。对于这一点，不同的读者可能有不同的观点。

正是由于中文与拼音文字两种文本书写系统之间的差异性，E-Z读者模型和 SWIFT 模型的提出者都曾经尝试用其理论观点解释中文的眼动研究结果，以此来验证其眼动控制模型的广泛适用性和科学性。

Rayner 等人（2007）在 E-Z 读者模型的基础上模拟了中文读者的眼动行为。如上所述，E-Z 读者模型假设，词是阅读过程中的基本加工单位。然而中文文本中，关于什么是词，仍然存在争议和冲突。但是，Rayner 等人认为，运用标出词边界信息的方法，同一个句子，不同的读者之间仍然有一定的合理的一致性。因此，Rayner 等人假设，词亦是中文阅读过程中的基本加工单位。此外，E-Z 读者模型认为，由于词边界信息的存在，拼音文字阅读过程中的眼跳指向单词的中心位置。与拼音文字不同，中文文本中没有明显的词边界信息，Rayner 等人亦假设，中文阅读过程中眼跳也是指向词的中心位置。最后，拼音文字中的字母与中文中的汉字差异非常大，不仅体现在视觉特征方面，而且体现在语义方面。但是为了尽可能地保持 E-Z 读者模型的稳定性，Rayner 等人将汉字看作是中文中的基本正字法单元，就像英语中的字母。

在上述假设的基础上，Rayner 等人（2007）运用 E-Z 读者模型模拟了中文的眼动研究结果。结果发现，模拟的结果与实际研究结果（Rayner et al., 2005）之间差异非常小。Rayner 等人认为，E-Z 读者模型能够很好地解释中文阅读过程中的读者的眼动行为，而且词是中文阅读的基本加工单元。另外，研究者还使用了中文字频模拟研究结果，即将字频作为一个附加的预测因子，结果并没有增加数据的总拟合度，因此进一步验证了词是中文阅读的基本加工单元。

分析 Rayner 等人（2007）的研究，他们的模拟是建立在以下三个假设均成立的基础之上。但是，关于以下三个假设的科学性和合理性，尚有待商榷。

因此，Rayner 等人（2007）模拟的结果也有待商讨。

首先，与拼音文字不同，关于什么是词，词是否是中文阅读的基本加工单位，不同的语言学家有不同的观点。虽然许多研究结果都已经表明词在中文阅读过程中的重要作用，例如前人研究发现的词频效应、可预测性效应（Rayner et al.，2005；Yan et al.，2006），人为引入词边界信息对词汇识别过程的影响（白学军等，2011；Bai et al.，2008），中文阅读过程中读者的眼跳目标选择策略等（Yan et al.，2010）。但是，也有研究者认为在中文阅读中，字是重要的加工单元，至少对于熟练阅读者是如此，因为中文书写系统的基本单元就是汉字，每个词都是由汉字构成（Chen et al，2003；Tsai & McConkie，2003）。

其次，关于中文读者的眼跳是否指向词的中心位置，已经有研究发现，这可能与读者对副中央凹词汇词切分的成功与否有关（Shu et al.，2011；Yan et al.，2010），如果读者能够在副中央凹成功完成词切分过程，那么读者的眼跳将指向词的中心位置，如果不能在副中央凹完成词切分过程，那么读者的眼跳将指向词的开始部分。还有研究发现，中文读者的眼跳是否指向词的中心位置可能与读者对副中央凹词汇预加工的深度有关，如果读者对副中央凹词汇的预加工深度较浅，那么读者的眼跳将指向词的开始部分；如果读者对副中央凹词汇的预加工深度足够深的话，在副中央凹完成了对词汇的识别过程，那么读者将会跳读该词；如果读者对副中央凹词汇的预加工深度介于上述两种情况之间，那么读者的眼跳将指向词的中心位置（Zang et al.，2011）。

最后，拼音文字中的字母和中文中的汉字是否可以进行类比，仍然没有确切答案。中文书写系统中，汉字是基本的书写单元。每个汉字所占的空间相同。但是，大多数汉字都可以作为一个单字词单独出现，每个汉字都具有一定的意义。相较于汉字，拼音文字中的字母所携带的信息量要少得多，而且大多数字母不能单独出现，大多数单词都是由至少两个或两个以上的字母按照一定的正字法规则组合而成。因此，从携带的信息量这一角度来看，拼音文字中的字母是不能与中文中的汉字进行类比的，因为汉字携带的信息量要远远地大于字母所携带的信息量。因此，在默认上述假设的条件下得出的结论，其科学性和客观性就有待商讨。

近几年，有研究发现中文阅读过程中存在同向的副中央凹—中央凹效应（白学军等，2009；胡笑羽，2010；Yan et al.，2009；Yang et al.，2009），即副中央凹处字和词的低水平视觉因素影响中央凹处的词语的加工。根据 E-Z 读者模型的观点，阅读过程中词汇加工和识别是系列进行的，只有完全识别当前词之后，才可能去识别下一个词汇。因此，当读者加工当前词时，不可能受到前一个词和后一个词信息的影响。E-Z 读者模型很难解释中文阅读过程中出现的副中央凹—中央凹效应。

相反，SWIFT 模型可以很好地解释中文阅读过程中出现的副中央凹—中央凹效应。根据 SWIFT 模型的观点，处于知觉广度内的所有词汇都得到了激活，读者能够同时加工多个词汇。在加工知觉广度内的词汇时，当前词汇的识别过程可能会受到其前后词汇的因素的影响，因此出现了副中央凹—中央凹效应。

但是，根据 SWIFT 模型平行加工的观点，决定下一次眼跳落在何处（“where” 决定）与词汇加工紧密相关。结合本论文中研究二和前人的研究结果（郭晓峰，2012；吴捷等人，2011；Yang & McConkie，1999）发现，词频、预测性、合理性和合成词结构均不影响读者对目标词的首次注视位置。因此 SWIFT 模型也很难解释中文阅读过程中高水平语言因素不影响 “where” 决定这一现象。

除上述研究者运用已有的眼动控制模型解释中文的眼动研究结果之外，还有研究者在中文研究结果的基础上，尝试建立中文的眼动控制模型。其中，Li 等人（2009）在借鉴英文词汇识别理论的基础上，构建了一个中文词切分和识别的计算模型。该模型提出了如下重要假设：首先，词汇识别与词切分是一个统一的过程，两个过程同时进行，不分先后；第二，落在知觉广度内的字的加工是平行进行的，即读者同时加工知觉广度范围内的所有汉字；第三，词的识别是一个系列的过程，即加工完当前词之后，才有可能加工下一个词；第四，一个词被识别后，刚刚识别出的词和字所对应的单元被抑制，然后再开始下一轮的竞争，从而开始下一个词的识别过程和词切分过程（李兴珊，刘萍萍，马国杰，2011）。但是，Li 等人的模型只是解释了中文的词汇切分和词汇识别，并未考虑眼跳目标选择过程。Li 等人的模型未对中文阅读过程中的眼跳目标选择做出说明和解释。

正是由于上述几种眼动控制模型都存在一定的不足和缺陷，在本书研究结果的基础上，借鉴 E-Z 读者模型与词切分和识别模型的理论假设，提出一个新的理论模型，具体见图 8-1。

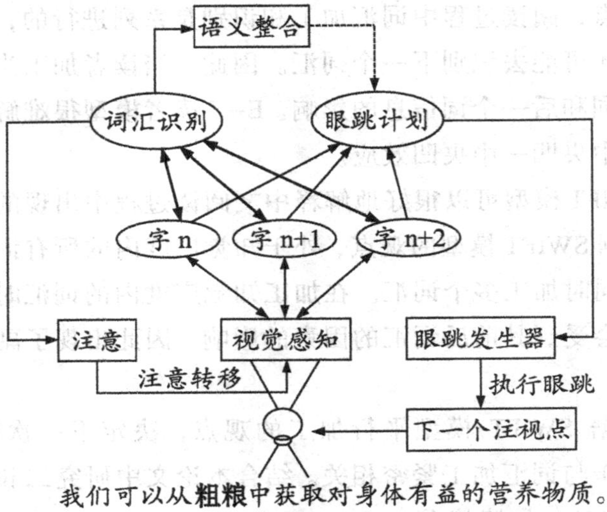

图 8-1　词汇识别和眼跳选择模型

该模型主要包含以下几个假设：

（1）词汇识别和眼跳计划是两个分别独立的认知加工过程。这一假设已经得到了一些研究结果的验证。例如，前人的研究发现，词频和可预测性是影响中文词汇识别过程的两个很重要的因素，但是这两个因素却不影响读者对目标词的首次注视位置和再注视模式。

（2）中文读者可以同时平行加工所有落在知觉广度内的汉字。该模型借鉴中文词切分和词汇识别模型的观点，认为同一时间，读者可以同时加工知觉广度范围内的所有汉字。根据前人的研究结果，中文的知觉广度大约为 3 ~ 5 个汉字。以词为单元进行统计的话，大约是 2 ~ 3 个词。这些汉字的激活存在一个竞争过程，激活程度较高的汉字，首先被读者识别。

（3）知觉广度内词的高水平语言因素参与到词汇识别过程，即高水平语言因素（包括词频、可预测性和合理性等）决定读者的词汇识别过程。但是，并不排除一些低水平视觉线索（例如汉字笔画数等）对词汇识别过程的影响。而且，在很多情况下，一个词的高水平语言因素，例如词频，和构成这个词的汉字的笔画数之间存在一定的相关关系，即由多笔画数汉字构成的词的词频一般也比较低，由少笔画汉字构成的词的词频一般比较高。

（4）词汇识别与词切分是一个统一的过程。借鉴中文词切分和词汇识别模型的观点，词汇识别过程和词切分过程很难分清谁先谁后，这两个过程很有可能是同时进行的。读者词切分的同时也在完成词汇识别过程，而且这也符合经济学的原则。

（5）对词的识别过程反过来影响读者对汉字的识别过程。与拼音文字不同，对于同一个汉字，可能存在很多不同的意思，例如多义字。因此，在不同的词汇中，同一个字代表的意思是不同的。因此，对该字的识别需要通过对词的识别来进一步得到验证。

（6）中文阅读过程中读者对词的识别过程是系列进行的，只有完全识别当前词，读者的注意才会转移到下一个词，进而开始对下一个词的加工。

（7）识别目标词后，立即进入语义整合阶段。在语义整合阶段，读者将目标词整合到即时建构的更高水平的上下文语境中，以便完成对阅读材料的理解过程。如果读者在语义整合阶段出现了困难，即不能理解当前阅读材料的内容，那么语义整合阶段就会影响到读者的眼跳计划阶段，读者就会取消当前的眼跳计划，产生一个对先前阅读材料的回视现象，以便更好地理解阅读内容。

（8）知觉广度内汉字的低水平视觉线索（如汉字字号大小和汉字笔画数等）决定读者在阅读过程中的眼跳计划，即低水平视觉线索影响阅读过程中的“where”决定。而高水平语言因素可能并不影响中文读者在阅读过程中的眼跳目标选择。

综上所述，目前比较有影响力的眼动控制模型都是在拼音文字的研究结果的基础上提出的。由于中文与拼音文字存在的差异性，因此，用这些眼动控制模型解释中文的眼动结果时就需要很谨慎，尽管有研究者的确在用拼音文字的眼动控制模型预测中文的眼动结果。最近，也有研究者以中文的研究结果为基础提出了中文的词切分和词汇识别模型。但是，该模型并未对中文读者的眼跳目标选择过程做出详细的解释和说明。因此，在借鉴已有模型的假设的基础上，结合本书的眼动研究结果，研究者尝试提出了一个中文的词汇识别和眼跳选择模型。当然，该模型仍然处于一个初步阶段，还存在很多不足和缺陷，还需要更多的实验数据和证据来进一步的验证和修订。

第三节　研究注视位置效应的方法论

对于任何研究而言，都必须有相应的研究目的和科学的研究方法。而任何一项研究中，研究目的和研究方法之间都存在如下一种关系：研究方法是为了实现研究目的而存在，什么样的研究目的决定了研究者要采用什么样的研究方法；研究目的的实现，又受制于研究方法的发展水平，研究方法的发展水平越高，则越有利于研究目的的实现。

阅读在人们的日常生活、工作和学习中，是一项非常重要的认知加工活动。人类80%的信息是通过阅读获得的。人类从很早就开始采用一定的方法（例如快速命名、词汇判断等反应时方法）来研究阅读，至今这种传统的反应时的研究方法仍然有一定的适用性。如陈燕丽等人（2004）研究了中文读者阅读成语时是否存在最佳注视位置。第一个实验中，研究者采用了词汇判断任务，记录被试的反应时和准确率。实验过程中，首先给被试呈现一个注视点，此注视点的位置对应随后出现的成语中任何一个汉字的位置，然后呈现一个成语，要求被试判断该成语是否是一个成语。注视点的位置随机呈现。通过此类词汇判断的反应时方法，研究者发现中文读者在阅读成语时的确存在最佳注视位置。

除了上述反应时方法之外，目前研究阅读比较常用的方法是眼动记录法。自1879年Javal首先采用眼动记录法研究阅读以来，运用眼动技术研究阅读已经有100多年的历史。国内自20世纪60年代就已经开始有心理学工作者探讨眼动记录法在心理学中的作用（荆其诚，1964）。相较于快速命名和词汇判断等传统的反应时方法，眼动记录法在研究阅读方面有着得天独厚的优势。采用眼动记录法：①可以实时记录读者阅读时的眼动轨迹，不会对读者的阅读产生干扰，生态效度高；②使用的仪器——眼动仪的准确性很高，其采样率可以达到2000 Hz，空间精度小于0.01°，凝视位置误差小于0.2°；③可以提供时间（如首次注视时间、单一注视时间和凝视时间等）、空间（如眼跳的方向和距离等）和生理维度（如瞳孔直径和眨眼等）等方面的丰富数据（陈庆荣，王梦娟，刘慧凝，谭顶良，邓铸，徐晓东，2011；邓铸，2005；闫国利，白学军，2007）。眼动研究领域的领军人物之一 Rayner（2004）曾经说过："有关认知过程的相关研究领域中，眼动数据已经被证明是一条非常有用的途径。事实上，眼动可能是测量实时认知加工过程的最好的方法。"通过眼动技术，人们可以在比较自然的阅读条件下获得读者加工文章信息时的眼动数据，并将读者的眼动数据与其认知过程对应起来，它为阅读研究提供了一个比命名和词汇判断等反应时方法更具有生态学效度的变量。当前，眼动记录技术和眼动数据的分析技术都获得了长足的发展和进步，眼动分析法也更加广泛地应用到阅读研究中。

本书中的所有实验都采用了眼动记录方法，运用眼动仪记录大学生被试在阅读不同目标词时的眼动轨迹，并且着重从空间位置的角度对眼动控制中的"where"决定进行了深入分析和探索。本书重点探讨中文阅读过程中的注视位置效应，为了解决此问题，在分析眼动数据过程中，研究者根据前人的研究结果，选取了相应的眼动数据作为指标，并对这些数据进行了深入分析。本研究中，为了探讨中文阅读过程中是否存在偏向注视位置，我们把材料中的目标词作为分析单位，选取读者第一次阅读目标词时的注视点为分析数据，并对数据进行整理，选取了一系列指标，如平均首次注视位置、单次注视中的平均首次注视位置和多次注视中的平均首次注视位置，对每个指标反映的问题进行了详细分析。此外，为了更具体地表现读者在阅读过程中的注视模式，我们又对每个指标下的首次注视位置分布进行了绘图。结果发现，中文阅读过程中，单次注视条件下读者的首次注视更倾向于落在词的中心位置，即单次注视条件下存在偏向注视位置。本书还发现，当读者的首次注视落在词的开始部分时，读者再注视该词的概率最高。

虽然发现单次注视条件下，中文读者在阅读过程中存在偏向注视位置，但是并不能够说明中文读者眼跳选择的目标是"词"。Li 等人（2011）认为，上述三个指标只是将读者对目标词的首次注视的位置统计在内，并未统计第一遍阅读过程中读者对目标词的再注视的位置，而为了考察读者阅读过程中的眼跳策略，上述三个指标有失偏颇。因此，Li 等人（2011）提出了一个新的指标，向前的平均注视位置。本书中的所有实验都统计了所有向前的平均注视位置，并探讨了其背后的认知机制。结果发现，与 Li 等人（2011）的研究结果不同，本书中所有实验的读者的向前的注视位置都在最后一个区域有明显的下降，表明中文阅读过程中读者眼跳选择的目标可能不是“字”“词”相结合的方式，而很有可能是“词”，进一步验证了词在中文阅读过程中的重要性。

此外，为了考察中文阅读是否与拼音文字阅读相似，存在一个最佳注视位置。根据最佳注视位置的定义，我们统计了首次注视位置上的再注视概率。研究结果发现，当首次注视落在词首位置时，读者往往对目标词产生一个词内再注视，再注视该词的概率最高。再注视位置与首次注视位置的关系，此指标可以反映出读者在阅读过程中的再注视模式。本书的研究结果发现，当读者的首次注视落在词首时，再注视更倾向于落在词的结尾部分，表明读者的再注视模式比较有规律，读者的眼跳是有计划、有目的的。通过上述指标，本论文探讨了中文阅读过程中的注视位置效应，以及一系列相关的理论问题。

总之，眼动记录法凭借其能够实时实地地记录和检测读者的眼动行为这一特性，为探讨阅读过程中的基本问题和认知机制提供了客观而有效的工具。但是眼动记录法并不是完美的，它也存在一定的局限性，这是由眼睛本身的生理特点所决定的。例如，由于眼睛固有的颤动和眨眼行为等，当研究者采用眼动仪记录眼动行为时，也会降低眼动记录数据的精确性。而且，有些被试由于其自身的眼睛运动特点，例如眨眼频率非常高，对于这样的被试在校准过程中存在很大难度，甚至根本无法进行精确的校准，因此这样的被试是被排除在阅读的眼动研究之外的。有研究者还认为，眼动研究中的注视时间指标只能反映词汇的整体加工过程，对单词的注视时间不仅包含词汇加工时间，而且包含眼跳计划的时间，因此对单词的注视时间和实际加工单词的时间并非是理想耦合，可能存在一定的差异（陈庆荣等，2011；Baccino，2011）。

目前，当代心理学研究出现了一些新的研究方法，如事件相关电位、功能磁共振成像、脑电图等方法，这些新的研究方法可以比较精确地确定认知加工的时间进程和参与的脑区。越来越多的心理学工作者开始尝试将眼动记录方法与上述新方法（如事件相关电位）进行结合，以便能够同时获得更多的实验数据，增加眼动实验的实证性和证伪性，能够更深入、更系统地研究阅读领域的相关问题。目前，研究者更多的是尝试将眼动记录法和事件相关电位这两种研究方法结合在一起。将眼动记录法和事件相关电位结合在一起主要有以下几种方法：一种是眼动和事件相关电位分别记录，即被试阅读同样的实验材料，阅读过程中分别采用眼动仪记录被试的眼动轨迹，采用脑电仪记录被试的事件相关电位数据，然后分别分析两种实验数据（Sereno & Rayner, 2003）；另外一种是眼动和事件相关电位同时记录（Simola, Holmqvist, & Lindgren, 2008）。将眼动研究与上述研究方法结合在一起研究阅读，是今后阅读研究的一个新趋势。它可以为研究者提供更丰富、更详细、更全面的数据揭示阅读的认知机制和脑机制。

第四节 注视位置效应研究在中文阅读教与学中的应用

本书无论在选题，还是在研究设计和实验材料选择等方面，始终未脱离学校教育实践和中文阅读的教学与学习中的实际问题。因此，本书的研究结果一定程度上可以为中文阅读的教学与学习提供一定的启示和理论指导，进而有助于提高中文阅读的教师的教学效率和学生的学习效率。

第一，提高学生的快速阅读能力。

在科学技术迅速发展的现代社会，知识和信息的发展和更新速度也随之加快。面对急剧膨胀和快速更新的信息，传统的逐字阅读方法已经无法适应人类对知识的渴求和获得。传统阅读教学习惯于教学生逐字逐句、咬文嚼字地慢读，学生阅读过程中常用手指或铅笔等物体指示阅读，阅读过程中无意识的回读和跳读现象较多，学生的阅读速度较慢，阅读效率不高。为了适应社会的迅猛发展、信息的快速增长，掌握快速阅读方法，提高个体的阅读效率，已成为当今时代对每一个人的特殊要求。

快速阅读能力的提高不仅可以提高学生的阅读效率，有助于提高学生对注意力的集中、分配和控制能力，激发学生的紧迫感和效率感，提高学生的竞争意识，而且可以开发学生的学习潜能，有助于语文教学效率和学习效率的提高。本书通过两项研究五个实验发现，当眼睛的首次注视落在词的中间位置时，读者只需要一次注视就可以识别该词。因此，根据上述实验结果，语文教师在训练学生的快速阅读能力时，可以通过训练学生阅读时眼跳的落点位置，一定程度上可以较快地让学生掌握快速阅读的方法，以此来提高其快速阅读的能力。

第二，转变教师的语文教育思想。

目前，我国大陆地区的幼儿园乃至小学低年级的语文教学过程中，语文教师普遍采用一些儿童注音读物来帮助学生学习中文。但是这种注音形式，只是提供了汉字的字形信息和读音信息，并没有提供给学生有关“词”的信息。虽然，目前关于什么是“词”，语言学家仍然没有一致的观点，但是一些语言学家认为，对于识字阶段的儿童来说，注音阅读并不是真正意义上的阅读，而是一字一顿的阅读，学生很难理解其意义和使用规则。

虽然关于中文中什么是词，仍然没有一致的结论。但是越来越多的研究均发现，词在中文阅读过程中的重要性，例如前人采用眼动记录法发现，中文阅读过程中存在显著的词频效应、可预测性效应等（白学军，2011；Bai et al.，2008；Yan et al.，2010）。本书通过两项研究 5 个实验发现，与拼音文字相似，中文阅读过程中同样存在偏向注视位置和最佳注视位置，表明词是中文读者在阅读过程中眼跳选择的目标，亦验证了词在中文阅读过程中的重要作用。因此，幼儿园和小学低年级阶段的语文教师在教学过程中应该在“词”的环境下进行生字教学，这样更有利于学生快速掌握生字及其使用方法，进而提高教师的教学效率和学生的学习效率。

第三，促进中文二语学习者的学习效果。

从整个国际形势来看，随着中国经济的高速发展和综合国力的不断提升，全球掀起了一场“汉语热”，并且正在不断升温。根据国家汉语国际推广领导小组（汉办）资料，截至 2011 年 10 月，全世界孔子学院的数量达到 405 所，遍布 93 个国家。在“汉语热”持续升温的形势下，对外汉语教学迅速发展。但是，同时出现了许多亟须解决的课题：①汉语作为第二语言的教学与习得研究，即如何针对不同国家的留学生进行高效的汉语教学，以及留学生如何高效学习汉语；②教学资源的开发与使用研究；③人才培养与教师培训模式研究；④现代教育技术在教学及相关领域中的应用研究。其中，汉语作为第二语言的教学与习得研究是对外汉语教学研究的核心部分（吴门吉，2008）。

关于汉语作为第二语言的教学与习得研究，虽然目前处于起步阶段，但是已经获得一定的研究成果。江新和房艳霞（2012）以欧美和日本留学生为研究对象，考察了语境和构词法线索对其汉语词义猜测的作用。结果发现，语境能提供更多句法上的信息，构词法能提供更多语义上的信息；日本留学生对于构词法、语境线索以及两者的整合都比欧美留学生好。上述研究结果表明，对外汉语教师在实际教学过程中，应该在语境和“词”的环境中进行教学，这样更有利于留学生的汉语学习。同时，对外汉语教师在实际的教学过程中，还要考虑中文二语学习者的母语。因为，日文中的日本汉字都是来自于中文，因此相较于欧美留学生来说，日本留学生在学习中文时的表现可能要好于欧美留学生。总之，对于如何提高语文的教学效率和学生乃至中文二语学习者的学习效率，本书的研究结果都有一定的实践意义。对外汉语教师在教学过程中，也应该在词的背景下进行教学，学生也应该在词的背景下学习汉字，而不是单独地学习汉字。

第五节　本书的创新和展望

一、本书的创新之处

本书首次比较系统、全面地对中文阅读过程中的注视位置效应开展了研究。通过一系列的研究，结果发现，中文阅读过程中读者对目标词的首次注视存在两种情况，单次注视条件下，读者的首次注视更倾向于落在词的中心位置，表明单次注视条件下存在偏向注视位置；多次注视条件下，读者的首次注视更多地落在词的开始部分；并且当首次注视落在词的开始部分时，再注视该词的概率最高。上述结果表明，中文阅读过程中读者眼跳选择的目标是词。词的低水平视觉因素，尤其是汉字笔画数是影响读者的眼睛移向何处的最主要影响因素，汉字结构和词边界信息影响读者的再注视概率，而词的高水平语言因素不影响读者在阅读过程中的注视位置效应。

总体来看，本书的创新之处包括：

第一，实验工具选用比较精确。本书主要采用眼动追踪技术考察中文阅读过程中的注视位置效应。相较于前人研究阅读这一认知过程时采用的传统的反应时方法，眼动追踪技术是在被试正常阅读的情况下，记录被试阅读时的眼睛运动轨迹，产生相应的眼动数据，包括时间和空间两大维度数据。这些眼动数据能够即时反映被试阅读时的认知加工活动，帮助我们了解个体阅读时的背后的认知机制。因此，目前眼动记录仪是研究阅读过程中读者的眼睛跳向何处的最有效的工具，具有非常高的生态学效度。

第二，相较于拼音文字，关于中文阅读过程中的注视位置效应的研究起步较晚，研究数量贫乏，而且研究结果之间还存在很大争论和冲突。例如，有研究发现中文阅读过程中并不存在偏向注视位置，中文阅读过程中读者眼跳选择的目标不是词；后续的研究都发现，中文阅读过程中单次注视条件下存在偏向注视位置，然而有研究者认为中文阅读过程中读者眼跳选择的目标是词，也有研究者认为眼跳选择的目标是“字”“词”相结合的方式。本书在前人研究的基础上，对注视位置效应进行了比较全面和系统的研究，结果发现中文阅读过程中单次注视条件下存在偏向注视位置，读者眼跳选择的目标是词。更重要的是，在借鉴已有的眼动控制模型的基础上，结合本书的研究结果，研究者提出了一个用于解释词汇识别和眼跳目标选择的模型——词汇识别和眼跳选择模型。当然，该模型还处于起步阶段，还需要更多的实验证据和数据来支持，而且该模型还需要进一步的修正和完善。

第三，以拼音文字为实验材料的眼动研究发现，阅读过程中读者的眼睛跳向何处主要受单词的低水平视觉因素（例如词长和词间空格等）的影响。本书根据中文书写系统的独特书写特征，比较全面地考察了注视位置效应的影响因素。中文书写系统中，汉字是基本的书写单元，根据汉字的书写特点，考察了低水平视觉线索，包括汉字笔画数、汉字结构和人为引入的词边界信息是否影响读者的眼跳目标选择。同时，考察了高水平语言因素——合成词结构是否影响注视位置效应。通过研究发现，与拼音文字相似，中文阅读过程中影响读者眼跳目标选择的最主要因素是词的低水平视觉线索，主要是汉字的笔画数。

二、研究展望

本书通过五个实验对中文阅读过程中读者的眼睛移向何处进行了研究，

并取得了一定的研究结果。今后可以从以下几个方面继续开展研究：

第一，本书中的五个实验都是以大学生和研究生为被试，这些被试的阅读能力较高，阅读比较熟练。很多研究发现，在小学低年级阶段存在一定比例的阅读障碍儿童，这些儿童的阅读效率要显著低于同年龄的正常儿童。阅读障碍儿童的眼跳策略和正常儿童的有没有差异？如果有差异，阅读障碍儿童之所以表现出如此低的阅读效率，是否和其眼跳策略有一定的关系？如果有关系，是否可以通过提高阅读障碍儿童的眼跳策略，进而提高其阅读效率，改善阅读障碍儿童的阅读现状？这些都是今后研究的重点。

第二，除了阅读障碍儿童之外，在中文阅读教学实际中还存在另外一类特殊学生，即中文二语学习者。随着中国国力的不断提升，中国和中国文化在全世界的影响力越来越大，越来越多的外国人开始学习汉语，这些学习汉语的外国人就被称为中文二语学习者。中文二语学习者在阅读中文时，其眼跳模式和中文熟练读者的是否存在差异？如果存在差异，是否也可以通过训练中文二语学习者的眼跳策略，进而提高其阅读效率？这些都是今后研究者研究的方向。

第三，在借鉴前人的眼动控制模型的基础上，结合本书的研究结果，本书提出了一个眼动控制模型——词汇识别和眼跳选择模型。该模型可以解释中文阅读过程中读者的词汇识别过程和眼跳选择过程。但是，该模型仍然处于起步阶段，只是对中文读者的阅读过程进行的一种初步的解释，该模型仍需要后继的实验数据的支持和验证，仍需要进一步的修正和完善。

第九章 研究结论

本研究条件下，可以得出如下结论：

（1）在不同的注视事件中，中文读者的眼动行为表现出分离的现象。具体表现为，当读者对目标词只有一次注视的情况下，首次注视更倾向于落在词的中间位置；当读者对目标词有两次及两次以上注视的情况下，首次注视更多地落在词首位置。表明在中文阅读过程中，单次注视条件下存在偏向注视位置。

（2）在多次注视条件下，当读者的首次注视落在词首位置时，再注视该词的概率最高，并且再注视更倾向于落在词尾的位置，表明中文读者的再注视模式比较清晰，有规律。

（3）中文读者在阅读过程中，对目标词所有向前的注视位置分布并非是一条平行于 x 轴的平滑曲线，而是在词尾有明显的下降趋势，结果支持中文阅读过程中读者的眼睛移向何处的决定是以“词”为基础的，词是读者下一次眼跳选择的目标，进一步验证了词在中文阅读过程中的重要作用。

（4）与拼音文字的结果相似，词的低水平视觉因素——汉字笔画数是中文阅读过程中眼睛移向何处的主要影响因素。具体表现为，当首字为多笔画汉字时，首次注视更倾向于落在词首位置；当首字为少笔画汉字时，首次注视更多地落在双字词的词尾位置。汉字结构、词边界信息等线索不影响中文读者阅读过程中的首次注视位置，但是两个因素均影响读者对目标词的再注视概率。

（5）词汇的高水平语言因素——合成词结构不影响中文阅读过程中读者的眼睛移向何处的决定。

参考文献

[1] 白学军，胡笑羽，闫国利. 2009. 非注视词特性对注视词加工作用的眼动研究［J］. 心理科学，32（2）：308－311.

[2] 白学军，梁菲菲，闫国利，等. 2012. 词边界信息在中文阅读眼动控制中的作用：来自中文二语学习者的证据［J］. 心理学报，44（7）：853－867.

[3] 白学军，孟红霞，王敬欣，等. 2011. 阅读障碍儿童与其年龄和能力匹配儿童阅读空格文本的注视位置效应［J］. 心理学报，43（8）：1－12.

[4] 白学军，阴国恩. 1996. 有关眼动的几个理论模型［J］. 心理学动态 4（3）：30－35.

[5] 毕鸿燕，翁旭初. 2005. 汉字结构对儿童语音通达影响的发展研究［C］，第十届全国心理学学术大会论文摘要集.

[6] 毕鸿燕，翁旭初. 2007. 小学儿童汉字阅读特点初探［J］. 心理科学，30（1）：62－64.

[7] 蔡旭东. 2002. 非视觉信息在阅读教学中的作用和应用［J］. 东南大学学报（哲学社会科学版），4（4）：121－125.

[8] 陈庆荣，邓铸. 2006. 阅读中的眼动控制理论与 SWIFT 模型［J］. 心理科学进展，14（5）：675－681.

[9] 陈庆荣，王梦娟，刘慧凝，等. 2011. 语言认知中眼动和 ERP 结合的理论、技术路径及其应用［J］. 心理科学进展，19（2）：264－273.

[10] 陈燕丽，史瑞萍，田宏杰. 2004. 阅读成语时最佳注视位置的实验研究［J］. 心理科学，27（2）：278－280.

[11] 崔磊. 2011. 中文复合词预视加工的眼动研究［D］. 博士学位论文. 天津师范大学.

[12] 崔磊，王穗苹，闫国利，等. 2010. 中文阅读中副中央凹与中央凹相互影响的眼动实验［J］. 心理学报，42（5）：547−558.

[13] 邓铸. 2005. 眼动心理学的理论、技术及应用研究［J］. 南京师大学报（社会科学版），1：90−95.

[14] 符淮青. 2004. 现代汉语词汇［M］. 北京：北京大学出版社.

[15] 龚雨玲，陈新良. 1996. 速示条件下汉字结构对中小学生识别字形的影响［J］. 心理科学，19（2）：115−116.

[16] 郭晓峰. 2012. 词频和预测性对注视时间和注视位置的影响［D］. 硕士学位论文. 天津师范大学.

[17] 胡笑羽. 2010. 中文阅读的副中央凹—中央凹效应研究［D］. 博士学位论文. 天津师范大学.

[18] 胡笑羽，刘海健，刘丽萍，等. 2007. E−Z 读者模型的新进展［J］. 心理学探新，27（1）：24−29，40.

[19] 黄时华. 2005. 中文句子和语篇阅读中的副中央凹信息加工的眼动研究［D］. 硕士学位论文. 华南师范大学.

[20] 江新，房艳霞. 2012. 语境和构词法线索对外国学生汉语词义猜测的作用［J］. 心理学报，44（1）：76−86.

[21] 荆其诚. 1964. 国外眼动的应用研究［J］. 心理科学，1：30.

[22] 李力红，刘宏艳，刘秀丽. 2005. 汉字结构对汉字识别加工的影响［J］. 心理学探新，25（93）：23−27.

[23] 李馨. 2011. 词边界信息在双语阅读中的作用［D］. 博士学位论文. 天津师范大学.

[24] 李馨，白学军，闫国利，等. 2010. 空格在文本阅读中的作用［J］. 心理科学进展，18（9）：1377−1385.

[25] 李兴珊，刘萍萍，马国杰. 2011. 中文阅读中词切分的认知机理述评［J］. 心理科学进展，19（4）：459−470.

[26] 刘丽萍，刘海健，胡笑羽. 2006. SWIFT−II：阅读中眼跳发生的动力学模型［J］. 心理与行为研究，4：230−235.

[27] 刘志方，张智君，赵亚军. 2011. 汉语阅读中眼跳目标选择单元以及词汇加工方式：来自消失文本的实验证据［J］. 心理学报，43（6）：608−618.

[28] 孟红霞，白学军，闫国利. 2015. 合成词结构影响词汇识别过程的眼动研究［J］. 心理学探新，35（2）：135–139.

[29] 彭聃龄，王春茂. 1997. 汉字加工的单元——来自笔画数效应和部件数效应的证据［J］. 心理学杂志，1：8–16.

[30] 彭瑞祥，喻柏林. 1983. 不同结构的汉字再认的研究［C］. 普通心理学与实验心理论文集. 中国心理学会普通心理学与实验心理学专业委员会编. 兰州：甘肃人民出版社，182–194.

[31] 沈模卫，张光强，符德江，等. 2002. 阅读过程眼动控制理论模型：E–Z Reader［J］. 心理科学，25（2）：129–133.

[32] 田静. 2009. 朝向和反向眼跳任务中的方位效应［D］. 硕士学位论文. 天津师范大学.

[33] 王春茂，彭聃龄. 1999. 合成词加工中的词频、词素频率及语义透明度［J］. 心理学报，31（3）：266–273.

[34] 王丽红. 2011. 中文阅读知觉广度的眼动研究［D］. 博士学位论文. 天津师范大学.

[35] 王丽红，王永妍，闫国利. 2010. 词汇获得年龄效应的眼动研究［J］. 心理与行为研究，8（4）：289–295.

[36] 王蓉，闫国利. 2003. 阅读中关于眼动控制的研究进展［J］. 心理学探新 23（3）：37–39.

[37] 王穗苹，黄时华，杨锦绵. 2006. 语言理解眼动研究的争论与趋势［J］. 华东师范大学学报（教育科学版），24（2）：59–65.

[38] 王穗苹，佟秀红，杨锦绵，等. 2009. 中文句子阅读中语义信息对眼动预视效应的影响［J］. 心理学报，41（3）：220–232.

[39] 王雨函，隋雪，刘西瑞. 2008. 阅读中跳读现象的研究［J］. 心理科学，31（3）：667–670.

[40] 吴捷，刘志方，刘妮娜. 2011. 词频、可预测性及合理性对目标词首次注视位置的影响［J］. 心理与行为研究，9（2）：140–146.

[41] 吴俊，莫雷. 2008. 阅读中重要眼动控制模型的核心架构［J］. 华南师范大学学报（社会科学版），3：115–121.

[42] 吴门吉. 2008. 汉语作为第二语言的教学与习得研究［J］. 国际学术动态，

4：7–9.
[43] 肖少北，许晓艺. 1996. 结构方式在汉字识别中的作用［J］. 心理科学，19（1）：56–58.
[44] 熊建萍，闫国利，白学军. 2007. 高中二年级学生中文阅读知觉广度的眼动研究［J］. 心理与行为研究，5（1）：60–64.
[45] 闫国利. 2004. 眼动分析方法在心理学中的应用［M］. 天津教育出版社.
[46] 闫国利，白学军. 2007. 汉语阅读的眼动研究［J］. 心理与行为研究，5（3）：229–234.
[47] 闫国利，白学军，陈向阳. 2003. 阅读过程的眼动理论综述［J］. 心理与行为研究，1（2）：156–160.
[48] 闫国利，伏干，白学军. 2008. 不同难度阅读材料对阅读知觉广度影响的眼动研究［J］. 心理科学，（6）：1287–1290.
[49] 闫国利，王丽红，巫金根，等. 2011. 不同年级学生阅读知觉广度及预视效益的眼动研究［J］. 心理学报，43（3）：289–295.
[50] 闫国利，熊建萍，白学军. 2008. 小学五年级学生汉语阅读知觉广度的眼动研究. 心理发展与教育 1（1）：72–77.
[51] 喻柏林，曹河沂. 1992. 笔画数配置对汉字认知的影响［J］. 心理科学 4：5–10.
[52] 臧传丽. 2010. 儿童和成人阅读中的眼动控制：词边界信息的作用［D］. 博士学位论文. 天津师范大学.
[53] 臧传丽，孟红霞，闫国利，等. 2013. 阅读过程中的注视位置效应［J］. 心理科学 36（4）：770–775.
[54] 张承芬，张景焕，殷荣生，周静，常淑敏. 1996. 关于我国学生汉语阅读困难的研究［J］. 心理科学，19（4）：222–226.
[55] 张良斌. 2008. 复合式合成词的结构方式与结构规律［J］. 宿州学院学报 23（3）：44–46.
[56] 张武田，冯玲. 1992. 关于汉字识别加工单位的研究［J］. 心理学报，4：379–385.
[57] 张仙峰，闫国利. 2005. 大学生词的获得年龄、熟悉度、具体性和词频效应的眼动研究［J］. 心理与行为研究，3（3）：194–198.
[58] ALTARRIBA J，KAMBE G，POLLATSEK A，et al. 2001. Semantic codes are not used in integrating information across eye fixations in reading：Evidence from

fluent Spanish–English bilinguals [J]. Perception & Psychophysics, 63: 875–890.

[59] ANDREWS S. 2003. E–Z Reader-s assumptions about lexical processing: not so easy to define the two stages of word identification [J]. Behavioral and Brain Sciences, 26: 477–478.

[60] ANGELE B, RAYNER K. 2013. Processing the in the parafoveal: are articles skipped automatically? [J]. Journal of Experimental Psychology: Learning, Memory & Cognition, 39 (2): 649–662.

[61] ANGELE B, SLATTERY T J, YANG J, et al. 2008. Parafoveal processing in reading: Manipulating n + 1 and n + 2 previews simultaneously [J]. Visual Cognition, 16: 697–707.

[62] ASHBY J. 2006. Prosody in skilled silent reading: Evidence from eye movements [J]. Journal of Research in Reading, 29: 318–333.

[63] ASHBY J, CLIFTON C. 2005. The prosodic property of lexical stress affects eye movements during silent reading [J]. Cognition, 96: B89–B100.

[64] ASHBY J, TREIMAN R, KESSLER B, et al. 2006. Vowel processing in silent reading: Evidence from eye movements [J]. Journal of Experimental Psychology: Learning, Memory, and Cognition, 32: 416–424.

[65] BACCINO T. 2011. Eye movements and concurrent event–related potentials: Eye fixation-related potential investigations in reading [M]. In S.P.LIVERSEDGE, I. D. Gilchrist & S. Everling (Eds.), The Oxford Handbook of Eye Movements (pp. 857–870). Oxford: Oxford University Press.

[66] BAI X J, YAN G L, LIVERSEDGE S P, et al. 2008. Reading spaced and unspaced Chinese text: Evidence from eye movements [J]. Journal of Experimental Psychology: Human Perception and Performance, 34 (5): 1277–1287.

[67] BAI X, ZANG C, YAN G, et al. 2006. The role of different linguistic codes in parafoveal processing [C]. The 2nd China Internal Conference on Eye Movements, China, Tianjin.

[68] BALOTA D A, POLLATSEK A, RAYNER K. 1985. The interaction of contextual constraints and parafoveal visual information in reading [J]. Cognitive Psychology, 17: 364–390.

[69] BEAUVILLAIN C，DORé K. 1998. Orthographic codes are used in integrating information from the parafoveal by the saccadic computation system [J]. Vision Research，38：115−123.

[70] BECKER W，JüRGENS R. 1979. Analysis of the saccadic system by means of double step stimuli [J]. Vision Research，19：967−983.

[71] BINDER K S，POLLATSEK A，RAYNER K. 1999. Extraction of information to the left of the fixated word in reading [J]. Journal of Experimental Psychology：Human Perception and Performance，25：1162−1172.

[72] BRYSBAERT M，DRIEGHE D，VITU F. 2005. Word skipping：Implications for theories of eye movement control in reading [M]. In G. Underwood（Ed.），Cognitive processes in eye guidance（pp. 53−78）. Oxford，UK：Oxford University Press.

[73] BOUMA H，DE VOOGD A H. 1974. On the control of eye saccades in reading [J]. Vision Research，14：273−284.

[74] CAMPBELL E W，WURTZ R H. 1979. Saccadic omission：Why we do not see a gray-out during a saccadic eye movement. Vision Research，18：1297−1303.

[75] CARPENTER R H S. 2000. The neural control of looking [J]. Current Biology，10：291−293.

[76] CARROLL P J，SLOWIACZEK M L. 1986. Constraints on semantic priming in reading：A fixation time analysis [J]. Memory & Cognition，14：509−522.

[77] CHACE K H，RAYNER K，WELL A D. 2005. Eye movements and phonological parafoveal preview benefit：Effects of reading skill [J]. Canadian Journal of Experimental Psychology，59：209−217.

[78] CHAFFIN R，MORRIS R K，SEELY R E. 2001. Learning new word meanings from context：A study of eye movements [J]. Journal of Experimental Psychology：Learning，Memory，and Cognition，27：225−235.

[79] CHEN H C，SONG H，LAU W Y，et al. 2003. Developmental characteristics of eye movements in reading Chinese [M]. In C. McBride−Chang，& H. −C. Chen（Eds.），Reading development in Chinese children（pp. 157−169）. Westport，CT：Praeger Publishers.

[80] CHEN H，TANG C. 1998. The effective visual field in reading Chinese [J]. Reading and Writing，10：245−254.

[81] DENBEL H. 1995. Separate adaptive mechanisms for the control of reactive and volitional saccadic eye movements [J]. Vision Research，35：3529−3540.

[82] DENBUURMAN R，BOERSMA T，GERRISSEN J E. 1981. Eye movements and the perceptual span in reading [J]. Reading Research Quarterly，16：227−235.

[83] DEUBELH，O'REGANK，RADACHR. 2000. Attention，information processing and eye movement control [M]. In A. Kennedy，R. RADACH，D. Heller，& J.Pynte (Eds.)，Reading as a perceptual process (pp.355−376). Oxford：Elsevier.

[84] DEUTSCH A，FROST R，PELEG S，et al. 2003. Early morphological effects in reading：Evidence from parafoveal preview benefit in Hebrew [J]. Psychonomic Bulletin & Review，10：415−422.

[85] DEUTSCHA，FROSTR，POLLATSEK，et al. 2000. Early morphological effects in word recognition：Evidence from parafoveal preview benefit [J]. Language and Cognitive Processes，15：487−506.

[86] DEUTSCH A，FROST R，POLLATSEK A，et al. 2005. Morphological parafoveal preview benefit effects in reading：Evidence from Hebrew [J]. Language and Cognitive Processes，20：341−371.

[87] DRIEGHE D，BRYSBAERT M，DESMET T. 2005. Parafoveal-on-foveal effects on eye movements in reading：Does an extra space make a difference？ [J]. Vision Research，45：1693−1706.

[88] DRIEGHE D，BRYSBAERT M，DESMET T，et al. 2004. Word skipping in reading：On the interplay of linguistic and visual factors [J]. European Journal of Cognitive Psychology，16：79−103.

[89] DRIEGHE D，DESMET T，BRYSBAERT M. 2007. How important are linguistic factors in word skipping during reading？ [J]. British Journal of Psychology，98：157−171.

[90] DRIEGHE D，POLLATSEK A，STAUB A，et al. 2008a. The word grouping hypothesis and eye movements in reading [J]. Journal of Experimental Psychology：Learning，Memory，and Cognition，34：1552−1560.

[91] DRIEGHE D, RAYNER K, POLLATSEK A. 2005b. Eye movements and word skipping during reading revisited [J]. Journal of Experimental Psychology : Human Perception and Performance, 31: 954−969.

[92] DRIEGHE D, RAYNER K, POLLATSEK A. 2008. Mislocated fixations can account for parafoveal-on-foveal effects in eye movements during reading [J]. Quarterly Journal of Experimental Psychology: A Human Experimental Psychology, 61 (8): 1239−1249.

[93] DUCROT S, LéTé B, SPRENGER−CHAROLLES L, et al. 2003. The optimal viewing position effect in beginning and dyslexic readers [J]. Current Psychology Letters, 10: 1−10.

[94] EHRLICH S F, RAYNER K. 1981. Contextual effects on word recognition and eye movements during reading [J]. Journal of Verbal Learning and Verbal Behavior, 20: 641−655.

[95] ENGBERT R, KLIEGL R. 2011. Parallel graded attention models of reading [M]. In S. P. LIVERSEDGE, I. D. Gilchrist & S. Everling (Eds.), The Oxford Handbook of Eye Movements (pp. 787−800). Oxford: Oxford University Press.

[96] ENGBERT R, LONGTIN A, KLIEGL R. 2002. A dynamical model of saccade generation in reading based on spatially distributed lexical processing [J]. Vision Research, 42: 621−636.

[97] ENGBERT R, NUTHMANN A, RICHTER E, et al. 2005. SWIFT: A dynamical model of saccade generation during reading [J]. Psychological Review, 112: 777−813.

[98] EHRLICH S F, RAYNER K. 1981. Contextual effects on word recognition and eye movements during reading [J]. Journal of Verbal Learning and Verbal Behavior, 20: 641−655.

[99] FENG. 2001. Share: A stochaostic, hierarchical architecture for reading eye-movement [D]. Unpublished doctoral dissertation, University of Illinois at Urbana-Champaign, USA.

[100] FINDLAY J, WALKER R. 1999. A model of saccade generation based on

parallel processing and competitive inhibition [J]. Behavioral and Brain Sciences, 22: 661-721.

[101] FISHER D F, SHEBILSKE W L. 1985. There is more that meets the eye than the eye mind assumption [M]. In R. Groner, G. W. MCCONKIE, & C. Menz (Eds.), Eye movements and human information processing (pp. 149-158). Amsterdam: North Holland.

[102] FOLK J R. 1999. Phonological codes are used to access the lexicon during silent reading [J]. Journal of Experimental Psychology: Learning, Memory, and Cognition, 25: 892-906.

[103] FRISSON S, NISWANDER-KLEMENT E, POLLATSEK A. 2008. The role of semantic transparency in the processing of English compound words [J]. British Journal of Psychology, 99: 87-107.

[104] GAO D G, ZHANG R J, CHEN J. 2008. Lexical processing and eye movements in Chinese readers [M]. In RAYNER, K., Shen, D. L., Bai, X. J., & YAN, G. L (Eds.), Cognitive and cultural influences on eye movements (pp. 277-302). Tianjin, China, Tianjin People's Publishing House.

[105] GAUTIER V, O'REGAN J K, LAGARGASSON J F. 2000. "The skipping" revisited in French: programming saccades to skip the article "les" [J]. Vision Research, 40: 2517-2531.

[106] HÄIKIÖ T, BERTRAM R, HYÖNÄ J, et al. 2009. Development of the letter identity span in reading: Evidence from the eye movement moving window paradigm [J]. Journal of Experimental Child Psychology, 102: 167-181.

[107] HELLER D, RADACH R. 1999. Eye movements in reading: Are two eyes better than one? [M]. In W. Becker, H. Deubel, & T. Mergner (Eds.), Current oculomotor research: Physiological and psychological aspects (pp. 341-348). New York: Plenum Press.

[108] HENDERSON J M, FERREIRA E. 1990. Effects of foveal processing difficulty on the perceptual span in reading: Implications for attention and eye mox, ement control [J]. Journal of Experimental Psychology: Learning, Memory, and Cognition, 16: 417-429.

[109] HENDERSON J M, FERREIRA F. 1993. Eye movement control during reading: Fixation measures reflect foveal but not parafoveal processing difficulty [J]. Canadian Journal of Experimental Psychology, 47 (2): 201-221.

[110] HéCAEN H, ALBERT N L. 1978. Human neuropsychology [M]. New York: Wiley.

[111] HOHENSTEIN S, LAUBROCK J, KLIEGL R. 2010. Semantic preview benefit in eye movements during reading: A parafoveal fast-priming study [J]. Journal of Experimental Psychology: Learning, Memory, and Cognition, 36: 1150-1170.

[112] HOOSAIN R. 1992. Psychological reality of the word in Chinese [M]. In H. C. Chen & O. J. L. Tzeng (Eds.), Language processing in Chinese (pp. 111-130). Elsevier.

[113] HUESTEGGE L, GRAINGER J, RADACH R. 2003. Visual word recognition and oculomotor control in reading [J]. Behavioral and Brain Sciences, 26 (4): 487-488.

[114] HUEY E B. 1908. The psychology and pedagogy of reading [M]. New York: Macmillan.

[115] HYÖNÄ J. 1995. Do irregular letter combinations attract readers' attention? Evidence from fixation locations in words [J]. Journal of Experimental Psychology: Human Perception and Performance, 2: 68-81.

[116] HYÖNÄ J, BERTRAM R. 2004. Do frequency characteristics of nonfixated words influence the processing of fixated words during reading? [J]. European Journal of Cognitive Psychology, 16 (1): 104-127.

[117] HYÖNÄ J, BERTRAM R. 2011. Optimal viewing position effects in reading Finnish [J]. Vision Research, 51: 1279-1287.

[118] HYÖNÄ J, HÄIKIÖ T. 2005. Is emotional content obtained from parafoveal words during reading? An eye movement analysis [J]. Scandinavian Journal of Psychology, 46: 475-483.

[119] IKEDA M, SAIDA S. 1978. Span of recognition in reading [J]. Vision Research, 18: 83-88.

[120] INHOFF A W, EITER B M, RADACH R. 2005. Time course of linguistic in-

formation extraction from consecutive words during eye fixations in reading [J]. Journal of Experimental Psychology-Human Perception and Performance, 31 (5): 979–995.

[121] INHOFF A W, LIU W. 1998. The perceptual span and oculomotor activity during the reading of Chinese sentences [J]. Journal of Experimental Psychology: Human Perception and Performance, 24: 20–34.

[122] INHOFF A W, LIU W, TANG Z. 1999. Use of prelexical and lexical information during Chinese sentence reading: Evidence from eye movement studies [M]. In J. Wang, A. W. INHOFF, & H. C. Chen (Eds.), Reading Chinese script: A cognitive analysis (pp. 223–238). Mahwah, NJ: Erlbaum Associates.

[123] INHOFF A W, RADACH R. 2002. The role of spatial information in the reading of complex words [J]. Comments on Theoretical Biology, 7: 121–138.

[124] INHOFF A W, RADACH R, EITER B. 2006. Temporal overlap in the linguistic processing of successive words in reading: Reply to Pollatsek, Reichle, and Rayner (2006a) [J]. Journal of Experimental Psychology-Human Perception and Performance, 32 (6): 1490? 1495.

[125] INHOFF A W, RADACH R, EITER B M, et al. 2003. Distinct subsystems for the parafoveal processing of spatial and linguistic information during eye fixations in reading [J]. Quarterly Journal of Experimental Psychology, 56A: 803–828.

[126] INHOFF A W, RAYNER K. 1986. Parafoveal word processing during fixations in reading: Effects of word frequency [J]. Perception & Psychophysics, 40: 431–439.

[127] INHOFF A W, STARR M, LIU W, et al. 1998. Eye-movement-contingent display changes are not compromised by flicker and phosphor persistence [J]. Psychonomic Bulletin & Review, 5: 101–106.

[128] INHOFF A W, STARR M, SHINDLER K L. 2000. Is the processing of words during eyefixations in reading strictly serial? [J]. Perception & Psychophysics, 62: 1474–1484.

[129] INHOFF A W, WEGER U W. 2005. Memory for word location during reading: Eye movements to previously read words are spatially selective but not precise [J].

Memory & Cognition, 33: 447-461.

[130] INHOFF A W, WU C L. 2005. Eye movements and the identification of spatially ambiguous words during Chinese sentence reading [J]. Memory & Cognition, 33: 1345-1356.

[131] IRWIN D E. 1998. Lexical processing during saccadic eye movements [J]. Cognitive Psychology, 36: 1-27.

[132] IRWIN D E, CARLSON-RADVANSKY L A. 1996. Cognitive suppression during saccadic eye movements [J]. Psychological Science, 7: 83-88.

[133] JARED D, LEVY B A, RAYNER K. 1999. The role of phonology in the activation of word meanings during reading: Evidence from proofreading and eye movements [J]. Journal of Experimental Psychology: General, 128: 219-264.

[134] JOHNSON R L, RAYNER K. 2007. Top-down and bottom-up effects in pure alexia: Evidence from eye movements [J]. Neuropsychologia, 45: 2246-2257.

[135] JOSEPH H S S L, LIVERSEDGE S P, BLYTHE H I, et al. 2009. Word length and landing position effects during reading in children and adults [J]. Vision Research, 49: 2078-2086.

[136] JUHASZ B J. 2007. The influence of semantic transparency on eye movements during English compound word recognition [M]. In P. G. Roger, M. H. Fischer, et al. (Eds.), Eye movements: A Window on Mind and Brain (pp. 373-389). UK: Elsevier.

[137] JUHASZ B J, INHOFF A W, RAYNER K. 2005. The role of interword spaces in the processing of English compound words [J]. Language and Cognitive Processes, 20: 291-316.

[138] JUHASZ B J, RAYNER K. 2003. Investigating the effects of a set of inter correlated variables on eye fixation durations in reading [J]. Journal of Experimental Psychology: Learning, Memory, and Cognition, 29: 1312-1318.

[139] JUHASZ B J, RAYNER K. 2006. The role of age of acquisition and word frequency in reading: Evidence from eye fixation durations [J]. Visual Cognition, 13: 846-863.

[140] JUHASZ B J, LIVERSEDGE S P, WHITE S J, et al. 2006. Binocular co-

ordination of the eyes during reading: Word frequency and case alternation affect fixation duration but not fixation disparity [J]. Quarterly Journal of Experimental Psychology, 59: 1614–1625.

[141] JUHASZ B J, POLLATSEK A, HYONA J, et al. 2009. Parafoveal processing within and between words [J]. Quarterly Journal of Experimental Psychology, 62: 1356–1376.

[142] JUHASZ B J, WHITE S J, LIVERSEDGE S P, et al. 2008. Eye movements and the use of parafoveal word length information in reading [J]. Journal of Experimental Psychology: Human Perception and Performance, 34: 1560–1579.

[143] JUST M A, CARPENTER P A. 1980. A theory of reading: From eye fixations to comprehension [J]. Psychological Review, 87: 329–354.

[144] KAJII N, NAZIR, T A, et al. 2001. Eye movement control in reading unspaced text: The case of Japanese script [J]. Vision Research, 41: 2503–2510.

[145] KAMBE G. 2004. Parafoveal processing of prefixed words during eye fixations in reading: Evidence against morphological influences on parafoveal preprocessing [J]. Perception & Psychophysics, 66: 279–292.

[146] KENNEDY A. 1995. The influence of parafoveal words on foveal inspection time [C]. Paper presented at the AMLaP–95 Conference, Edinburgh, UK.

[147] KENNEDY A. 1998. The influence of parafoveal words on foveal inspection time: Evidence for a processing trade-off [M]. In G. Underwood (Ed.), Eye guidance in reading and scene perception (pp. 149–179). Oxford: Elsevier.

[148] KENNEDY A. 2008. Parafoveal-on-foveal effects are not an artifact of mislocated saccades [J]. Journal of Eye Movement Research, 2 (1): 1–10.

[149] KENNEDY A, MURRAY W S, BOISSIERE C. 2004. Parafoveal pragmatics revisited [J]. European Journal of Cognitive Psychology, 16 (1/2), 128–153.

[150] KENNEDY A, PYNTE J. 2005. Parafoveal-on-foveal effects in normal reading [J]. Vision Research, 45: 153–68.

[151] KENNEDY A, PYNTE J, DUCROT S. 2002. Parafoveal-onfoveal interactions in word recognition [J]. Quarterly Journal of Experimental Psychology Section A-Human Experimental Psychology, 55 (4): 1307–1337.

[152] KENNISON S M, CLIFTON C. 1995. Determinants of parafoveal preview benefit in high and low working memory capacity readers: Implications for eye movement control [J]. Journal of Experimental Psychology: Learning, Memory, and Cognition, 21: 68–81.

[153] KLIEGL R. 2006. Current advances in SWIFT [J]. Cognitive Systems Research, 7: 23–33.

[154] KLIEGL R. 2007. Toward a perceptual-span theory of distributed processing in reading: A reply to Rayner, Pollatsek, Drieghe, Slattery, and Reichle [J]. Journal of Experimental Psychology: Human Percept ion and Performance, 136: 530–537.

[155] KLIEGL R, GRABNER E, ROLFS M, et al. 2004. Length, frequency, and predictability effects of words on eye movements in reading [J]. European Journal of Cognitive Psychology, 16: 262–284.

[156] KLIEGL R, NUTHMANN A, ENGBERT R. 2006. Tracking the mind during reading: The influence of past, present, and future words on fixation durations [J]. Journal of Experimental Psychology: General, 135: 12–35.

[157] KLIEGL R. RISSE S, LAUBROCK J. 2007. Preview benefit and parafoveal-on-foveal effects from word n+2 [J]. Journal of Experimental Psychology: Human Perception and Performance, 33: 1250–1255.

[158] KOCHUNOV P, FOX P, LANCASTER J, et al. 2003. Localized morphological brain differences between English-speaking Caucasians and Chinese-speaking Asians [J]. Neuro Report, 14 (8): 1–4.

[159] KOHSOM C, GOBET F. 1997. Adding spaces to Thai and English: Effects on reading [J]. Proceedings of the Cognitive Science Society, 19: 388–393.

[160] KOWLER E, BLASER E. 1995. The accuracy and precision of saccades to small and large targets [J]. Vision Research, 35: 1741–1754.

[161] LAVIGNE F, VITU F, d'YDEWALLE G. 2000. The influence of semantic context on initial eye landing sites in words [J]. Acta Psycholosica, 104: 191–214.

[162] LEONG C K, TSE S K, LOH K Y, et al. 2008. Text comprehension in Chinese children: Relative contribution of verbal working memory, pseudoword reading,

rapid automatized naming, and onset-rime phonological segmentation [J]. Journal of Educational Psychology, 100: 135–149.

[163] LéVY-SCHEOEN, A. 1981. Flexible and or rigid control of oculomotor scanning behavior [M]. In D. F. Fisher, R. A. Monty, & J. M. Senders (Eds.), Eye movements: Cognition and visual percept ion (pp. 289–314). Hillsdale, N J; Erlbaum.

[164] LI X S, LIU P P, RAYNER K. 2011. Eye movement guidance in Chinese reading: Is there a preferred viewing location? [J]. Vision Research, 51: 1146–1156.

[165] LI X S, LOGAN G D. 2008. Object-based attention in Chinese readers of Chinese words: Beyond Gestalt principles [J]. Psychonomic Bulletin & Review, 15: 945–949.

[166] LI X S, POLLATSEK A. 2011. Word knowledge influences character perception [J]. Psychonomic bulletin and review, 18 (5): 833–839.

[167] LI X S, RAYNER K, CAVE R K. 2009. On the segmentation of Chinese words during reading [J]. Cognitive Psychology. 58: 525–552.

[168] LIU I M. 1984. Recognition of fragment-deleted characters and words [J]. Computer processing of Chinese and Oriental Languages, 1 (4): 276–287.

[169] LIU W, INHOFF A W, YE Y, et al. 2002. Use of parafoveally visible characters during the reading of Chinese sentences [J]. Journal of Experimental Psychology: Human Perception and Performance, 28: 1213–1227.

[170] LIVERSEDGE S P, FINDLAY J M. 2000. Saccadic eye movements and cognition [J]. Trends in Cognitive Sciences, 4: 6–14.

[171] LIVERSEDGE S P, RAYNER K, WHITE S J, et al. 2004. Eye movements while reading disappearing text: Is there a gap effect in reading? [J]. Vision Research, 44: 1013–1024.

[172] LIVERSEDGE S P, RAYNER K, WHITE S J, et al. 2006a. Binocular coordination of the eyes during reading [J]. Current Biology, 16: 1726–1729.

[173] LIVERSEDGE S P, WHITE S J, FINDLAY J M, et al. 2006b. Binocular coordination of eye movements during reading [J]. Vision Research, 46: 2363–2374.

[174] MA G, LI X, RAYNER K. 2014. Word segmentation of overlapping ambiguous strings during Chinese reading [J]. Journal of Experimental Psychology: Human Perception and Performance. 40: 1046–1059.

[175] MCCLELLAND J L, RUMELHART D E. 1981. An interactive activation model of context effects in letter perception. 1. An account of basic findings [J]. Psychological Review, 88: 375–407.

[176] MCCONKIE G W, KERR P W, REDDIX M D, et al. 1988. Eye movement control during reading: I. The location of initial fixations in words [J]. Vision Research, 28: 1107–1118.

[177] MCCONKIE G W, KERR P W, REDDIX M D, et al. 1989. Eye movement control in reading: II. Frequency of refixating a word [J]. Perception & Psychophysics, 46: 245–253.

[178] MCCONKIE G W, RAYNER K. 1975. The span of the effective stimulus during a fixation in reading [J]. Perception & Psychophysics, 17: 578–586.

[179] MCCONKIE G W, UNDERWOOD N R, ZOLA D, et al. 1985. Some temporal characteristics of processing during reading [J]. Journal of Experimental Psychology: Human Percept ion and Performance, 11: 168–186.

[180] MCCONKIE G W, ZOLA D, GRIMES J, et al. 1991. Children's eye movements during reading [M]. In J. F. Stein (Ed.), Vision and visual dyslexia (pp. 251–262). London: Macmillan Press.

[181] MCDONALD S A. 2005. Parafoveal preview benefit in reading is not cumulative across multiple saccades [J]. Vision Research, 45: 1829–1834.

[182] MCDONALD S A. 2006. Parafoveal preview benefit in reading is only obtained from the saccade goal [J]. Vision Research, 46: 4416–4424.

[183] MCDONALD S A, CARPENTER R H S, SHILLCOCK R C. 2005. An anatomically constrained stochastic model of eye movement control in reading [J]. Psychological Review, 112: 814–840.

[184] MCDONALD S A, SHILLCOCK R C. 2004. The potential contribution of preplanned refixations to the preferred viewing location [J]. Perception &Psychophysics, 66: 1033–1045.

[185] MIELLET S, O'DONNELL P J, SERENO S C. 2009. Parafoveal magnification: Visual acuity does not modulate the perceptual span in reading. Psychological Science. 20 (6): 721–728.

[186] MIELLET S, SPARROW L. 2004. Phonological codes are assembled before word fixation: Evidence from boundary paradigm in sentence reading [J]. Brain and Language, 90: 299–310.

[187] MILLER K F, CHEN S Y, ZHANG H C. 2007. Where the words are: Judgments of words, syllables, and phrases by English and Chinese speakers. Unpublished manuscript, University of Michigan.

[188] MITCHELL D C, SHEN X, GREEN M J, et al. 2008. Accounting for regressive eye-movements in models of sentence processing: A reappraisal of the selective reanalysis hypothesis [J]. Journal of Memory and Language, 59: 266–293.

[189] MORRIS R K. 1994. Lexical and message-level sentence context effects on fixation times in reading [J]. Journal of Experimental Psychology: Learning, Memory, and Cognition, 20: 92–103.

[190] MORRIS R K, RAYNER K, POLLATSEK A. 1990. Eye movement guidance in reading: The role of parafoveal letter and space information [J]. Journal of Experimental Psychology: Human Perception and Performance, 16: 268–281.

[191] MORRISN R E. 1984. Manipulation of stimulus onset delay in reading: evidence for parallel programming of saccades [J]. Journal of Experimental Psychology: Human percept ion and Performance, 10 (5): 667–682.

[192] MURRAY W S, KENNEDY A. 1988. Spatial coding in the processing of anaphor by good and poor readers [J]. Quarterly Journal of Experimental Psychology, 40A: 693–718.

[193] NAZIR T A, JACOBS A M. 1991. The effects of target discriminability and retinal eccentricity on saccade latencies: An analysis in terms of variable-criterion theory [J]. Psychological Research, 53: 281–289.

[194] NUTHMANN A, ENGBERT R, KLIEGL R. 2005. Mislocated fixations during reading and the inverted optimal viewing position effect [J]. Vision Research, 45: 2201–2217.

[195] NUTHMANN A, ENGBERT R, KLIEGL R. 2007. The IOVP effect in mindless reading: Experiment and modeling [J]. Vision Research, 47: 990–1002.

[196] O'REGAN J K, JACOBS A M. 1992. The optimal viewing position effect in word recognition: A challenge to current theory [J]. Journal of Experimental Psychology: Human Perception and Performance, 18: 185–197.

[197] O'REGAN J K, LéVY–SCHOEN A. 1987. Eye movement strategy and tactics in word recognition and reading [M]. In M. Coltheart. (Ed). Attention and performance, XII: The psychology of reading (pp 363–383). Hillsdale, NJ: Erlbaum.

[198] O'REGAN J K, LéVY–SCHOEN A, PYNTE J, et al. 1984. Convenient fixation location within isolated words of different length and structure [J]. Journal of Experimental Psychology: Human Perception and Performance, 10: 250–257.

[199] OSAKA N. 1992. Size of saccade and fixation duration of eye movements during reading: Psychophysics of Japanese text processing [J]. Journal of the Optical Society of America A9: 5–13.

[200] PATERSON K B, JORDAN Y R. 2010. Effects of increased letter spacing on word identification and eye guidance during reading [J]. Memory & Cognition, 38: 502–512.

[201] PERFETTI C A, LIU Y, TAN L H. 2005. The lexical constituency model: Some implications of research on Chinese for general theories of reading [J]. Psychological Review, 112: 43–59.

[202] POLLATSEK A, BOLOZKY S, WELL A D, et al. 1981. Asymmetries in the perceptual span for Israeli readers [J]. Brain and Language, 14: 174–180.

[203] POLLATSEK A, HYÖNÄ J. 2005. The role of semantic transparency in the processing of Finnish compound words [J]. Language and Cognitive Processes, 20 (1–2): 261–290.

[204] POLLATSEK A, LESCH M, MORRIS R K, et al. 1992. Phonological codes are used in integrating information across saccades in word identification and reading [J]. Journal of Experimental Psychology: Human Perception and Performance, 18: 148–162.

[205] POLLATSEK A, RAYNER K. 1982. Eye movement control during reading: The role of word boundaries [J]. Journal of Experimental Psychology: Human Perception and Performance, 8: 817–833.

[206] POLLATSEK A, RAYNER K. 1999. Is covert attention really unnecessary [J]. Behavioral and Brain Sciences, 22: 695–696.

[207] POLLATSEK A, REICHLE E D, RAYNER K. 2006a. Attention to one word at a time in reading is still a viable hypothesis: Rejoinder to Inhoff, Radach, and Eiter (2006) [J]. Journal of Experimental Psychology-Human Perception and Performance, 32 (6): 1496–1500.

[208] POLLATSEK A, REICHLE E D, RAYNER K. 2006b. Serial processing is consistent with the time course of linguistic information extraction from consecutive words during eye fixations in reading: A response to Inhoff, Eiter, and Radach (2005) [J]. Journal of Experimental Psychology-Human Perception and Performance, 32 (6): 1485–1489.

[209] POLLATSEK A, TAN L H, RAYNER K. 2000. The role of phonological codes in integrating information across saccadic eye movements in Chinese character identification [J]. Journal of Experimental Psychology: Human Perception and Performance, 26: 607–633.

[210] RADACH R. 1996. Blickbewegungen beim Lesen: Psychologische Aspekte der Determination von Fixationspositionen [Eye movements in reading: Psychological factors that determine fixation locations][M]. Münser, Germany: Waxman.

[211] RADACH R, GLOVER L. 2007. Exploring the limits of spatially distributed word processing in normal reading: A new look at N–2 preview effects [C]. Paper presented at the 14th European conference on Eye Movements, Potsdam, Germany.

[212] RADACH R, INHOFF, W, et al. 2002. The role of attention and spatial selection in fluent reading [M]. In E. Witruk, A. D. Friederici, & T. Lachmann (Eds.), Basic function of language, reading, and reading disability (pp. 137–154). Boston: Kluwer.

[213] RADACH R, INHOFF A W, HELLER D. 2004. Orthographic regularity

gradually modulates saccade amplitudes in reading [J]. European Journal of Cognitive Psychology, 16 (1/2): 27–51.

[214] RADACH R, KENNEDY A. 2004. Theoretical perspectives on eye movements in reading: past controversies, current deficits and an agenda for future research [J]. European Journal of Cognitive Psychology, 16: 3–26.

[215] RADACH R, MCCONKIE G W. 1998. Determinants of fixation positions in words during reading [M]. In G. Underwood (Ed.), Eye guidance in reading and scene perception (pp. 77–100). Oxford: Elsevier.

[216] RAYNER K. 1975. Parafoveal identification during a fixation in reading [J]. Acta Psychologica, 39: 272–282.

[217] RAYNER K. 1979. Eye guidance in reading: Fixation locations in words [J]. Perception, 8: 21–30.

[218] RAYNER K. 1986. Eye movements and the perceptual span in beginning and skilled readers [J]. Journal of Experimental Child Psychology, 41: 211–236.

[219] RAYNER K. 1998. Eye movements in reading and information processing: 20 years of research [J]. Psychological Bulletin, 124: 372–422.

[220] RAYNER K. 2004. Future directions for eye movement research [J]. 心理与行为研究, 2 (3): 489–496.

[221] RAYNER K. 2009. Eye movements and attention in reading, scene perception, and visual search [J]. Quarterly Journal of Experimental Psychology, 62: 1457–1506.

[222] RAYNER K, BALOTA D A, POLLATSEK A. 1986. Against parafoveal semantic preprocessing during eye fixations in reading [J]. Canadian Journal of Psychology, 40: 473–483.

[223] RAYNER K, BERTERA J H. 1979. Reading without a fovea [J]. Science, 206: 468–469.

[224] RAYNER K, BINDER K S, ASHBY J, et al. 2001. Eye movement control in reading: Word predictability has little influence on initial landing positions in words [J]. Vision Research, 41: 943–954.

[225] RAYNER K, BALOTA D A, POLLATSEK A. 1986. Against parafoveal semantic

preprocessing during eye fixations in reading [J]. Canadian Journal of Psychology, 40: 473–483.

[226] RAYNER K, CASTELHANO M S, YANG J. 2009. Eye movements and the perceptual span in older and younger readers [J]. Psychology and Aging, 24 (3): 755–760.

[227] RAYNER K, DUFFY S A. 1986. Lexical complexity and fixation times in reading: Effects of word frequency, verb complexity, and lexical ambiguity [J]. Memory & Cognition, 14: 191–201.

[228] RAYNER K, FISCHER M H. 1996. Mindless reading revisited: Eye movements during reading and scanning are different [J]. Perception & Psychophysics, 58: 734–747.

[229] RAYNER K, FISCHER M H, POLLATSEK A. 1998. Unspaced text interferes with both word identification and eye movement control [J]. Vision Research, 38: 1129–1144.

[230] RAYNER K, JUHASZ B J, ASHBY J, et al. 2003. Inhibition of saccade return in reading [J]. Vision Research, 43: 1027–1034.

[231] RAYNER K, JUHASZ B J, BROWN S J. 2007. Do readers obtain preview benefit from word n t 2 A test of serial attention shift versus distributed lexical processing models of eye movement control in reading [J]. Journal of Experimental Psychology: Human Perception and Performance, 33: 230–245.

[232] RAYNER K, LI X, JUHASZ B J, et al. 2005. The effect of word predictability on the eye movements of Chinese readers [J]. Psychonomic Bulletin & Review, 12: 1089–1093.

[233] RAYNER K, LI X, POLLATSEK A. 2007. Extending the E–Z Reader model to Chinese reading [J]. Cognitive Science, 31: 1021–1033.

[234] RAYNER K, LIVERSEDGE S P. 2011. Linguistic and cognitive influences on eye movements during reading [M]. In S. P. LIVERSEDGE, I. D. Gilchrist & S. Everling (Eds.), The Oxford Handbook of Eye Movements (pp. 751–766). Oxford: Oxford University Press.

[235] RAYNER K, LIVERSEDGE S P, WHITE S J, et al. 2003. Reading disappearing

text: Cognitive control of eye movements[J].Psychological Science, 14: 385–388.

[236] RAYNER K, MCCONKIE G W. 1976. What guides a reader's eye movements [J]. Vision Research, 16: 829–837.

[237] RAYNER K, MCCONKIE G W, EHRLICH S E. 1978. Eye movements and integrating information across fixations. Journal of Experimental Psychology: Human Perception and Performance, 4: 529–544.

[238] RAYNER K, MCCONKIE G W, ZOLA D. 1980. Integrating information across eye movements [J]. Cognitive Psychology, 12: 206–226.

[239] RAYNER K, MURPHY L, HENDERSON J M, et al. 1989. Selective attentional dyslexia. Cognitive Neuropsychology, 6: 357–378.

[240] RAYNER K, POLLATSEK A. 1981. Eye movement control during reading: Evidence for direct control [J]. Quarterly Journal of Experimental Psychology, 33A: 351–373.

[241] RAYNER K, POLLATSEK A. 1989. Eye movement control during reading; Evidence for direct control [J]. The psychology of reading, Prentice Hall.

[242] RAYNER K, POLLATSEK A. 1996. Reading unspaced text is not easy: Comments on the implications of Epelboim et al. 's (1994) study for models of eye movement control in reading [J]. Vision Research, 36: 461–470.

[243] RAYNER K, POLLATSEK A, BINDER K S. 1998. Phonological codes and eye movements in reading [J]. Journal of Experimental Psychology: Learning, Memory, and Cognition, 24: 476–497.

[244] RAYNER K, POLLATSEK A, DRIEGHE D, et al. 2007. Tracking the mind during reading via eye movements: Comments on Kliegl, Nuthmann, and Engbert (2006)[J].Journal of Experimental Psychology General, 136(3): 520–529.

[245] RAYNER K, RANEY G E. 1996. Eye movement control in reading and visual search: Effects of word frequency [J]. Psychonomic Bulletin & Review, 3: 245–248.

[246] RAYNER K, REICHLE E D, STROUD M J, et al. 2006. The effect of word frequency, word predictability, and font difficulty on the eye movements of young and older readers [J]. Psychology and Aging, 21: 448–465.

[247] RAYNER K, Sereno S C. 1994. Eye movements in Reading Psycholinguistic Studies [M]. In: Gernsbacher M A ed. Handbook of Psycholinguisties. San Diego: Academic Press.

[248] RAYNER K, SERENO S C, RANEY G E. 1996. Eye movement control in reading: comparison of two types of models [J]. Journal of Experimental Psychology: Human Perception and Performance, 22: 1188–1200.

[249] RAYNER K, SLOWIACZEK M L, CLIFTON C, et al. 1983. Latency of sequential eye movements: Implications for reading [J]. Journal of Experimental Psychology: Human Perception and Performance, 9: 912–922.

[250] RAYNER K, WARREN T, JUHASZ B J, et al. 2004. The effect of plausibility on eye movements in reading [J]. Journal of Experimental Psychology: Learning, Memory, and Cognition, 30: 1290–1301.

[251] RAYNER K, WELL A D. 1996. Effects of contextual constraint on eye movements in reading: A further examination [J]. Psychonomic Bulletin & Review, 3: 504–509.

[252] RAYNER K, WELL A D, POLLATSEK A. 1980. Asymmetry of the effective visual field in reading [J]. Perception & Psychophysics, 27: 537–544.

[253] Rayner, K., Well, et al. 1982. The availability of useful information to the right of fixation in reading. Perception & Psychophysics, 31, 537–550.

[254] RAYNER K, WHITE S J, KAMBE G, et al. 2003. On the processing of meaning from parafoveal vision during eye fixation in reading [M]. In J. Hyönä, R. Radach, & H. Deubel (Eds.), The mind's eye: Cognitive and applied aspects of eye movements (pp. 213–234). Amsterdam: Elsevier Science.

[255] REICHLE E D. 2011. Serial-attention models of reading [M]. In S. P. LIVERSEDGE, I. D. Gilchrist & S. Everling (Eds.), The Oxford Handbook of Eye Movements (pp. 767–786). Oxford: Oxford University Press.

[256] REICHLE E D, LIVERSEDGE S P, POLLATSEK A, et al. 2009. Encoding multiple words simultaneously in reading is implausible [J]. Trends in Cognitive Sciences, 13 (3): 115–119.

[257] REICHLE E D, POLLATSEK A, FISHER D L, et al. 1998. Toward a model

of eye movement control in reading [J]. Psychological Review, 105: 125–157.
[258] REICHLE E D, POLLATSEK A, RAYNER K. 2006. E–Z reader: a cognitive control, serial-attention model of eye-movement behavior during reading [J]. Cognitive Systems Research, 7: 4–22.
[259] REICHLE E D, RAYNER K, POLLATSEK A. 1999. Eye movement control in reading: Accounting for initial fixation locations and refixations within the E–Z Reader model [J]. Vision Research, 39: 4403–4411.
[260] REICHLE E D, RAYNER K, POLLATSEK A. 2003. The E–Z reader model of eye movement control in reading: comparisons to other models [J]. Behavioral and Brain Sciences, 26: 445–476.
[261] REICHLE E D, WARREN T, MCCONNELL K. 2009. Using E–Z Reader to model effects of higher level language processing on eye-movements in reading [J]. Psychonomic Bulletin & Review, 16: 1–20.
[262] REILLY R G, O'REGAN J K. 1998. Eye movement control during reading: A simulation of some word-targetting strategies [J]. Vision Research, 38: 303–317.
[263] REILLY R, RADACH R. 2006. Some empirical tests of an interactive activation model of eye movement control in reading [J]. Cognitive System Research, 7: 34–55.
[264] REILLY R G, RADACH R, CORBIC D, et al. 2005. Comparing reading in English and Thai: The role of spatial word unit segmentation in distributed processing and eye movement control [C]. In Proceedings of the 13th European conference on eye movements, University of Bern, Switzerland.
[265] RICHTER E M, ENGBERT R, KLIEGL R. 2006. Current advances in SWIFT [J]. Cognitive Systems Research, 7: 23–33.
[266] RISSE S, ENGBERT, R, et al. 2008. Eye-movement control in reading: Experimental and corpus-analytic challenges for a computational model [M]. In K. Rayner, D. Shen, X. Bai, & G. Yan (Eds), Cognitive and cultural influences on eye movements (pp. 65–92). Tianjin: Tianjin People's Publishing House/Psychology Press.
[267] RISSE S, KLIEGL R. 2011. Investigating age differences in the perceptual span

with the N + 2 boundary paradigm [J]. Psychology and Aging, 26: 451–460.

[268] SAINIO M, HYÖNÄJ, BINGUSHI K, et al. 2007. The role of interword spacing in reading Japanese: An eye movement study [J]. Vision Research, 20: 2575–2584.

[269] SANDERS A E. 1993. Processing information in the functional visual field [M]. In G.d'Ydewalle & J. Van Rensbergen (Eds.), Perception and cognition: Advances in eye movement research (pp. 3–22). Amsterdam: North Holland.

[270] SCHILLING H E H, RAYNER K, CHUMBLEY J I. 1998. Comparing naming, lexical decision, and eye fixation times: Word frequency effects and individual differences [J]. Memory & Cognition, 26: 1270–1281.

[271] SCHOTTER E R, ANGELE B, RAYNER K. 2011. Parafoveal processing in reading [J]. Attention, Perception, & Psychophysics, 74: 5–35.

[272] SCHUSTACK M W, EHRLICH S F, RAYNER K. 1987. Local and global sources of contextual facilitation in reading [J]. Journal of Memory and Language, 26: 322–340.

[273] SHAFER G. 1976. A mathematical theory of evidence [M]. Princeton, New Jersey: Princeton University Press.

[274] SERENO S C. 1992. Early lexical effects when fixating a word in reading [M]. In: Eye movements and visual cognition: Scene perception and reading, ed. K. Rayner. Springer-Verlag.

[275] SERENO S C, RAYNER K. 2000. Spelling-sound regularity effects on eye fixations in reading [J]. Perception & Psychophysics, 62: 402–409.

[276] SERENO S C, RAYNER K. 2003. Measuring word recognition in reading: eye movements and event-related potentials [J]. Trends in Cognitive Sciences, 7: 489–493.

[277] SERENO S C, RAYNER K, POSNER M I. 1998. Establishing a timeline of processing during reading: evidence from eye movements and event related potentials [J]. Neuro Report, 9: 2195–2200.

[278] SHU H, ZHOU W, YAN M, et al. 2011. Font size modulates saccade-target selection in Chinese reading [J]. Attention, Perception, & Psychophysics, 73:

482-490.
[279] SIMOLA J, HOLMQVIST K, LINDGREN M. 2008. Hemispheric differences in parafoveal processing: Evidence from eye-fixation related potentials [C]. Poster presentation at Brain Talk: Discourse with and in the Brain, Lund, Sweden.
[280] SLATTERY T J, POLLATSEK A, RAYNER K. 2006. The time course of phonological and orthographic processing of acronyms in reading: Evidence from eye movements [J]. Psychonomic Bulletin & Review, 13: 412-417.
[281] SLATTERY T J, POLLATSEK A, RAYNER K. 2007. The effect of the frequencies of three consecutive content words on eye movements during reading [J]. Memory & Cognition, 35: 1283-1292.
[282] SLATTERY T J, RAYNER K. 2010. The influence of text legibility on eye movements during reading [J]. Applied Cognitive Psychology, 24 (24): 1129-1148.
[283] STARR M S, INHOFF A W. 2004. Attention allocation to the right and left of a fixated word: Use of orthographic information from multiple words during reading [J]. European Journal of Cognitive Psychology, 16: 203-225.
[284] STARR M S, RAYNER K. 2001. Eye movements during reading: Some current controversies [J]. Trends in Cognitive Sciences, 5: 156-163.
[285] STAUB A. 2011. Word Recognition and Syntactic Attachment in Reading: Evidence for a Staged Architecture [J]. Journal of Experimental Psychology: General, 140 (3): 407-433.
[286] SUN F, FENG D. 1999. Eye movements in reading Chinese and English text [MIn J. Wang., A. W. INHOFF., & H-C. Chen. (Eds.), Reading Chinese Script, a cognitive analysis (pp. 189-204). Lawerence Erlbaum Associates.
[287] SUPPES P. 1990. Eye-movement models for arithmetic and reading performance [M]. In Kowler, E.ed, Eye movements and their role In visual and cognitive processes. Elsevier Science Publishers BV: 455-477.
[288] TAN L H, FENG C M, FOX P T, et al. 2001. An fMRI study with written Chinese [J]. Neuro Report, 12: 83-88.
[289] TAN L H, SPINKS J A, FENG C M, et al. 2003. Neural systems of second language reading are shaped by native language [J]. Human Brain Mapping, 18:

158−166.

[290] TINKER M A. 1946. The study of eye movements in reading [J]. Psychological Bulletin, 43: 93−120.

[291] TINKER M A. 1958. Recent studies of eye movements in reading [J]. Psychological Bulletin, 55: 215−231.

[292] TSAI J L, LEE C Y, LIN Y C, et al. 2006. Neighborhood size effects of Chinese words in lexical decision and reading [J]. Language and Linguistics, 7: 659−675.

[293] TSAI J, LEE C, TZENG O J L, et al. 2004. Use of phonological codes for Chinese characters: Evidence from processing of parafoveal preview when reading sentences [J]. Brain and Language, 91: 235−244.

[294] TSAI J L, MCCONKIE G W. 2003. Where do Chinese readers send their eyes? [M] In J. Hyönä, R. RADACH & H. Deubel (Eds.), The mind's eye: Cognitive and applied aspects of eye movement research (pp. 159−176). Oxford: Elsevier.

[295] TSAI C−H, MCCONKIE G W, ZHENG X. 1998. Lexical parsing by Chinese readers[C]. Poster session presented at the Advanced Study Institute on Advances in Theoretical Issues and Cognitive Neuroscience Research of the Chinese Language, University of Hong Kong.

[296] TSAI J L, TZENG O J L, HUNG D L. 2000. The perceptual span in reading Chinese passage: a moving window study of eye movement contingent display [C]. Paper Presented at The Annual Meeting of The Chinese Psychology Association.

[297] TSANG Y K, CHEN H C. 2008. Eye movements in reading Chinese [M]. In K. RAYNER., D. Shen, X. Bai, & G. YAN (Eds.). Cognitive and cultural influences on eye movements. (pp. 235−254). Tianjin, China, Tianjin People's Publishing House.

[298] UNDERWOOD N R, MCCONKIE G W. 1985. Perceptual span for letter distinctions during reading [J]. Reading Research Quarterly, 20: 153−162.

[299] UNDERWOOD N R, ZOLA D. 1986. The span of letter recognition of good and poor readers [J]. Reading Research Quarterly, 21: 6−19.

[300] UNSWORTH S J, PEXMAN P M. 2003. The impact of reader skill on phonological processing in visual word recognition [J]. Quarterly Journal of Experimental Psychology, 56A: 63–81.

[301] UTTAL W R, SMITH E. 1968. Recognition of alphabetic characters during voluntary eye movements. Perception & Psychophysics, 3: 257–264.

[302] VERGILINO D, BEAUVILLAIN C. 2000. The planning of refixation saccades in reading [J]. Vision Research, 40: 3527–3538.

[303] VERGILINO D, BEAUVILLAIN C. 2001. Reference frames in reading: Evidence from visually guided and memory-guided saccades [J]. Vision Research, 41: 3547–3557.

[304] VERGILINO-PEREZ D, COLLINS T, DORE-MAZARS K. 2004. Decision and metrics of refixations in reading isolated words [J]. Vision Research, 44: 2009–2017.

[305] VITU F. 1991. The influence of parafoveal processing and linguistic context on the optimal landing position effect [J]. Perception & Psychophysics, 50: 58–75.

[306] VITU F. 2011. On the role of visual and oculomotor processes in reading [M]. In S. P. LIVERSEDGE, I. D. Gilchrist & S. Everling (Eds.), The Oxford Handbook of Eye Movements (pp. 731–749). Oxford: Oxford University Press.

[307] VITU F, LANCELIN D, d'UNIENVILLE V M. 2007. A perceptual-economy account for the inverted-optimal viewing position effect [J]. Journal of Experimental Psychology: Human Perception and Performance, 33: 1220–1249.

[308] VITU F, MCCONKIE G W, KERR P, et al. 2001. Fixation location effects on fixation durations during reading: An inverted optimal viewing position effect [J]. Vision Research, 41: 3513–3533.

[309] VITU F, O'REGAN J K, INHOFF A W, et al. 1995. Mindless reading: eye-movement characteristics are similar in scanning letter strings and reading texts [J]. Perception & Psychophysics, 57: 352–364.

[310] VITU F, O'REGAN J F, MITTAU M. 1990. Optimal landing position in reading isolated words and continuous text [J]. Perception & Psychophysics, 47: 583–600.

[311] WANG C A, INHOFF A W. 2010. The influence of visual contrast and case

changes on parafoveal preview benefits during reading [J]. The Quarterly Journal of Experimental Psychology, 63 (4): 805–817.

[312] WANG C A, INHOFF A W, RADACH R. 2009. Is attention confined to one word at a time? The spatial distribution of parafoveal preview benefits during reading [J]. Attention, Perception, & Psychophysics, 71 (7): 1487–1494.

[313] WANG C A, TSAI J L, INHOFF A W, et al. 2009. Acquisition of linguistic information to the left of fixation during the reading of Chinese text [J]. Language and Cognitive Processes, 24 (7–8): 1097–1123.

[314] WEGER U W, INHOFF A W. 2006. Attention and eye movements in reading: Inhibition of return predicts the size of regressive saccades [J]. Psychological Science, 17: 187–191.

[315] WEGER U W, INHOFF A W. 2007. Long-range regressions to previously read words are guided by spatial and verbal memory [J]. Memory & Cognition, 35: 1293–1306.

[316] WHITE S J. 2008. Eye movement control during reading: Effects of word frequency and orthographic familiarity [J]. Journal of Experimental Psychology: Human Perception and Performance, 34: 205–223.

[317] WHITE S J, BERTRAM R, HYÖNÄ J. 2008. Semantic processing of previews within compound words [J]. Journal of Experimental Psychology-Learning Memory and Cognition, 34 (4): 988–993.

[318] WHITE S J, LIVERSEDGE S P. 2004. Orthographic familiarity influences initial eye positions in reading [J]. European Journal of Cognitive Psychology, 16: 52–78.

[319] WHITE S J, LIVERSEDGE S P. 2006. Linguistic and nonlinguistic influences on the eyes' landing positions during reading [J]. Quarterly Journal of Experimental Psychology, 59: 760–782.

[320] WHITE S J, RAYNER K, LIVERSEDGE S P. 2005a. Eye movements and the modulation of parafoveal processing by foveal processing difficulty: A reexamination [J]. Psychonomic Bulletin & Review, 12: 891–896.

[321] WHITE S J, RAYNER K, LIVERSEDGE S P. 2005b. The influence of parafoveal

word length and contextual constraint on fixation durations and word skipping in reading [J]. Psychonomic Bulletin & Review, 12: 466-471.

[322] WILLIAMS R S, MORRIS R K. 2004. Eye movements, word familiarity, and vocabulary acquisition [J]. European Journal of Cognitive Psychology, 16: 312-339.

[323] WINSKEL H, RADACH R, LUKSANEEYANAWIN S. 2009. Eye movements when reading spaced and unspaced Thai and English: A comparison of Thai-English bilinguals and English monolinguals [J]. Journal of Memory and Language, 61: 339-351.

[324] WU J, SLATTERY T J, POLLATSEK A, et al. 2008. Word segmentation in Chinese reading [M]. In K. RAYNER., D. Shen, X. Bai, & G. YAN (Eds.). Cognitive and cultural influences on eye movements. (pp. 303-314). Tianjin, China, Tianjin People's Publishing House.

[325] YAN G L, BAI X J, ZANG C L, et al. 2011. Using stroke removal to investigate Chinese character identification during reading: Evidence from eye movements [J]. Reading and writting, 25 (5): 951-979.

[326] YAN M, KLIEGL R, RICHTER, et al. 2010. Flexible saccade target selection in Chinese reading [J]. Quarterly Journal of Experimental Psychology, 63: 705-725.

[327] YAN M, KLIEGL R, SHU H, et al. 2010. Parafoveal load of word n + 1 modulates preprocessing effectiveness of word n + 2 in Chinese reading [J]. Journal of Experimental Psychology: Human Perception and Performance, 36: 1669-1676.

[328] YAN M, RICHTER E M, SHU H, et al. 2009. Readers of Chinese extract semantic information from parafoveal words [J]. Psychonomic Bulletin and Review, 16: 561-566.

[329] YAN M, RISSE S, ZHOU X L, et al. 2010. Preview fixation duration modulates identical and semantic preview benefit in Chinese reading [J]. Reading and Writing, 25 (5): 1093-1111.

[330] YAN G, TIAN H, BAI, et al. 2006. The effect of word and character frequency

on the eye movements of Chinese readers [J]. British Journal of Psychology, 97: 259–268.

[331] YAN M, ZHOU W, SHU H, et al. 2012. Lexical and Sub-lexical Semantic Preview Benefits in Chinese Reading [J]. Journal of Experimental Psychology: Learning, Memory, and Cognition, 38 (4): 1069–1075.

[332] YANG H M, MCCONKIE G W. 1999. Reading Chinese: Some basic eye-movement characteristics [M]. In J. Wang, A. W. INHOFF, & H. –C. Chen (Eds.), Reading Chinese script: A cognitive analysis (pp. 207–222). Mahwah, NJ: Erlbaum Associates.

[333] YANG J M, WANG S P, TONG X H, et al. 2012. Semantic and plausibility effects on preview benefit during eye fixations in Chinese reading [J]. Reading & Writing: An Interdisciplinary Journal, 25 (5): 1031–1052.

[334] YANG J M, WANG S P, XU Y M, et al. 2009. Do Chinese Readers Obtain Preview Benefit From Word n + 2? Evidence From Eye Movements [J]. Journal of Experimental Psychology: Human Perception and Performance, 35: 1192–1204.

[335] YEN M H, TSAI J L, TZENG O J L, et al. 2008. Eye movements and parafoveal word processing in reading Chinese [J]. Memory & Cognition, 36: 1033–1045.

[336] YEN M H, RADACH R, TZENG O J L, et al. 2009. Early parafoveal processing in reading Chinese sentences [J]. Acta Psychologica, 131: 24–33.

[337] ZANG C, LIVERSEDGE S P, BAI X, et al. 2011. Eye movemrats during Chinese reading [M]. In S. P. Liversedge, I. D. Gilchrist, & S. Everling (Eds.), Oxford Handbook on Eye Movements (pp. 961–978). Oxford, UK: Oxford University Press.

[338] ZANG C, LIVERSEDGE S P, LIANG F, et al. 2011. Interword spacing and landing position effects during Chinese reading in children and adults [J]. Journal of Experimental Psychology: Human Perception and Performance, 39 (3): 720–734.

[339] ZHOU X L, MARSLEN–WILSON W. 1994. Words, morphemes and syllables in the Chinese mental lexicon [J]. Language and Cognitive Processes, 9 (3):

393−422.

[340] ZHOU X L，MARSLEN−WILSON W. 1995. Morphologid structure in the Chinese mental lexicon［J］. Language and Cognitive Processes，10（6）：545−600.

[341] ZHOU X，MARSLEN−WILSON W，TAFT M，et al. 1999. Morphology，orthography，and phonology in reading Chinese compound words［J］. Language and Cognitive Processes，14：525−565.

[342] ZHOU X L，MARSLEN−WILSON W. 2009. Pseudohomophone effects in processing Chinese compound words［J］. Language and Cognitive Processes，24：1009−1038.

[343] ZOLA D. 1984. Redundancy and word perception during reading［J］. Perception & Psychophysics，36：277−284.